常见宝石

钻石

钻石

钻石原石

钻石原石

红宝石

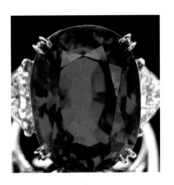

红宝石

红宝石原石

蓝宝石

星光蓝宝石饰品

U0228686

祖母绿原石

祖母绿饰品

金绿宝石轮式双晶

猫眼

金绿宝石

变石

绿柱石原石

海蓝宝石原石

尖晶石原石

尖晶石

碧玺原石

碧玺

紫晶

发晶

黝帘石

托帕石

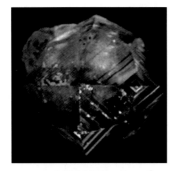

石榴石原石

锰铝榴石

镁铝榴石

橄榄石

堇青石

斜长石

锆石原石

锆石

常见玉石

翡翠原石

翡翠饰品

翡翠饰品

翡翠饰品

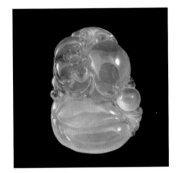

翡翠饰品

翡翠饰品

和田玉原石

和田玉手镯

和田玉饰品

和田玉饰品

碧玉手镯

孔雀石

天然欧泊

火欧泊

欧泊

玉髓

木变石

葡萄石

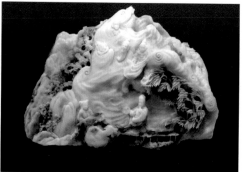

独山玉

绿松石原石

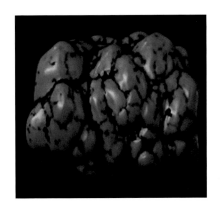

绿松石原石

青金石

青金石手链

方钠石

有机宝石

珍珠

珊瑚饰品

珊瑚饰品

珊瑚饰品

琥珀

龟甲饰品

高职高专"十二五"规划教材

宝玉石鉴定技术

BAOYUSHI JIANDING JISHU

张斌权　主编

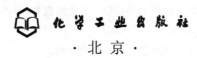

化学工业出版社

·北京·

本书是根据高职高专院校采用"教学做一体化"的特点，精选内容、突出重点、理论联系实际，以宽基础、重实践、引思考、便于项目化教学为原则进行编写的。主要内容包括：宝玉石基础知识、宝玉石鉴定仪器、常见宝玉石的鉴定、有机宝石的鉴定、人工宝石及仿宝石的鉴定、宝玉石的优化处理等。在保留经典教材的框架下，对课程体系及教学内容进行了适当的调整，突出了实用性、多元性和先进性的特点，以满足不同宝玉石鉴定从业人员的需求。

　　本书可作为高职高专院校宝玉石鉴定与加工技术、宝玉石材料与工艺、矿产普查与勘探、工业分析等专业的教材；也可作为珠宝鉴定、珠宝行业管理、营销等从业人员的参考书；可供从事珠宝玉石分析、化验、商检等工作的技术人员参考使用。

图书在版编目（CIP）数据

宝玉石鉴定技术 / 张斌权主编. —北京：化学工业
出版社，2014.6
高职高专"十二五"规划教材
ISBN 978-7-122-20222-2

Ⅰ.①宝… Ⅱ.①张… Ⅲ.①宝石-鉴定-高等职业
教育-教材②玉石-鉴定-高等职业教育-教材 Ⅳ.①TS933

中国版本图书馆 CIP 数据核字（2014）第 064396 号

责任编辑：旷英姿	文字编辑：糜家铃
责任校对：吴　静	装帧设计：王晓宇

出版发行：化学工业出版社（北京市东城区青年湖南街 13 号　邮政编码 100011）
印　　装：三河市延风印装厂
787mm×1092mm　1/16　印张 15　彩插 4　字数 346 千字　2014 年 11 月北京第 1 版第 1 次印刷

购书咨询：010-64518888（传真：010-64519686）　售后服务：010-64518899
网　　址：http://www.cip.com.cn
凡购买本书，如有缺损质量问题，本社销售中心负责调换。

定　　价：32.00 元

前　言

　　随着高等职业教育的不断深入和发展，加强实践教学，着重动手能力培养，突出职业技能，已成为高等职业教育的发展趋势。为了适应高等职业教育的培养目标，根据宝玉石鉴定与加工专业教学的需要，我们编写了《宝玉石鉴定技术》一书。

　　本教材是根据教育部《关于加强高职高专教育教材建设的若干意见》的有关精神，结合高等职业教育"宝玉石鉴定"课程的基本要求，本着"实用为主，必需够用为度"的原则，在总结多年教学经验和宝玉石鉴定实践的基础上，充分挖掘宝玉石鉴定工作中的主要任务，把宝玉石的理论知识和鉴定技术有机融合在一起，强化宝玉石鉴定技能的提高，使之具有实用性和可操作性。本书主要有以下特色。

　　1. 突出先进性和实用性

　　本书所编选模块都是目前市场常见、广泛流通的宝玉石，每种宝玉石的鉴定方法都参照国家标准编写，实用性强，具有一定的代表性；编写时注重应用方法的详细介绍。

　　2. 注重技术应用能力培养

　　本书重点介绍了宝玉石鉴定技术、实践操作方法和注意事项，并特别介绍了宝玉石的优化处理和相似品种的鉴定方法，目的就是要培养学生对不同宝玉石的识别及鉴定能力。

　　3. 基本理论适度

　　考虑高职教育的特点，本书理论的阐述仅限于学生掌握技能的需要，运用形象化的语言使抽象的理论易于为学生认识和掌握。

　　4. 激发学生学习兴趣

　　本书在正文前设置部分宝玉石原石及饰品彩图，增加学生对宝玉石的感性认识，并对宝玉石的外观形状、特点等依据后面模块的知识进行探索性认识，以激发学生的学习兴趣。

　　本书包括七个模块：模块一，宝玉石基础知识；模块二，宝玉石鉴定仪器；模块三，常见宝石的鉴定；模块四，常见玉石的鉴定；模块五，有机宝石的鉴定；模块六，人工宝石及仿宝石的鉴定；模块七，宝玉石的优化处理。

　　本书由甘肃工业职业技术学院张斌权（编写模块一、模块三、模块四）主编，参加编写的有甘肃工业职业技术学院张昱（编写模块二和附表），廖天录（编写模块五、模块六、模块七），赵芳参与了书稿的校对工作。全书由张斌权统稿，乌鲁木齐美福嘉缘珠宝玉器有限公司王冰生高级工程师审稿。

  本书的编写和出版得到化学工业出版社的大力支持，在此致以衷心的感谢！

  由于"教学做一体化"改革仍然在探索中，并且编者的学识与水平有限，编写时间紧促，书中难免有疏漏和不妥之处，敬请广大读者批评指正。

编者

目录
CONTENTS

 宝玉石鉴定技术

模块一　宝玉石基础知识

任务一　初步认识宝玉石 …………………………………………………………… 1

一、宝玉石的基本概念 ……………………………………………………………… 1

二、宝玉石的主要特点 ……………………………………………………………… 2

三、宝玉石的分类 …………………………………………………………………… 3

四、宝玉石的命名 …………………………………………………………………… 4

任务二　认识宝玉石的成分及结晶学特征 ………………………………………… 5

一、宝玉石的化学成分 ……………………………………………………………… 5

二、宝玉石的结晶学特征 …………………………………………………………… 8

任务三　认识宝玉石的力学性质 …………………………………………………… 10

一、硬度 ……………………………………………………………………………… 10

二、密度和相对密度 ………………………………………………………………… 10

三、韧性和脆性 ……………………………………………………………………… 11

四、解理、裂理和断口 ……………………………………………………………… 11

任务四　认识宝玉石的光学性质 …………………………………………………… 11

一、颜色 ……………………………………………………………………………… 11

二、透明度 …………………………………………………………………………… 12

三、折射率和双折射率 ……………………………………………………………… 12

四、光泽 ……………………………………………………………………………… 13

五、色散 ……………………………………………………………………………… 13

六、多色性 …………………………………………………………………………… 14

七、特殊光学效应 …………………………………………………………………… 14

八、亮度及发光性质 ………………………………………………………………… 15

任务五　认识宝玉石的热学性质 …………………………………………………… 15

任务六　宝玉石的鉴定 ……………………………………………………………… 15

一、总体观察 ………………………………………………………………………… 15

二、仪器测试 ………………………………………………………………………… 17

三、定名 ……………………………………………………………………………… 17

任务七　宝玉石鉴定证书及相关知识的学习 ……………………………………………… 18

一、行业用计量单位及换算 ……………………………………………………… 18

二、鉴定证书内容及格式 ………………………………………………………… 18

模块二　宝玉石鉴定仪器

任务一　放大镜的使用 ……………………………………………………………………… 21

一、放大镜的使用方法 …………………………………………………………… 22

二、放大镜在宝石鉴定中的应用 ………………………………………………… 22

任务二　折射仪的使用 ……………………………………………………………………… 22

一、折射仪的结构及类型 ………………………………………………………… 23

二、接触液 ………………………………………………………………………… 24

三、操作步骤 ……………………………………………………………………… 24

任务三　显微镜的使用 ……………………………………………………………………… 25

一、宝石显微镜的主要用途 ……………………………………………………… 25

二、宝石双筒立体显微镜的结构 ………………………………………………… 25

三、宝石显微镜的照明类型 ……………………………………………………… 27

四、某些显微镜的设备和使用 …………………………………………………… 28

任务四　偏光镜的使用 ……………………………………………………………………… 29

一、结构 …………………………………………………………………………… 29

二、使用方法 ……………………………………………………………………… 29

三、注意事项 ……………………………………………………………………… 29

任务五　二色镜的使用 ……………………………………………………………………… 30

一、结构和类型 …………………………………………………………………… 30

二、使用方法 ……………………………………………………………………… 30

三、注意事项 ……………………………………………………………………… 31

任务六　分光镜的使用 ……………………………………………………………………… 31

一、结构和类型 …………………………………………………………………… 31

二、内反射光法 …………………………………………………………………… 32

三、透射光法及表面反射光法 …………………………………………………… 32

四、宝石中常见能产生特征吸收光谱的元素 …………………………………… 32

任务七　查尔斯滤色镜的使用 ……………………………………………………………… 33

一、结构和原理 …………………………………………………………………… 33

二、使用方法 ……………………………………………………………………… 33

三、注意事项 ……………………………………………………………………… 33

任务八　天平或重液法进行相对密度的测定 ……………………………………………… 34

一、静水称重法 …………………………………………………………………… 34

二、重液法 ………………………………………………………………………… 34

任务九　紫外荧光灯的使用 ………………………………………………………………… 35

一、结构和原理 …………………………………………………………………… 35

二、使用方法 ·· 35

三、注意事项 ·· 35

任务十　简单认识大型测试仪器在宝石鉴定中的应用 ·············· 36

模块三　常见宝石的鉴定

任务一　钻石的鉴定·· 37

一、钻石的基本性质·· 37

二、钻石的质量评价·· 40

三、钻石的优化与处理 ·· 44

四、钻石的鉴定 ·· 45

五、钻石的主要产地·· 46

任务二　刚玉宝石（红宝石和蓝宝石）的鉴定 ·························· 47

一、刚玉宝石的基本性质 ·· 47

二、刚玉宝石的品种·· 50

三、刚玉宝石的质量评价 ·· 50

四、刚玉宝石的优化处理及其鉴别 ·· 53

五、红宝石和蓝宝石与相似宝石的鉴别 ·· 56

六、红宝石和蓝宝石的主要产地 ··· 57

任务三　祖母绿（绿柱石族宝石）的鉴定 ································ 57

一、祖母绿的基本性质 ·· 57

二、祖母绿的品种 ··· 59

三、祖母绿的质量评价 ·· 60

四、祖母绿的优化处理及其鉴别 ··· 60

五、祖母绿与相似宝石的鉴别 ··· 61

六、绿柱石族宝石的主要产地 ··· 63

任务四　金绿宝石的鉴定 ·· 63

一、金绿宝石的基本性质 ·· 63

二、金绿宝石的品种·· 65

三、金绿宝石的质量评价 ·· 66

四、金绿宝石的鉴别·· 66

五、金绿宝石与相似宝石的鉴别 ··· 67

六、金绿宝石的主要产地 ·· 68

任务五　尖晶石的鉴定 ·· 68

一、尖晶石的基本性质 ·· 68

二、尖晶石的品种 ··· 70

三、尖晶石的质量评价 ·· 70

四、尖晶石的鉴定 ··· 70

五、尖晶石与相似宝石的鉴别 ··· 70

六、尖晶石的主要产地 ·· 71

任务六　碧玺的鉴定……………………………………………………………………… 71

一、碧玺的基本性质……………………………………………………………………… 71

二、碧玺的品种…………………………………………………………………………… 72

三、碧玺的质量评价……………………………………………………………………… 73

四、碧玺的优化处理……………………………………………………………………… 73

五、碧玺与相似宝石的鉴别……………………………………………………………… 73

六、碧玺的主要产地……………………………………………………………………… 74

任务七　水晶的鉴定……………………………………………………………………… 74

一、水晶的基本性质……………………………………………………………………… 74

二、水晶的品种…………………………………………………………………………… 75

三、水晶与相似宝石的鉴别……………………………………………………………… 76

四、水晶的优化与处理…………………………………………………………………… 77

五、水晶的主要产地……………………………………………………………………… 77

任务八　坦桑石（黝帘石）的鉴定……………………………………………………… 77

一、坦桑石的基本性质…………………………………………………………………… 77

二、坦桑石（黝帘石）的品种…………………………………………………………… 78

三、坦桑石与相似宝石的鉴别…………………………………………………………… 78

四、坦桑石的产地………………………………………………………………………… 78

任务九　托帕石（黄玉）的鉴定………………………………………………………… 78

一、托帕石的基本性质…………………………………………………………………… 78

二、托帕石的品种………………………………………………………………………… 80

三、托帕石的质量评价…………………………………………………………………… 80

四、托帕石与相似宝石的鉴别…………………………………………………………… 80

五、托帕石与其仿宝石的鉴别…………………………………………………………… 81

六、托帕石的主要产地…………………………………………………………………… 81

任务十　石榴石的鉴定…………………………………………………………………… 81

一、石榴石的基本性质…………………………………………………………………… 81

二、石榴石的品种………………………………………………………………………… 83

三、石榴石的质量评价…………………………………………………………………… 84

四、石榴石的鉴定方法…………………………………………………………………… 84

五、石榴石与相似的宝石鉴别…………………………………………………………… 85

六、石榴石的主要产地…………………………………………………………………… 85

任务十一　橄榄石的鉴定………………………………………………………………… 86

一、橄榄石的基本性质…………………………………………………………………… 86

二、橄榄石的品种………………………………………………………………………… 87

三、橄榄石的质量评价…………………………………………………………………… 87

四、橄榄石的鉴定特征…………………………………………………………………… 87

五、橄榄石与相似宝石的鉴别…………………………………………………………… 88

六、橄榄石的主要产地…………………………………………………………………… 88

任务十二　长石的鉴定 ·· 88

一、长石的基本性质 ··· 88

二、长石的品种 ··· 90

三、长石的质量评价 ··· 91

四、主要长石品种的鉴定 ·· 92

五、长石与相似宝石的鉴别 ·· 92

六、长石的主要产地 ··· 94

任务十三　锆石的鉴定 ·· 94

一、锆石的基本性质 ··· 94

二、锆石的品种 ··· 95

三、锆石的质量评价 ··· 96

四、锆石的鉴定 ··· 97

五、锆石与相似宝石的鉴别 ·· 97

六、锆石的主要产地 ··· 98

任务十四　方柱石的鉴定 ·· 98

一、方柱石的基本性质 ··· 98

二、方柱石的品种 ··· 99

三、方柱石的评价 ··· 99

四、方柱石的鉴定 ··· 99

五、方柱石与相似宝石的鉴别 ··· 99

六、方柱石的主要产地 ·· 100

任务十五　红柱石的鉴定 ··· 100

一、红柱石的基本性质 ·· 100

二、红柱石的品种 ·· 101

三、红柱石与相似宝石的鉴别 ·· 101

四、红柱石的主要产地 ·· 101

任务十六　堇青石的鉴定 ··· 101

一、堇青石的基本性质 ·· 101

二、堇青石的品种 ·· 102

三、堇青石与相似宝石的鉴别 ·· 102

四、堇青石的主要产地 ·· 103

任务十七　葡萄石的鉴定 ··· 103

一、葡萄石的基本性质 ·· 103

二、葡萄石的品种 ·· 104

三、葡萄石的质量评价 ·· 104

四、葡萄石与相似玉石的鉴别 ·· 104

五、葡萄石的主要产地 ·· 105

模块四　常见玉石的鉴定

任务一　翡翠的鉴定 ·· 106

一、翡翠的基本性质 …………………………………………………… 106

二、翡翠的品种 ………………………………………………………… 109

三、翡翠的质量评价 …………………………………………………… 111

四、翡翠的鉴定特征 …………………………………………………… 112

五、翡翠的优化处理及其鉴别 ………………………………………… 113

六、翡翠与相似玉石的鉴别 …………………………………………… 117

七、翡翠仿制品的鉴定 ………………………………………………… 119

八、翡翠的主要产地 …………………………………………………… 119

任务二　软玉的鉴定 …………………………………………………… 120

一、软玉的基本性质 …………………………………………………… 120

二、软玉的品种 ………………………………………………………… 122

三、软玉的质量评价 …………………………………………………… 122

四、软玉与相似玉石的鉴别 …………………………………………… 123

五、软玉的仿制品及其鉴别 …………………………………………… 123

六、软玉的主要产地 …………………………………………………… 123

任务三　欧泊的鉴定 …………………………………………………… 124

一、欧泊的基本性质 …………………………………………………… 124

二、欧泊的品种 ………………………………………………………… 125

三、欧泊的质量评价 …………………………………………………… 125

四、欧泊的优化处理及鉴别 …………………………………………… 125

五、欧泊与相似宝石及仿制品的鉴别 ………………………………… 126

六、欧泊的主要产地 …………………………………………………… 127

任务四　蛇纹石玉的鉴定 ……………………………………………… 127

一、蛇纹石玉的基本性质 ……………………………………………… 127

二、蛇纹石玉的品种 …………………………………………………… 128

三、蛇纹石玉的质量评价 ……………………………………………… 129

四、蛇纹石玉的优化处理及鉴别 ……………………………………… 130

五、蛇纹石玉与相似玉石的鉴别 ……………………………………… 130

六、蛇纹石玉的主要产地 ……………………………………………… 131

任务五　石英质玉的鉴定 ……………………………………………… 131

一、石英质玉的基本性质 ……………………………………………… 131

二、石英质玉的品种 …………………………………………………… 132

三、石英质玉的质量评价 ……………………………………………… 135

四、石英质玉的优化处理及鉴别 ……………………………………… 135

五、石英质玉石与其仿制品的鉴别 …………………………………… 136

六、石英质玉的主要产地 ……………………………………………… 136

任务六　钠长石玉的鉴定 ……………………………………………… 136

一、钠长石玉的基本性质 ……………………………………………… 136

二、钠长石玉的品种 …………………………………………………… 137

三、钠长石玉的质量评价 ……………………………………………… 137

四、钠长石玉鉴定特征以及与相似玉石的鉴别 …………………… 137

五、钠长石玉的主要产地 ……………………………………………… 138

任务七 独山玉的鉴定 …………………………………………………… 138

一、独山玉的基本性质 ………………………………………………… 138

二、独山玉的品种 ……………………………………………………… 139

三、独山玉的质量评价 ………………………………………………… 139

四、独山玉与相似玉石的鉴别 ………………………………………… 140

五、独山玉的主要产地 ………………………………………………… 140

任务八 绿松石的鉴定 …………………………………………………… 140

一、绿松石的基本性质 ………………………………………………… 140

二、绿松石的品种 ……………………………………………………… 141

三、绿松石的质量评价 ………………………………………………… 142

四、绿松石的优化处理及其鉴别 ……………………………………… 142

五、绿松石与仿制品及相似玉石的鉴别 ……………………………… 143

六、绿松石的主要产地 ………………………………………………… 144

任务九 青金石的鉴定 …………………………………………………… 145

一、青金石的基本性质 ………………………………………………… 145

二、青金石的品种 ……………………………………………………… 146

三、青金石的质量评价和加工 ………………………………………… 146

四、青金石的优化处理及其鉴别 ……………………………………… 146

五、青金石与合成青金石的鉴别 ……………………………………… 147

六、青金石与相似玉石及其仿制品的鉴别 …………………………… 147

七、青金石的主要产地 ………………………………………………… 149

任务十 方钠石的鉴定 …………………………………………………… 149

一、方钠石的基本性质 ………………………………………………… 149

二、方钠石的品种 ……………………………………………………… 150

三、方钠石与相似玉石的鉴别 ………………………………………… 150

四、方钠石的主要产地 ………………………………………………… 150

任务十一 孔雀石的鉴定 ………………………………………………… 150

一、孔雀石的基本性质 ………………………………………………… 150

二、孔雀石的品种 ……………………………………………………… 151

三、孔雀石的质量评价 ………………………………………………… 151

四、主要孔雀石品种的鉴定 …………………………………………… 152

五、合成孔雀石及其鉴别 ……………………………………………… 152

六、孔雀石的主要产地 ………………………………………………… 152

任务十二 碳酸盐类玉石的鉴定 ………………………………………… 153

一、菱锌矿 ……………………………………………………………… 153

二、菱锰矿 ……………………………………………………………… 153

模块五　有机宝石的鉴定

任务一　珍珠的鉴定 …………………………………………………… 155
　一、珍珠的基本性质 ………………………………………………… 155
　二、珍珠的分类 ……………………………………………………… 158
　三、珍珠的鉴别 ……………………………………………………… 158
　四、珍珠的优化处理 ………………………………………………… 160
　五、珍珠的质量评价 ………………………………………………… 161

任务二　珊瑚的鉴定 …………………………………………………… 162
　一、珊瑚的基本性质 ………………………………………………… 162
　二、珊瑚的品种 ……………………………………………………… 163
　三、珊瑚的质量评价 ………………………………………………… 164
　四、珊瑚与相似宝玉石的鉴别 ……………………………………… 164
　五、珊瑚的优化处理及其鉴别 ……………………………………… 164
　六、珊瑚与其仿制品的鉴别 ………………………………………… 165

任务三　琥珀的鉴定 …………………………………………………… 166
　一、琥珀的基本性质 ………………………………………………… 166
　二、琥珀的品种 ……………………………………………………… 167
　三、琥珀的质量评价 ………………………………………………… 168
　四、琥珀与相似宝石的鉴别 ………………………………………… 168
　五、琥珀的优化处理及其鉴别 ……………………………………… 168
　六、琥珀与其仿制品的鉴别 ………………………………………… 169

任务四　龟甲的鉴定 …………………………………………………… 170
　一、龟甲的基本性质 ………………………………………………… 170
　二、龟甲的质量评价 ………………………………………………… 171
　三、龟甲与其仿制品的鉴别 ………………………………………… 171

任务五　贝壳的鉴定 …………………………………………………… 171
　一、贝壳基本成分 …………………………………………………… 172
　二、贝壳的物理性质 ………………………………………………… 172
　三、贝壳的鉴定 ……………………………………………………… 172
　四、贝壳的饰品性评价 ……………………………………………… 173

模块六　人工宝石及仿宝石的鉴定

任务一　合成钻石及钻石仿制品的鉴别 …………………………… 174
　一、合成钻石 ………………………………………………………… 174
　二、合成钻石的鉴定 ………………………………………………… 174
　三、钻石的仿制品及鉴别 …………………………………………… 175

任务二　合成刚玉宝石的鉴别 ……………………………………… 177
　一、焰熔法合成刚玉宝石的鉴别 …………………………………… 177

二、助熔剂法合成刚玉宝石的鉴别 ……………………………………………… 179

三、水热法合成红宝石 ……………………………………………………………… 181

四、莱奇里特（Lechleither）合成红宝石 ………………………………………… 182

任务三　合成祖母绿的鉴别 ……………………………………………………………… 182

一、合成祖母绿的特征 ……………………………………………………………… 182

二、合成祖母绿主要品种介绍 ……………………………………………………… 183

三、祖母绿与其仿宝石的鉴别 ……………………………………………………… 186

任务四　合成水晶的鉴别 ………………………………………………………………… 187

一、合成水晶种类 …………………………………………………………………… 187

二、合成水晶的鉴别 ………………………………………………………………… 188

三、水晶与其仿宝石的鉴别 ………………………………………………………… 189

任务五　合成尖晶石的鉴别 ……………………………………………………………… 190

一、合成尖晶石的特征 ……………………………………………………………… 190

二、尖晶石与其仿宝石的鉴别 ……………………………………………………… 191

任务六　仿宝石玻璃的鉴定 ……………………………………………………………… 192

一、玻璃的种类 ……………………………………………………………………… 192

二、玻璃的颜色和透明度 …………………………………………………………… 192

三、玻璃仿宝石的性质 ……………………………………………………………… 193

四、常见玻璃仿宝石及其鉴定 ……………………………………………………… 194

任务七　仿宝石塑料的鉴别 ……………………………………………………………… 195

一、塑料的种类 ……………………………………………………………………… 195

二、塑料仿宝石的性质 ……………………………………………………………… 196

三、常见塑料仿宝石及其鉴定 ……………………………………………………… 197

任务八　人造钆镓榴石的鉴别 …………………………………………………………… 198

一、名称 ……………………………………………………………………………… 198

二、化学成分 ………………………………………………………………………… 198

三、晶系及常见晶形 ………………………………………………………………… 198

四、光学性质 ………………………………………………………………………… 198

五、力学性质 ………………………………………………………………………… 198

六、内部显微特征 …………………………………………………………………… 199

七、特殊光学效应 …………………………………………………………………… 199

任务九　人造钇铝榴石的鉴别 …………………………………………………………… 199

一、名称 ……………………………………………………………………………… 199

二、化学成分 ………………………………………………………………………… 199

三、晶系及常见晶形 ………………………………………………………………… 199

四、光学性质 ………………………………………………………………………… 199

五、力学性质 ………………………………………………………………………… 199

六、内部显微特征 …………………………………………………………………… 200

七、特殊光学效应 …………………………………………………………………… 200

模块七　宝玉石的优化处理

任务一　认识宝玉石的优化处理 ……………………………………………………… 201
任务二　认识宝玉石优化处理的原理及方法 ……………………………………………… 202
　一、热处理 ……………………………………………………………………………… 202
　二、表面扩散处理 ……………………………………………………………………… 204
　三、辐照处理 …………………………………………………………………………… 205
　四、裂隙充填 …………………………………………………………………………… 206
　五、洞穴充填 …………………………………………………………………………… 207
　六、无色涂层和浸染 …………………………………………………………………… 208
　七、染色处理 …………………………………………………………………………… 208
　八、有色覆膜和浸染 …………………………………………………………………… 210
　九、漂白 ………………………………………………………………………………… 210
　十、激光钻孔 …………………………………………………………………………… 210

附表　宝玉石的特征

参考文献

模块 一

宝玉石基础知识

任务一
初步认识宝玉石

一、宝玉石的基本概念

宝玉石及其加工雕刻成的饰品以晶莹艳丽、光彩夺目的色泽，优美独特的造型，坚固耐久及世间稀有的特性，使其赋予了较强的艺术价值、科学价值和经济价值，从而为人们所喜爱和接受。千百年来，人们通过对宝玉石的不断开发利用和深入研究，对它们有了较为系统而深刻的认识，已发展成为一门系统的学科——宝石学。目前，关于宝玉石在我国存在着广义和狭义的两个概念。

1. 宝石

宝石的广义概念是泛指所有经过琢磨、雕刻后，可以成为首饰或工艺品的材料。凡是适合用来琢磨和雕刻成为精美的首饰和工艺品的矿物原料和材料，统称为宝石，包括玉石（彩石）、砚石、有机质宝石（如珍珠、珊瑚、琥珀、煤精等）以及合成宝石和人造宝石。

宝石的狭义概念是指由自然界产出，具有美观、耐久、稀少性，符合工艺美术要求，可加工成饰品的矿物单晶体（可含双晶）。例如钻石、祖母绿、红宝石、蓝宝石、金绿宝石等。这里指的宝石的特征可以理解为：那些自然矿物单晶体（含双晶）应具有艳丽的色彩，较强的光泽，透明无瑕，硬度较大，并且化学性质稳定（不易受酸、碱腐蚀；在空气或水中不易氧化）；并且自然界产出很少即所谓"物以稀为贵"。当然，还要求具有一定的粒度，如果太小而难于加工切琢，也难以成为宝石。

宝石学中所指的宝石概念，一般都是指狭义的宝石。所以，如果不是自然界产出的矿物单晶体，而是利用现代科学技术人工制造成的"宝石"，则必须冠以"合成"或"人造"字样，以示区别。

2. 玉石

通常认为玉石是由自然界产出的，具有美观、耐久、稀少性和工艺价值的矿物集合体，少数为非晶质体。无论是单矿物集合体或多矿物集合体，实际上都是岩石学中所说的岩石。单矿物集合体，例如翡翠（是以一种名叫"硬玉"的矿物为主的集合体）、软玉（即和田玉，是以一种名叫"透闪石"的矿物为主的集合体）等；多矿物集合体，例如岫玉（是蛇纹石族矿物的集合体，主要矿物成分有纤维蛇纹石、利蛇纹石和叶蛇纹石等。所以，岫玉实际上是由多种蛇纹石族矿物组成的蛇纹岩）、独山玉（主要矿物是斜长石，还有许多蚀变矿物如黝帘石、透闪石、阳起石、绿帘石、绢云母等。所以，独山玉实际上是斜长石和黝帘石等多种蚀变矿物组成的蚀变斜长岩）等。

总之，宝玉石的狭义概念是指那些自然界产出的、具有美观、耐久、稀少且可琢磨、雕刻成首饰或工艺品的矿物或岩石，部分为有机材料。

按现行国家标准（GB/T16552—2010），珠宝玉石是对天然宝玉石（包括天然宝石、天然玉石和天然有机宝石）和人工宝石（包括合成宝石、人造宝石、拼合宝石和再造宝石）的统称，简称宝石。

二、宝玉石的主要特点

据统计，目前在自然界中已经发现的矿物有 3200 余种，但是能够作为宝石的只有 230 余种。可见，只有少数自然界中矿物的精华才有资格跻身于宝石的行列。那么，具有哪些特点的矿物或者材料能够成为宝石呢？一般认为，能够成为宝石的矿物或材料应该具有美丽、耐久和稀少等三个特点。

1. 美丽

宝石的首要条件是美丽。美丽主要体现在颜色、透明度、光泽和特殊光学效应等方面。

（1）颜色　宝玉石给人视觉感官带来刺激的首先是宝石的颜色。一般来说，宝石的颜色越鲜艳、越美丽，其价值就越高。同种矿物或材料，如果不具有美丽的颜色，可能成为不了宝石。例如，同样是化学成分为 Al_2O_3 的矿物刚玉，如果不具有漂亮的颜色和晶形，就只能作为工业磨料使用，不能成为宝玉石。但是，如果其具有鲜艳的色彩和良好的晶形，就成为一种高档宝石——红宝石、蓝宝石。

（2）透明度　是衡量宝石质量好坏，或者是否能够成为宝石的一个重要指标。一般来讲，宝石的透明度越好，质量越好。透明度好的宝石可能比透明度差的宝石价值高出几十倍甚至上百倍，而透明度差的甚至可能达不到宝石级别。例如，同样大小的翡翠饰品，透明度高、颜色漂亮的比起品相差的价值可能相差成千上百倍。

（3）光泽　是宝石表面反射光的能力。宝石的光泽强，看起来会给人一种灿烂夺目的感觉。钻石虽然不具有鲜艳的颜色，但是却能够成为宝石之王，其中一个很重要的原因，就在于钻石具有很强的光泽和强烈的色散（俗称"火彩"）。

（4）特殊光学效应　宝石的特殊光学效应是指宝石的猫眼效应、星光效应、变色效应等。有些宝石颜色、透明度等项指标可能并不很突出，但是由于具有某种特殊光学效应，也使其成了贵重的宝石。比如，变石猫眼、星光蓝宝石及火欧泊等都是珍贵的宝石品种。

2. 耐久

质地坚硬，经久耐用，这是宝石的特色。宝石的耐久性是指宝石佩戴或保存的时间长久，不磨损变质。绝大多数宝石能够抵抗摩擦和化学侵蚀，很大程度上取决于宝石的硬度高，韧性和化学稳定性强。通常高档宝石的摩氏硬度大于 7，耐久性就好，而低硬度宝石和玻璃等仿制品因为硬度不高，抵抗外在物磨蚀的条件差，使用日久很快就失去了它应有的光彩。

钻石之所以能够恒久远、永流传，关键在于钻石具有极高的硬度和非常稳定的化学性质，即钻石具有非常好的耐久性。

3. 稀少

物以稀为贵，稀少性在决定宝石价值上起着重要的作用。宝石的稀少主要体现在两个方面：一是数量上，作为天然矿产的宝石在地壳内的储量很少。钻石是昂贵的，因为它非常稀少；橄榄石晶莹剔透，色彩柔和，但因为它产出量较大，所以只能算作中低档宝石。另一方面体现在质量上。有些宝石产量并不少，但是质量好的却很少。祖母绿的矿物成分为绿柱石，绿柱石在自然界分布广，产量也大，但其解理发育，瑕疵严重。因此，大而完美无瑕的祖母绿饰品便成为稀世珍宝。

三、宝玉石的分类

1. 宝石的成因分类

根据现行国家标准，宝石按照成因可分为天然珠宝玉石和人工宝石两类。

（1）天然珠宝玉石　天然珠宝玉石可以进一步分为天然宝石、天然玉石和天然有机宝石三类。

天然宝石是指由自然界产出的，具有美观、耐久和稀少性，可加工成饰品的矿物单晶体（可含双晶）。狭义的宝石指的就是此类。

天然玉石是指由自然界产出的，具有美观、耐久、稀少性和工艺价值的矿物集合体，少数为非晶质体。

天然有机宝石是指由自然界生物生成，部分或全部由有机质组成可用于首饰及饰品的材料。

（2）人工宝石　人工宝石是完全或部分由人工生产或制造用作首饰及饰品的材料的统称，包括合成宝石、人造宝石、拼合宝石和再造宝石。

合成宝石是指完全或部分由人工制造且自然界有已知对应物的能够用作首饰或工艺品的晶质或非晶质体，其物理性质、化学成分和晶体结构与所对应的天然宝玉石基本相同，如合成红宝石、合成蓝宝石和合成水晶等。

人造宝石是指由人工制造且自然界无已知对应物的能够用作首饰或工艺品的晶质体、非晶质体或集合体。如人造钇铝榴石等。

拼合宝石是指由两块或两块以上材料经人工拼合而成，且给人以整体印象的宝玉石，简称"拼合石"。如蓝宝石拼合石等。

再造宝石是指通过人工手段将天然珠宝玉石的碎块或碎屑熔接或压结成具整体外观的珠宝玉石，如"再造琥珀"、"再造绿松石"。

2. 宝石的价值分类

在日常生活及宝石商贸中，常常按照天然宝石和天然玉石的价值分类。

（1）天然宝石　按照天然宝石的价值和稀缺程度，常把天然宝石分为高档宝石和中低档宝石。

① 高档宝石　高档宝石是指那些颜色、透明度、硬度（一般摩氏硬度大于7）等物理性质都居于宝石之冠的宝石。根据价值的高低及珠宝界的习惯，目前国际珠宝界公认的高档宝石品种有钻石、红宝石、蓝宝石、祖母绿、金绿宝石（变石、猫眼）等5种。

② 中低档宝石　除高档宝石之外的宝石，一般不再细分，统称为中低档宝石。

这些宝石也具有美丽、耐久和稀少等特点，但是与高档宝石相比要逊色一些。主要包括碧玺、石榴石、水晶、尖晶石和橄榄石等。

（2）天然玉石　天然玉石按照其价值常分为高档玉石、中低档玉石和雕刻石三类。

① 高档玉石　目前在国际上公认的高档玉石只有翡翠和软玉（和田玉）两种。这两种玉石价值较高，色泽美丽，具有较高的硬度，其摩氏硬度为6.5～7，具有非常好的韧性和耐久性。

② 中低档玉石　与高档玉石相比，在美丽、耐久、稀少性上都较逊色，摩氏硬度为5～6的玉石，一般划归到中低档玉石类中，如玛瑙、岫玉、独山玉、孔雀石、青金石、石英岩和绿松石等。这类玉石的价值一般要低于高档玉石。

③ 雕刻石　习惯上，一般把摩氏硬度低于4，可以用雕刻刀进行工艺加工的玉石称为雕刻石。最常见的有鸡血石、寿山石和田黄。一般雕刻石的价值不高，但是有些雕刻石价值可以很高；如田黄。

四、宝玉石的命名

在业界及宝石学研究当中，珠宝玉石命名很不统一。过去主要是采用以矿物或岩石直接命名（例如尖晶石、绿柱石、石榴子石、堇青石、锂辉石等）；同时也存在以颜色、产地或特殊光学效应命名（如红宝石、坦桑石、石英猫眼等）；还有部分沿用我国古代的一些传统名称（如翡翠、琥珀、珍珠、玛瑙、珊瑚等），以及以外来语的译音命名（如祖母绿、欧泊、托帕石等）。随着宝石人工合成技术的发展，又出现了以生产厂家、生产方法等直接命名的宝石（如查塔姆祖母绿、水热法祖母绿、助熔剂法红宝石等）。由于众多的命名方法造成了宝石名称的不准确性和含混性，给人们造成了很多不便，为此本书按照《中华人民共和国国家标准》（GB/T16552—2010）（珠宝玉石名称）的命名方法对宝玉石进行命名。

珠宝玉石命名的基本原则如下。

（1）天然珠宝玉石直接使用该珠宝玉石的名称或其矿物名称，无需加"天然"二字，"天然珍珠"、"天然玻璃"除外。例如，钻石、祖母绿、红宝石、蓝宝石、翡翠、羊脂白玉、石榴石、尖晶石等。

（2）产地通常不参与天然宝玉石的命名，如不能用"南非钻石"、"缅甸蓝宝石"等名称。但一些传统的以地名来命名的情况除外。例如，和田玉、岫玉、独山玉、澳洲玉等。现在一般认为带地名的玉石名称不具有产地意义。例如，和田玉、岫玉等。

（3）人工宝石应在相应的宝石材料名称前或后加以上"合成"、"人造"、"再造"、"拼合石"等字样，以示与天然宝石的区别。人造宝石中"玻璃"、"塑料"除外。例如，合成水晶、人造钇铝榴石、欧泊拼合石、再造绿松石等。

（4）生产厂家、制造商不能参与命名。例如，禁止使用查塔姆祖母绿等类似的命名（查塔姆——宝石合成制造商）。

（5）具有猫眼、星光、变色这三种特殊光学效应的宝玉石，在定名时将特殊光学效应置于名称前或后。例如，星光红宝石、石英猫眼、变色蓝宝石；只有"金绿宝石猫眼"才可直接称为"猫眼"。

具有砂金效应、晕彩效应、变彩效应等其他特殊光学效应的宝玉石，其特殊光学效应不参与定名。

（6）经优化的珠宝玉石定名直接使用珠宝玉石名称。

（7）经处理的珠宝玉石定名要求在珠宝玉石基本名称前或后标明"处理"，最好命名时具体描述处理方法。例如，漂白注胶处理翡翠、扩散蓝宝石、翡翠（漂白、充填）等。

（8）珠宝玉石饰品按珠宝玉石名称＋饰品名称定名。例如，翡翠手镯、碧玺手链、青金石项链等。

任务二
认识宝玉石的成分及结晶学特征

一、宝玉石的化学成分

1. 主要化学成分

按照组成宝玉石的主要化学成分，参照宝玉石的矿物学分类，可以把天然宝玉石划归为自然元素类、硫化物类、氧化物类、含氧盐类和卤化物类等。

（1）自然元素类　自然元素类的宝石只有钻石一种，钻石在宝石中所处的地位是其他任何宝石无法比拟的。

钻石的晶体结构为典型的纯共价键，化学键最强。因而，其硬度极高（是自然界所有宝石中硬度最大的），光泽强，密度大，不导电。

（2）硫化物类　硫化物类常见宝玉石品种较少，一般为稀少的宝石品种，如闪锌矿、雄黄、雌黄、辰砂、方铅矿、黄铁矿和黄铜矿等。

硫化物宝石的阴离子为硫，硫易被极化，电负性较小；阳离子为亲铜元素和过渡元素，位于化学元素周期表的右方，极化能力强，电负性中等。因而硫化物宝石中阴、阳离子电负性相差较小，致使硫化物类宝石矿物的化学键体现离子键向共价键的过渡，以共价键为主，并带有金属键的成分。体现在物理性质上，大多数硫化物宝石矿物具有金属光泽，透明度低，反射率强，密度大。如方铅矿、黄铁矿和黄铜矿。少数呈非金属色，金刚光泽，半透明，如闪锌矿、辰砂、雄黄和雌黄等。硫化物类宝石的硬度与硫的存在状态有关。一般简单硫化物的硬度较低，摩氏硬度为 $2\sim4$，如方铅矿、闪锌矿和辰砂等。二硫化物的硬度较高，摩氏硬度达 $5\sim6$，如黄铁矿和白铁矿等。

（3）氧化物类　氧化物类宝玉石是品种较多的一类宝石，常见品种有红宝石、蓝宝石、水晶、玛瑙、欧泊、尖晶石和金绿宝石等。

氧化物类宝石的阴离子为氧，阳离子主要为惰性气体型离子和位于元素周期表左方的过渡型离子。化学键以离子键为主，共价键成分很少。在物理性质上，主要体现离子晶格特征，光学特征与阳离子的成分有很大关系。如阳离子为惰性气体型离子 Mg、Li、Si 等，一般表现为无色或浅色，透明至半透明，以玻璃光泽为主；若阳离子为过渡型离子 Fe、Mn、Cr、Ti 等，则宝石的颜色较深，半透明至不透明，半金属光泽。摩氏硬度一般大于 5.5。密度与阳离子元素的相对原子质量有关。若为相对原子质量较大的元素，如 Fe，则密度较大，若为轻元素，如 Si，则密度较小。

（4）含氧盐类　按照阴离子的成分，含氧盐类宝玉石包括硅酸盐类、碳酸盐类、磷酸盐类和其他含氧盐类。硅酸盐类是品种最多的一类宝石，常见品种有锆石、橄榄石、石榴石、托帕石、绿帘石、祖母绿、海蓝宝石、碧玺、辉石、翡翠、软玉、矽线石、岫玉、日光石、月光石、长石、方柱石和寿山石等。碳酸盐类常见品种有方解石、孔雀石、菱镁矿、白云石和文石等。其他含氧盐类的宝石常见品种有磷灰石、绿松石、天青石和重晶石等。

硅酸盐类宝石的阳离子主要是惰性气体型离子和部分过渡型离子。阴离子除 Si 和 O 组成的络阴离子外，还可以出现一些附加阴离子，如 O^{2-}、OH^-、F^-、Cl^-、S^{2-}、CO_3^{2-} 等。硅酸盐类宝石的结构主要取决于络阴离子的结构。由于硅酸盐类宝石络阴离子主要是由 Si 和 O 所组成，因此常把硅酸盐络阴离子的结构称为硅氧骨干。硅氧骨干有岛状、环状、链状、层状和架状。常把具有相应硅氧骨干的硅酸盐宝石称为岛状结构硅酸盐宝石、环状结构硅酸盐宝石等。

不同类型硅氧骨干的化学键特点有很大差异，这种差异决定了相应宝石的形态和物理化学性质。

岛状结构硅酸盐类宝石的硅氧骨干呈孤立的 $[SiO_4]$ 单四面体或 $[Si_2O_7]$ 双四面体，四面体之间被其他阳离子隔开，彼此分离，犹如孤岛。硅氧骨干内部为共价键。岛状结构硅酸盐类宝石一般呈三向等长的粒状形态，结构比较紧密，解理不发育，多为透明、玻璃光泽，部分可达亚金刚光泽。一般密度、硬度、折射率都比较大。常见的有锆石、橄榄石、石榴石、托帕石和绿帘石等。

环状结构硅酸盐类宝石的 $[SiO_4]$ 四面体以角顶连接形成封闭的环，根据 $[SiO_4]$ 四面体环节的数目可以有三环 $[Si_3O_9]$、四环 $[Si_4O_{12}]$、六环 $[Si_6O_{18}]$ 等。环内以共价键为主，环与环之间平行排列，环之间由金属阳离子以离子键相连。具环状结构的硅酸盐类宝石晶体一般呈柱状，柱状晶体往往属六方或三方晶系，柱的延长方向垂直于环状硅氧骨干的平面。这类宝石的结构比较致密（但是不及岛状结构致密），硬度较大，摩氏硬度为 $7\sim8$，多呈透明、玻璃光泽、浅色，硬度较高，解理不明显。常见品种有祖母绿、绿柱石、碧玺和堇青石等。

链状结构硅酸盐类宝石的 $[SiO_4]$ 四面体以角顶连接成沿一个方向无限延伸的链，其中常见的有单链和双链。链内以共价键为主，链间由金属阳离子相连。具链状硅氧骨干的硅酸盐类宝石晶体常常呈柱状或针状晶体，晶体的延长方向平行于链状硅氧骨干延长的方向，解理沿链的延长方向比较发育，可达中等到完全解理。玻璃光泽，密度中等，摩氏硬度一般为5～6。颜色与阳离子的成分有关：阳离子为惰性气体型离子时颜色较浅，透明；阳离子为过渡型离子时，颜色较深，透明度较差。常见的品种有辉石、翡翠、透闪石、软玉和矽线石等。

层状结构硅酸盐的硅氧骨干以 [SiO$_4$] 四面体角顶相连，形成在二维空间上无限延伸的层。在层中每一个 [SiO$_4$] 四面体以 3 个角顶与相邻的 [SiO$_4$] 四面体相连接。金属阳离子位于层间以离子键与层相连构成结构单元。结构单元之间以分子键为主相连。

层状结构硅酸盐宝石矿物多呈层状。由于层间的化学键很弱，因此硬度小，摩氏硬度一般低于 3。密度小，解理发育。层状硅酸盐类宝石一般为矿物集合体，结构比较细腻。常见的宝石品种有岫玉（蛇纹石玉）、寿山石、叶蜡石和滑石等。

架状结构硅酸盐类的硅氧骨干每个 [SiO$_4$] 四面体的 4 个角顶全部与其相邻的 4 个 [SiO$_4$] 共用，构成架状结构。其中部分 Si 被 Al 代替，产生剩余电价，金属阳离子充填在架状结构的孔隙中，与剩余电价相平衡。由于硅氧骨干之间以共价键为主，所以架状结构硅酸盐类宝石的硬度较大，摩氏硬度常在 6 左右。但是架状结构硅酸盐晶格中的孔隙较大，因此这类宝石的密度较小。此类宝石中有离子键成分，晶体一般表现为透明、玻璃光泽、浅色或无色。常见的品种有长石（包括日光石、月光石、拉长石等）、方柱石、方钠石等。

碳酸盐类宝石常见的品种有方解石、菱镁矿、孔雀石、蓝铜矿等。碳酸盐类宝石的阴离子为 CO_3^{2-}。此类宝石以离子键为主，一般颜色较浅，玻璃光泽，如果含色素离子则呈鲜艳的彩色，如孔雀石和蓝铜矿。硬度较低，摩氏硬度 3～4。多数碳酸盐类矿物与酸易于反应。

磷酸盐类宝石常见的品种有磷灰石、绿松石、独居石。这类宝石呈离子键光学特征，玻璃光泽，硬度中等，摩氏硬度为 5 左右。阳离子为惰性气体型离子时呈无色或浅色；阳离子为过渡型离子时呈鲜艳的彩色，如绿松石。

其他含氧盐类宝石包括砷酸盐、钒酸盐、硫酸盐等。这些宝石比较少见，它们呈离子键性质，玻璃光泽，透明度较好，硬度中等到偏低，主要品种有重晶石、天青石、铅钒、硬石膏、硼铍石、硼铝镁石、方硼石、白钨矿和钼铅矿等。

2. 次要化学成分

次要元素或称微量元素对宝石有着非常重要的作用。在有些情况下，次要元素决定了某种矿物的宝石品种以及是否能够成为宝石。比如，不含 Cr、Fe、Ti 的刚玉不能称为宝石。只有含有这些元素或含有其中的某种元素，才使刚玉能够跻身于宝石的行列，而不同的微量元素又决定了宝石的品种。含有 Cr 的刚玉如果能够达到宝石级，则成为漂亮的红宝石，而含有 Fe 和 Ti 的刚玉则成为蓝宝石。这些微量元素在宝石的晶格中一般以类质同象的形式存在。

（1）类质同象　大多数宝石为晶体。晶体中某种质点被类似的质点所代替，而能保持原有晶格，只是晶格常数稍有改变的现象，称为类质同象。类质同象也可以称为固溶体。

晶体中的某种质点被另一种质点代替的限度是不同的。如果可以无限制地代替，则称为完全类质同象，否则，称为不完全类质同象。例如，橄榄石（Mg，Fe）$_2$SiO$_4$ 的晶体结构中，Mg^{2+} 和 Fe^{2+} 可以任意比例地进行相互代替。如果晶格中这个位置全部是 Mg^{2+}，这种橄榄石称为镁橄榄石。如果一部分 Mg^{2+} 被 Fe^{2+} 代替，并且 Fe^{2+} 占 Mg^{2+} 及 Fe^{2+} 总和的

10％～30％，称为贵橄榄石。如果 Fe^{2+} 代替 Mg^{2+} 的比例进一步增加，直到全部 Mg^{2+} 都被 Fe^{2+} 所代替，这种橄榄石称为铁橄榄石。其中贵橄榄石的颜色最鲜艳，适于作宝石，镁橄榄石颜色太浅，而铁橄榄石则颜色过深。大部分宝石发生的类质同象为不完全类质同象，如红宝石和蓝宝石。红宝石 Al_2O_3 的晶体结构中 Cr^{3+} 部分代替 Al^{3+}，从而使其具有鲜艳的红色。

（2）同质多象　同种化学成分的物质，在不同物理化学条件下（温度、压力、介质）形成不同结构晶体的现象，称为同质多象。这些不同结构的晶体称为该成分的同质多象变体。因此有些矿物，它们成分虽然相同，但可以是不同种矿物。同质多象最典型的例子就是金刚石和石墨，它们都具有相同的成分即碳元素，但晶体结构类型明显不同，前者属等轴晶系，为架状结构；而后者是六方晶系，为层状结构。

常见的石英也有同质多象现象，如温度在 573℃（常压下）以上，形成六方晶系的高温石英；温度在 573℃ 以下则形成三方晶系的低温石英，两者在结构上的差异性不大，除晶体形态有些不同外，其他性质比较近似。

同质多象变体之间随条件的变化是可以转化的。如在极高的压力和温度下，可使石墨转变为金刚石，这就是人造金刚石的原理；但当条件复原时，金刚石却不再转化为石墨，因此金刚石和石墨为不可逆的同质多象转变，因为两者的结构差异太大。但石英则不同，当温度高于 573℃ 时，低温石英即转化为高温石英，相反，温度低于 573℃ 时，高温石英又可转变成低温石英，这种转变称为可逆的同质多象转变，因为两者结构相似。

同质多象转变是在固态条件下进行的。结构转化过程中晶体内部会产生机械压力，这种压力常使晶体内部产生双晶，影响宝石质量。

❋ 二、宝玉石的结晶学特征

1. 晶体与非晶体

（1）晶体　晶体是指组成它的质点（原子、离子）在三维空间上作周期性的规律排列，形成具有空间格子结构的固体。其规律表现在原子沿直线方向等间距地排列成行列，行列又平行等间距地排列成面网；面网再平行等间距地叠置形成空间格子（图1-1）。空间格子的最小单位称为单位格子或称晶胞，它的形状为一平行六面体。

图 1-2 所示为食盐的晶体结构图形，其中 1/8 的小方块范围是其晶体结构的最小单位——晶胞。整个晶体结构可以看作是由无数晶胞平行无间隙堆砌而成的，如同用砖砌墙一样。

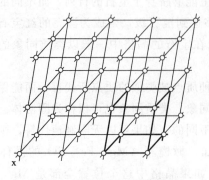

图 1-1　空间格子及单位格子

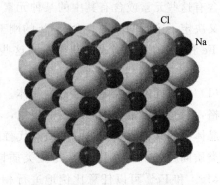

图 1-2　食盐（NaCl）的晶体结构

（2）非晶质体和隐晶质体　内部的原子没有上述周期性的规律排列（即无格子构造）的物质称为非晶质体或玻璃体。如欧泊和火山玻璃等。

当某些矿物集合体或岩石是由很多细小的晶体组成的、总体为块状、肉眼或用10倍放大镜也难分辨出其轮廓时，则称为隐晶质体。如玻璃地翡翠、绿松石等。

非晶质体中的原子排列是杂乱无序的，因此比晶体有较高的内能。它不如晶体稳定，非晶体有自发向晶体转化的趋势，但这往往需要很长时间。此种由非晶质体转化成晶体的现象称为脱玻化，如火山玻璃会转变成沸石或石英等晶质矿物。

2. 晶体的一般特性

绝大多数的宝玉石矿物都是晶体，因此晶体的性质就直接决定了宝石矿物的性质。晶体的主要性质如下。

（1）自限性　晶体是从小到大逐渐生长形成的。晶体在生长过程中，若不受空间条件的限制，则可以形成一定大小、面平、棱直、顶尖的规则几何多面体，酷似经人工精心琢磨的艺术品，因此人们称晶体为大自然雕琢师的杰作。

由于晶体具有格子构造，内部原子规律的排列必然反映到外部形态上。晶体外表的平滑面称为晶面，它实际就是格子构造的最外层面。晶体上的棱称为晶棱，它实际就是结构最外面的行列。因此晶体具有的面平棱直的规则几何外形是必然的。

（2）异向性　同一个晶体的不同方向上常常表现出不同的性质，如硬度、颜色、光泽及一些特殊现象等，这也是由于晶体格子构造决定的。从上述晶体的概念可知，不同方向原子排列的规律往往是不一样的，如原子间距、结合力强弱等皆有差异，自然就会表现出不同的性质。如平行 c 轴观察红宝石显浅紫红色，而垂直 c 轴看则呈橙红色。异向性知识对宝石的加工、鉴定十分有用。

（3）均一性　均一性是指同一晶体的不同部分具有相同的性质。因为晶体的格子构造决定了同一晶体不同部分的原子排列、原子密度、结合能力等相同，自然其性质也必然相同，如密度等性质；但具有方向性特征的性质，如硬度、颜色等必须在相同的方向测试或观察才是相同的。

（4）对称性　对称性是一种美的体现。所谓对称就是图形或物体存在规律重复的特性。这种特性广泛存在于自然界，如植物、动物，也存在于人造之物，如绘画、雕塑和建筑等。但晶体的对称性有特殊意义，它是由内部结构的对称性反映到外部形态的对称性。

（5）稳定性　稳定性指在相同条件下，晶体与成分相同的气体、液体及非晶质固体相比最稳定，不易发生变化。上面已再三谈到晶体中原子有规律的排列，这种排列最为紧密，因此内能最小。物质都趋向于使自身具有最低能量，即最稳定状态，这就是晶体的稳定性。

（6）最小热力学能性　指在相同的热力学条件下，晶体与同种成分物质的非晶质体、液体、气体相比较，其热力学能最小。实验证明，物体由非晶质体、液体、气体向晶体转化时，都有热的放出，这说明晶体的热力学能最小。

3. 晶体的结构

在晶体化学分类中，一般根据晶体结构中最强化学键在空间的分布和原子或配位多面体连接的形式，将晶体结构划分为如下几种类型。

（1）配位型　晶格中只有一种化学键存在，它可以是离子键、共价键或金属键。键在三维空间均匀分布。配位多面体以共面、共棱或共角顶连接，同一角顶所连接的角顶不少于 3 个。如金刚石（C）的结构。

（2）架状型　最强键也在三维空间均匀分布。但配位多面体主要是共角顶，同一角顶连接的配位多面体不超过 2 个，这是使结构开阔的一个原因。如 α-石英（SiO_2）的结构。

（3）岛状型　结构中存在着原子团（岛），在团内连接的键强远大于团外的连接。如橄榄石 $(Mg，Fe)_2SiO_4$ 的结构。

（4）链状型　最强的键趋向于单向分布。原子或配位多面体连接成链，链间以弱键相连接。如辉石 $(Mg，Fe)_2Si_2O_6$、金红石 TiO_2 的结构。

（5）层状型　最强的键沿二维空间分布，原子或配位多面体连接成平面网层。层间以分子键或其他弱键相连接。如蛇纹石 $Mg_6Si_4O_{10}(OH)_8$ 的结构。

任务三
认识宝玉石的力学性质

❋ 一、硬度

宝玉石抵抗压入、刻划或研磨的性能称为宝玉石的硬度。宝玉石硬度与其化学组成、化学键及晶体结构有关。

宝玉石鉴定中常用的相对硬度是摩氏硬度。摩氏硬度计是德国物理学家 Friedrich Mohs 于 1822 年根据 10 种标准矿物的相对硬度而确定的，其硬度级别如表 1-1 所示。

在利用表 1-1 确定宝玉石相对硬度时，还可以借助一些日常生活中常见物质的相对硬度加以补充，如：指甲为 2.5；铜针为 3；玻璃为 5～5.5；刀片为 5.5～6；铜锉为 6.5～7。

应该指出的是，这仅仅是一个硬度的顺序，相邻级别并非等量增减的，如刚玉与金刚石之间的硬度差异远远大于滑石与石膏之间的差异。

大气中的灰尘含石英，石英硬度为 7。硬度小于 7 的宝石抛光面变"毛"，就是由灰尘的经常腐蚀引起的。这是某些镶宝首饰的肉眼鉴定特征之一。

应注意的是，硬度检测属于有损检测，在不得不用硬度笔对宝玉石进行测试时，应遵循先软后硬的顺序，并尽量选择隐蔽处测试，以使宝玉石表面尽可能少地留下痕迹。

表 1-1　硬度对照表

矿　物	摩 氏 硬 度
滑石	1
石膏	2
方解石	3
萤石	4
磷灰石	5
正长石	6
石英	7
托帕石	8
刚玉	9
金刚石	10

❋ 二、密度和相对密度

宝玉石单位体积的质量称为宝玉石的密度，单位为 g/cm^3。

宝石学中通常以测定相对密度的方法确定密度值，相对密度为宝石在空气中的质量与同体积的水在 4℃（标准大气压条件下）的质量之间的比值。相对密度没有单位。密度或相对密度是鉴定宝玉石的重要参数之一。测量宝玉中的密度是利用了阿基米德原理，测量计算公式如下：

$$相对密度 = \frac{宝玉石在空气中的称重}{\dfrac{宝玉石在空气中的称重 - 宝玉石在水中的称重}{1g/cm^3}} \times 1g/cm^3$$

　　测量计算公式可简化为：

$$相对密度 = \frac{宝玉石在空气中的称重}{宝玉石在空气中的称重 - 宝玉石在水中的称重}$$

三、韧性和脆性

　　韧性也称打击硬度，指宝玉石抵抗破碎的能力，很难破碎的性质为韧性，易破碎的性质称脆性。硬度大的宝玉石不一定是强韧宝玉石，钻石虽然可以切铁如泥，但如果用铁棒敲击时极易破碎，这不是因为它比铁软，而是因为它比铁脆。

四、解理、裂理和断口

　　解理、裂理和断口是矿物在外力作用下发生破裂的性状，破裂的特征与矿物结构有关，均是宝石鉴定和加工的重要参考因素。

　　晶体在外力作用下，沿特定的结晶学方向（一般平行于理想晶面方向）裂开成光滑的平面性质，称为解理，其裂开的光滑平面即为解理面。宝石学中形成解理的难易程度及解理面发育特点将解理分为极完全解理、完全解理、中等解理和不完全解理四类。

　　宝玉石的抛光效果在某种程度上受制于解理发育状况。如托帕石，其底面解理发育，故加工时应避免刻面与解理面方向平行，以一定角度抛磨，不然会出现粗糙不平的抛光面。

　　晶体在外力作用下沿一定的结晶学方向（多沿双晶结合面方向）裂成平整光滑平面的性质称裂理或裂开，裂开的面称为裂理面。裂理是由非固有的其他原因引起的定向破裂，其光滑程度不如解理。

　　宝玉石在外力作用下发生随机的无一定方向的不规则的破裂称为断口。常见断口有贝壳状（如玻璃、水晶）、参差状（如软玉）、土状（如绿松石）。

任务四
认识宝玉石的光学性质

　　宝玉石的光学特征是指宝石对可见光线的吸收、反射和折射时所表现的特殊性质，以及可见光在宝玉石中的干涉和散射现象。

一、颜色

　　颜色是宝玉石最直观的光学性质，它是肉眼鉴别宝玉石时最主要的单项指标，又是决定宝玉石品级、确定宝玉石价值大小的重要因素。

我们通常所见到的白色光线是由七种不同颜色的单色光所组成，所有的有色物体都具有吸收可见光中某些波长光的物理性能。当这种作用发生时，传播到人眼睛中的颜色仅是未被吸收的那些波长的混合色。宝玉石的颜色是宝玉石与可见光相互作用的结果。

宝玉石材料对光有选择性地吸收，是由于宝玉石中某些化学元素的存在，它们既可以是宝玉石的基本化学成分，又可以是其中的微量元素。宝玉石学中将宝玉石的颜色分为自色、他色和假色，相应宝玉石分为自色宝玉石、他色宝玉石和假色宝玉石三种类型。

（1）自色宝玉石　引起颜色的元素是宝玉石主要的化学成分，例如橄榄石的致色元素铁（Fe），它是橄榄石的主要化学成分。自色宝玉石颜色很少变化。

（2）他色宝玉石　引起颜色的元素是宝玉石中的微量元素。如刚玉，化学成分为氧化铝（Al_2O_3），当它纯净时为无色，但当它含微量铬（Cr）元素时呈红色，称为红宝石；当它含微量铁（Fe）和钛（Ti）时呈蓝色，称为蓝宝石。

他色是由于外来杂质的混入造成的，宝玉石纯净时通常为无色。

（3）假色宝玉石　颜色与宝玉石的化学成分没有直接关系，由于宝玉石的一些结构特征，如包裹体、平行解理等对光的折射和反射而使宝玉石产生颜色。

色质、饱和度、亮度称颜色的三要素，不同的色彩可以这三要素互相区别。

（1）色质　一种色彩能描述为红、绿或蓝色的属性。通常用主波长表示。

（2）饱和度　色彩的纯净程度，或者是白光的混入程度。通常用色光和白光的比例来定量表示。例如饱和度60%的色光，指有40%的白光混入，宝石的颜色不像纯净时那样鲜艳。

（3）亮度　也称强度，指色彩的明亮程度，它取决于宝石和照射光线的相互作用以及宝石琢磨质量的优劣。亮度可简单地用高、中、低来形容。

二、透明度

透明度是宝玉石透过可见光的能力。在宝石的肉眼鉴定中，通常将宝石的透明度大致划分为透明、亚透明、半透明、微透明和不透明五个级别。

（1）透明　能容许绝大部分光透过，当隔着宝石观察其后面的物体时，可以看到清晰的轮廓和细节，如水晶。

（2）亚透明　能容许较多的光透过，当隔着宝石观察其后面的物体时，虽可以看到物体的轮廓，但无法看清其细节。

（3）半透明　能容许部分光透过，当隔着宝石观察其后面的物体时，仅能见到物体轮廓的阴影，如一些质量较好的电气石。

（4）微透明　仅在宝石边缘棱角处可有少量光透过，隔着宝石已无法看见其背后的物体，如黑曜岩。

（5）不透明　基本上不容许光透过，光线被宝石全部吸收或反射，如孔雀石。

三、折射率和双折射率

对于给定的任何两种相接触的介质及给定波长的光来说，入射角的正弦与折射角的正弦之比为一常数。这个比值称为折射率。

折射率也可表示为光在空气中的传播速度与其在宝石中的传播速度之比，即：

$$折射率 = \frac{光在空气中的速度}{光在宝石中的速度}$$

钻石的折射率为 2.417，就是说光在空气中的传播速度为在钻石中的 2.417 倍。

根据光学性质不同，可以把宝石矿物分为光性均质体和光性非均质体两大类。一般而言，宝石矿物在各个方向上光学性质相同，即光学各向同性材料称为均质体，如钻石、石榴石、尖晶石、萤石等。非晶质体属于均质体，如玻璃、塑料、欧泊、琥珀等。均质体宝石矿物，允许光线朝各个方向以相同的速度通过，即这类材料在任意方向上均表现出相同的光性（各向同性），只有一个折射率值。

宝石矿物的光学性质随方向而异，即光学各向异性材料称为非均质体，如祖母绿、刚玉宝石、绿柱石、水晶、托帕石、长石等。非均质体宝石矿物，入射光通过后分解为两条彼此完全独立的、传播方向不同的、振动方向相互垂直的单向光线，这每一组方向光线称为平面偏振光。不同平面偏振光的传播速度不同，即有不同的折射率值，两个折射率之间的差值称为双折射率值。

各向异性宝玉石的双折射率用最大折射率和最小折射率的差值来表示。

例如水晶有两个折射率：最大折射率为 1.553，最小折射率为 1.544，双折射率为 0.009。

折射率是一个固定的比值。在宝石学中，折射率值在 1.35～1.81 之间的宝石折射率值是在折射仪上测定的，它是宝石鉴定中最重要的依据之一。

四、光泽

光泽是宝玉石表面反射光的能力，它反映了宝玉石表面的明亮程度。光泽在很大程度上取决于宝玉石的折射率，也取决于宝玉石的抛光程度。

在宝石学中，光泽从强到弱可分为金属光泽、半金属光泽、金刚光泽、玻璃光泽。

金属光泽为自然金、银、铂的光泽；金刚光泽是非金属矿物中最强的一种光泽，也是透明宝玉石所能显示的最好光泽，如钻石的光泽。玻璃光泽是大多数透明宝石显示的光泽，如红宝石、祖母绿、尖晶石等的光泽。

由于宝玉石的抛光程度及结构特征的不同，反光的特点会发生变异，形成一些特殊的光泽。

（1）油脂光泽 非常细微的粗糙表面显示如油脂表面似的光泽。如软玉。

（2）蜡状光泽 由于表面不平坦产生的光泽，较油脂光泽更弱。如玉髓、绿松石。

（3）树脂光泽 一些质软宝石所显示的如树脂表面的光泽。如琥珀。

（4）丝绢光泽 由于纤维构造产生的如丝绢的光泽。如孔雀石、虎睛石。

（5）珍珠光泽 由许多细微的平行面形成的柔和多彩的反光和干涉现象。如珍珠。

光泽可以使宝玉石更加明亮，同时，不同光泽也为鉴定宝玉石提供了有用的线索。但各种光泽之间并没有明显的界线。

五、色散

当一束白光穿过一种有两个斜面的透明物质时，分解成它的组成波长，从而出现了五彩斑斓的色彩的现象，称色散。

典型的如钻石的火彩。当切磨良好的钻石在自然光下作相对转动，钻石表面会看到闪烁跳耀的火彩，有人称之为"火"。

色散有时也称"火"。对于有色宝石，这种"火"常被体色所掩盖。

六、多色性

某些有色宝石的颜色随光波在其中振动方向不同，而显示的两种或三种体色的现象称多色性。

通常肉眼看到的颜色是两种或三种颜色的混合色。多色性的观察是用二色镜进行的。但一些多色性很强的宝石，如红柱石，肉眼在不同方向亦可见到颜色的变化。表1-2是几个显示多色性宝石的实例。

表1-2　具有多色性宝石实例

宝　石	基 本 体 色	多色性颜色
红宝石	红	红色/橙色
蓝宝石	蓝	蓝色/蓝绿色
堇青石	蓝	紫蓝色/淡蓝色/黄褐色
红柱石	褐绿	红色/绿色/橙褐色

七、特殊光学效应

① 猫眼效应　琢磨成弧面形的一些宝石，在光照下表面出现一条明亮的光带，随样品的转动，光带会在宝石表面平行移动或张合，如猫的眼睛，故称猫眼效应。

许多宝石能产生猫眼效应，最著名的能产生猫眼效应的宝石是金绿宝石的一个亚种猫眼。其他能产生猫眼效应的宝石有：海蓝宝石猫眼、电气石猫眼、磷灰石猫眼、石英猫眼、方柱石猫眼、蛇纹石猫眼、红柱石猫眼、透辉石猫眼、绿帘石猫眼、透闪石猫眼和孔雀石猫眼等。

② 星光效应　琢磨成弧面形的某些宝玉石，在光照下表面出现一组放射状闪动的亮线，犹如夜空中闪烁的星星，称星光效应。通常为四射或六射，极个别为十二射星状光线。常见的能产生星光效应的宝石有红宝石、蓝宝石。

③ 变色效应　不同光源照射下宝石呈明显颜色变化的光学效应称为变色效应。宝石学中常用日光和白炽灯两种光源进行观察。

变色效应最典型的例子是变石，它是金绿宝石的一个亚种，在日光下呈绿色，白炽灯下呈红色。这是因为变石含过渡元素铬（Cr），铬（Cr）致色可以产生红色或绿色。变石中铬（Cr）的吸收取决于入射光的波长。日光中短波占优势，变石透过绿光呈绿色；白炽灯中长波多，变石透过红光呈红色。偶尔天然蓝宝石、尖晶石等也可以有变色效应。

变色效应不仅在天然变石中发生，还产生在合成变石和合成刚玉仿变石中。合成刚玉仿变石在日光下呈灰蓝绿色，白炽灯下呈紫红色，它是由过渡元素钒致色的。

④ 变彩效应　特殊宝玉石的结构对光的干涉或衍射作用而产生的颜色或一系列颜色，颜色随光源或宝玉石的转动而变化，这种现象称变彩效应。

欧泊在结构上有规律的三度空间的球粒堆积，构成了一个三维衍射光栅，当它的球粒间隔大小和可见光波长相当时，就发生了光的衍射，即光的传播方向发生变化，这些相关光线相互干涉即产生了颜色。光的折射角随波长连续变化，所以不同角度变化出现不同的颜色变化。球粒大小的变化，产生了不同的颜色。这就形成了欧泊变彩。普通欧泊球粒大小不同，排列不规则，所以不产生变彩。

八、亮度及发光性质

① 亮度　亮度指光线从宝石后刻面反射而导致的明亮程度。

从几何光学中可知，当光线从光密介质（折射率较大的介质）进入光疏介质（折射率较小的介质）时，光线偏离法线折射，这时的折射角大于入射角。当入射角增加到折射线沿两介质之间的分界面通过时，即折射角达到 $90°$，这时的入射角称为临界角。

全内反射指当光线从光密介质进入光疏介质时，如果入射角大于临界角，光线将发生全内反射，并遵循反射定律，留在光密介质中。

切磨良好的宝玉石，可使从顶部进入宝玉石的入射光，经过多次全内反射再次从顶部射出，使宝玉石顿时增辉。如钻石就能显示完美的亮度。

一些低折射率的宝石要产生亮度则需很陡的底部，而底部过深会无法镶嵌，所以通常不产生强的亮度。

② 发光性质　宝玉石在外来能量的激发下，发出可见光的性质称宝玉石的发光性。

当外来激发停止后，该宝玉石发光也立即停止的现象称荧光。

任务五
认识宝玉石的热学性质

物体对热的传导能力称为热导率。它是以穿过给定厚度的材料，并使材料升高一定温度所需的能量来度量的。

不同宝石的热传导能力不同，对比它们的热导率即可有效地区分宝石。热学性质有助于许多宝石的鉴定，最明显的是钻石，它的热导率远远大于热导率次高的刚玉。这就构成了热导仪鉴定钻石的基础（碳硅石除外）。具体参见宝玉石仪器有关模块。

加热也会影响宝石的颜色。这是由于一些变价的色素离子在不同的湿度条件下可改变其价态，或者加热使得晶体结构发生变化而影响其颜色。为了提高某些宝石的品质，利用加热的方法来改善宝石的颜色。例如对于玛瑙、蓝宝石和海蓝宝石的加热处理。

任务六
宝玉石的鉴定

很难规定一套适合任何宝石品种的测试程序鉴定宝石，但基本测试项目和步骤还是有规律可循的。一般情况下，宝玉石鉴定的第一步是总体观察；第二步，在总体观察的基础上，确定选择哪些常规测试仪器；最后一步，综合分析观察和仪器测试的结果，定出宝玉石的品种、名称。

一、总体观察

用肉眼并借助 $10×$ 放大镜和显微镜放大观察。观察内容可分为宝石外部特征和内部特征两方面。

1. 外部特征

归纳起来有颜色、透明度、光泽、色散、特殊光学效应、解理、断口、硬度、琢型宝石表面特征及加工质量等方面。

(1) 颜色 首先注意光源，要用日光或与之等效的光，如白炽灯。光源强度要适中：光源强，颜色显浅；光源弱，颜色显深。例如，观察钻石要来自北面方向的光或不产生黄光的光源。观察时使光照射在样品表面，用反射光观察宝石的颜色；样品最好有白色背景。对颜色的观察和描述有以下 3 个内容。

① 色彩：用日光组成红、橙、黄、绿、青、蓝、紫和黑、灰、白等色描述，一般还借用矿物学中的二名法来描述宝玉石的颜色。二名法是用两种色彩来描述宝玉石的颜色。例如黄绿色，其中绿是主色，黄是叠加在绿色之上的次要色彩。

② 色调：用深、浅或暗、淡来描述色彩。

③ 色形：颜色的形状。例如孔雀石中绿色呈条带状分布；碧玺的颜色环带；染色石英岩中颜色沿粒间呈网状分布等。

(2) 透明度 宝玉石透明度一般分透明、半透明和不透明三个等级描述。

(3) 光泽 观察宝玉石光泽，需选择光滑平面，光泽种类很多，宝玉石以玻璃光泽为主，其中最强的是金刚光泽。

(4) 色散 具强色散（色散大于 0.030）的宝石，按正确比例琢磨会显示五颜六色的火彩。浅色宝石火彩明显；深色宝石火彩往往被体色掩盖。可显示强火彩的宝石有合成金红石（色散 0.330）、钻石（色散 0.044）、锆石（色散 0.039）、合成立方氧化锆（色散 0.060）等。

(5) 特殊光学效应 具特殊光学效应的宝石，其特殊光学效应的特征可以作为宝石鉴定的依据。例如，红宝石、蓝宝石、石榴石和辉石都可具星光，红宝石和蓝宝石一般为六射星光，而石榴石、辉石为四射星光。天然宝石中的特殊光学效应往往不如合成宝石的明显。

(6) 解理 解理是出现在宝石单晶体中的一个特性。发育有解理的宝石：钻石、托帕石、长石和辉石。如月光石中的"蜈蚣"、钻石中的"胡须"等。

(7) 硬度 硬度测试是有损鉴定，一般不采用。

(8) 琢型宝石其他表面特征 它包括宝石生长纹（如珍珠表面"等高线"纹）、色带、残留的晶面或蚀像（如钻石腰棱上出现的）；拼合石的拼合面与表面的交线；覆膜处理宝石的涂层、镀膜、贴箔特征；玻璃、塑料等人造宝石的模制印痕和冷却凹面等，对鉴别宝石都有一定意义。

(9) 琢型宝石加工质量 一般贵重的宝石加工质量应该是上乘的，即宝石总体轮廓对称、规则；刻面对称、平整；刻面上的抛光痕少或无；刻面棱平直，三条棱交于一点。

2. 内部特征

宝玉石的内部特征，除在外部特征中提到的生长纹、双晶纹、色带、解理等以外，主要是指宝石内部含的包裹体。

包裹体由固体、液体、气体物质组成。它们在宝玉石中可以是：

(1) 单相的 固、液、气各自独立存在。

（2）两相的　一般是液体中含气泡。

（3）三相的　液体中含固体和气泡。

从包裹体与宝石形成时间的相对早晚看，包裹体又可分为：

（1）原生的　包裹体比宝石形成早，这类包裹体一定是固相的。

（2）同生的　包裹体与宝石同时形成。单相的、两相的、三相的都有。

（3）后生的　宝石形成后产生的。如充填于欧泊或玛瑙裂隙中的铁锰氧化物，常呈树枝状，它们往往是含铁、锰的地下水渗入到欧泊或玛瑙的细裂隙中沉淀形成的。

原生和同生的包裹体对鉴别宝石品种，特别是鉴别天然与合成宝石有重要意义。包裹体还可以指示宝石产地。

二、仪器测试

1. 测宝玉石折射率和双折射率

折射仪是测试宝玉石折射率非常重要的仪器。在总体观察基础上，估计样品折射率小于1.78时，首先使用折射仪获取样品的折射率和双折射率。

某些具高双折射率的宝玉石借助10×放大镜或显微镜观察"双影"现象，可了解宝玉石为各向异性和估计双折射率的大小，锆石（0.059）、橄榄石（0.035～0.038）、透辉石（0.024～0.030）等。"双影"明显的程度和双折射率的大小与样品大小都有关系。

2. 测宝玉石光性

宝玉石光性多数情况可根据折射仪阴影边界移动特点确定。然后用偏光镜或二色镜加以证实。折射仪有局限性，某些宝石需要由偏光镜和二色镜来测定光性。

3. 用分光镜观察光谱

分光镜测定宝玉石的吸收光谱，判断宝玉石的致色元素，对鉴别宝玉石、诊断宝玉石是否经过染色很有意义。

4. 测相对密度

相对密度值对鉴别宝玉石品种很有意义。若备有电子天平则用静水称重法，可获相对密度的具体数值，而用重液法测试宝玉石相对密度则较方便快捷。

5. 其他测试

包括用查尔斯滤色镜、紫外荧光灯、热导仪以及用某些化学试剂等。

三、定名

首先根据总体观察特征、鉴定表上记录的折射率（及双折射率）、相对密度等数据，判断相应的宝石种名；然后再参照偏光镜、二色镜、分光镜等测试结果，从几种宝玉石中筛选出待检样品的名称。

定名时必须注意：

（1）一定要有3～4个依据互相验证支持，如仅有折射率和密度往往还是不够的。

（2）所获测试结果有矛盾者，或与某些特征有出入时，必须查明原因，或再重新测试验证。

一般情况下经总体观察和各项仪器测试，鉴别宝玉石、定出宝玉石名并不困难。目前鉴定的难点在于天然与合成宝玉石的鉴别（尤其是熔剂法、水热法合成的红宝石、祖母绿以及合成钻石等与天然的十分相似);某些优化处理的宝玉石(如漂白充填处理的翡翠)的判定。当常规测试不能解决时,可选择大型仪器测试。

任务七
宝玉石鉴定证书及相关知识的学习

✦ 一、行业用计量单位及换算

1g(克)=5ct(克拉)	1ct(克拉)=0.2g(克)
1ct(克拉)=100point(分)	1point(分)=0.01ct(克拉)
1ct(克拉)=4grain(格林)	1grain(格林)=0.25ct(克拉)
1kg(千克)=32.15oz,troy(金衡盎司)	1g(克)=0.03215oz,troy(金衡盎司)
1oz,troy(金衡盎司)=31.1035g(克)	1oz,avoiy(常衡盎司)=28.3495g(克)

✦ 二、鉴定证书内容及格式

鉴定证书尚无统一格式,一般分裸钻分级证书、镶嵌钻石分级证书与宝石鉴定证书几种。鉴定证书是珠宝质检机构由专业资格的鉴定师根据国家标准进行鉴定后提供的报告,在保护市场、维护消费者权益方面能起积极作用。

不论何种形式的鉴定证书,其所包含的主要内容大致如下。

(1)名称:如宝石鉴定证书、镶嵌钻石分级证书、裸钻分级证书等。

(2)检验机构的名称、地址、联系电话。

(3)证书编号。

(4)所检样品的照片(必要时)。

(5)检验依据。

(6)鉴定者、审批者签字及机构印章。

(7)鉴定结果及说明被检珠宝首饰基本性质的技术指标,或说明被检样品的基本质量术语。

(8)鉴定证书签发日期。

以下就市场上常见的镶嵌钻石分级证书和宝石鉴定证书作简单介绍。

1. 镶嵌钻石分级证书

如图1-3所示,依次包括如下内容:

(1)质检编号 质检机构检测该饰品时所编的代号,具唯一性。

(2)鉴定结果 饰品名称,如"钻石戒"或"钻石项链"等。

(3)形状 主钻的形状,如"圆多面形"、"椭圆刻面"等。

(4)总质量 该件饰品总质量,包括托架及镶石的质量。

(5)颜色 主钻的颜色,按现行国家标准采用比色法分级,分"D~E、F~G、H、I~J、K~L、M~N、<N"7个等级。

(6)净度 主钻的净度,按国家标准在10倍放大镜下分"LC、VVS、VS、SI、P"5个等级。

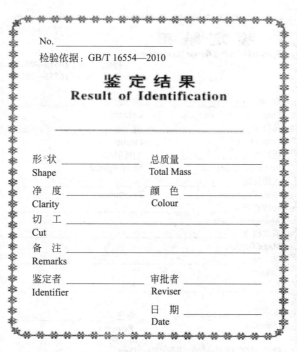

图 1-3　镶嵌钻石分级证书

（7）切工　对于满足切工测量的镶嵌钻石：①采用 10 倍放大镜目测法或仪器测量法，测台宽比、亭深比等比率要素；②采用 10 倍放大镜目测法，对影响修饰度的要素加以描述。

（8）备注　一般会对镶嵌钻石的托架标注的纯度和钻石克拉重进行描述。如"印记：Pt900，D：0.25ct"，说明托架印记标注：材质是铂金，纯度为 900‰，主石 0.25 克拉。

2. 宝石鉴定证书

如图 1-4 所示，一般包括如下内容：

（1）颜色　鉴定证书中的颜色描述主要针对未镶嵌的珠宝玉石的本身颜色及已镶嵌的珠宝首饰中的主石颜色。

（2）总质量

① 表示未镶嵌的珠宝玉石本身的质量，如翡翠挂件在天平上称量结果为 6.80g，鉴定证书中的总质量便写明 6.80g；

② 对于已镶嵌的珠宝首饰而言，总质量包括托架及所镶宝石的质量。

质量法采用法定计量单位"千克（kg）"的导出单位"克（g）"表示质量，为了适应珠宝行业传统上使用克拉的习惯，未镶嵌珠宝玉石的质量可在"克"后面加上相应的克拉值。

（3）形状　一般直接写出主石琢型的形状，如椭圆形刻面、椭圆形素面等；雕件写出其寓意，如连年有余、如意等。

（4）基本物理性质的专业术语　密度、折射率、双折射率、光性特征、多色性、吸收光谱等都是说明珠宝玉石的基本物理性质的专业术语。

（5）放大检查　记录珠宝玉石首饰的内部和外部特征，如包裹体、羽状纹等。

鉴定结果

Result of Identification

No. ______

检验依据：GB/T 16552—2010
GB/T 16553—2010

形 状 ______ 颜 色 ______
Shape Colour

总质量(克) ______ 密 度 ______ g/cm³
Total Mass Density

折射率 ______ 双折射率 ______
Refractive Index Birefringence

光性特征 ______ 多色性 ______
Optic Character Pleochroism

吸收光谱 ______
Absorption Spectra

放大检查 ______
Magnification

其 他 ______
Other

鉴定者 ______ 审批者 ______
Identifier Reviser

日 期 ______
Date

(此证书仅对该件样品负责，复制无效)

图 1-4 宝石鉴定证书

(6) 其他 该栏内写明已镶嵌的珠宝首饰印记标注所用贵金属的名称、纯度。如 18K 金，表示首饰用黄金镶嵌，纯度为 75%；必要时写明除常见检测外所使用的一些特殊的检测方法，如翡翠的红外光谱检验等。

还可写明所检验样品一些需要附加说明的特殊情况，如样品经过“扩散处理”、“染色处理”，或是对检验结果的一些特殊说明，如对某粒蓝色托帕石的颜色成因不详时，可在备注栏中写明“该托帕石可能经过人工辐照处理”。

(7) 鉴定结果 该栏内填写的是对样品进行鉴定后的最终结论。

模块 二
宝玉石鉴定仪器

任务一
放大镜的使用

　　最简单的放大镜，是由单片凸透镜组成的；高级的放大镜是多片透镜组合而成的。而宝石放大镜是一种高级放大镜，由多个透镜片组合成放大镜，作为鉴定宝石的放大镜必须满足以下要求：①无球面差，也就是放大镜中央准焦后其放大镜边部同时也准焦（图2-1）。所以也称为消球面差或消像差的放大镜。②宝石放大镜应是无色差的放大镜。也称消色差的放大镜，也就是说通过放大镜观察宝石颜色，不会因为放大镜有色散或涂膜而影响宝石颜色的观察。特别是观察钻石分色级用的放大镜，必须是消色差、无涂膜的放大镜。③放大镜前工作距不小于25mm。因为宝石放大镜观察的对象经常是首饰，特别是戒指，要隔着戒圈观察，所以前工作距必须超过25mm。④常用的宝石放大镜放大倍数应为10倍。观察宝石，特别是钻石国标都以10倍放大镜为准，不能用20倍、30倍及显微镜下观察到的缺陷、内含物作为钻石分级的标准。另外还要说清一个问题：就是放大倍数与分辨率的问题，两者有联系，但不是一个概念；必须搞清放大倍数越大，不等于分辨能力越高。分辨率是指观察两个接近点分辨的能力；放大倍是指把一个点放大的倍数，两个非常接近的点可以放大很多倍，但不一定能分开来。所以，一个好的放大镜，首先分辨率应该高。放大镜和显微镜都是通过放大观察宝玉石的内含物和表面特征，是区分天然宝玉石、合成宝玉石、优化处理宝玉石及仿制宝玉石的重要仪器。

　　（1）宝玉石放大镜优点　消像差和色差。

图 2-1　宝石放大镜

（2）像差　又叫球差，放大视域范围边缘部分图像的畸变。

（3）色差　视域边缘部分出现彩色干涉色的现象。

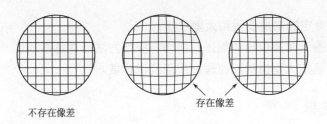

不存在像差　　　　　　　　　存在像差

一、放大镜的使用方法

（1）打开放大镜用擦镜纸或擦镜布擦净镜片；

（2）左手用宝石镊子夹持宝石或用手抓住饰品的金属部分；

（3）用右手的拇指与食指握住放大镜，小手指作为支撑调节宝石与放大镜的距离和观察的位置；

（4）放大镜观察需要充分、合适的照明，要让光线只照到样品上，不照射到放大镜上，尤其是不能照到眼睛。观察时，宝玉石置于灯罩的边缘位置，灯罩下缘不高于双眼，不要让光线直接射到眼睛。

二、放大镜在宝石鉴定中的应用

放大镜主要用于宝石表面及内部细微特征的观察，从中获得信息，作出有关判别。

（1）表面特征　主要观察宝石加工质量，表面的光泽、原始晶面、宝石原料的晶形、晶面条纹、光泽、解理、断口及透明度，还有结构是多晶还是单晶等。

（2）内部特征　主要观察颜色及其分布特征；生长线及其形态分布，内含物的颜色形态及分布特征、数量、透明度、棱角的双影等，用来判断宝石的种属、光性以及宝石的成因及产地等。

（3）综合判别　如钻石净度、切工、颜色、分级等。

任务二
折射仪的使用

折射率和双折射率是宝石的重要物理性质之一，不同的宝石都有自己特有的折射率与双折射率。作为宝石鉴定，要求无损伤测定，所以必须有宝石测定专用的折射仪。

一、折射仪的结构及类型

折射仪（图 2-2）主要由高折射率棱镜（铅玻璃或合成立方氧化锆）、反射镜、透镜、标尺和目镜等组成。在使用中，还需要接触液、黄色单色光源（钠光源，$\lambda=589.5nm$）、偏振片等附件。

折射仪是根据全反射原理制成的。

各种类型的折射仪，必须有以下几个部件组成（图 2-3）。

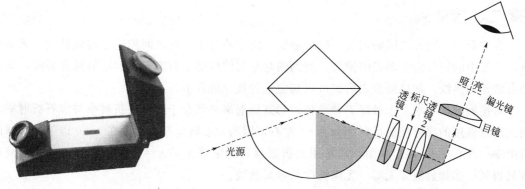

图 2-2 折射仪　　　　　　　图 2-3 折射仪的结构和原理示意图

1. 半球、半圆柱或棱镜

高折射率均质体（可以用光学玻璃，也可以用合成立方氧化锆）做成半球、半圆柱或棱镜（一般用半圆柱）。对该部分材料要求：①必须是均质体；②必须没有内应力，无异常非均质现象；③整体要均匀，各向折射率一样；④材料折射率要高（$n>1.95$）。用半圆柱的目的，是使射入半圆柱中心的所有的光，都是一条直线，而不产生折射。这样可保证全反射临界角的正确可靠。从半圆柱中心向外射出来的光，同样都是直线而不产生折射，保证反射角的真实正确。

为了保证只有到达半圆柱中心的光，才能全反射到读数系统中，其他光不能反射到读数系统中去。所以垂直半圆柱平面，切一个厚 0.5mm 的切口（从圆表面向中心切），深度接近半圆柱中心，并涂黑切口，使不能透光。

2. 读数系统的组成（图 2-3）

（1）透镜 1 使半明半暗的界线集中到分划板上（读数板），明暗更加明显。

（2）分划板（读数板）分划板是一块带有刻度的玻璃板，上面刻有折射率值。

（3）透镜 2 可以使分划板的刻度放大，更加清楚。

（4）直角反光棱镜或反光镜 其作用是便于观察，使像转动 90°，可以从上方直接观察读数。

（5）目镜放大镜 其作用主要是使分划板上的像进一步放大。但在点测法或小刻面测量折射率时。要取掉或作一定升高降低处理。

（6）偏光镜 偏光镜是由偏振片做成的，用来测定某一振动方向的折射率，此件可以转动，使其振动方向与宝石反射的光的某一振动方向一致，这时的明暗界线代表该振动方向上的折射率。

（7）外壳与样品的盖子 外壳作用是各部件固定自己应在的位置上，把杂散光挡在仪器外。样品测量的盖子是不使杂散光进入仪器，使读数更清晰。

3. 照明系统

照明系统是一个长方形的毛玻璃窗口，使照明光线以各个角度射入半圆柱中心，其中部分光线经反射进入读数系统（即大于临界角的光线）成为明亮部分，另一部分光线（即小于临界角的光线）经折射进入光疏介质（样品中），光线不返回读数系统，而使读数系统为暗色部分。综合上述情况，读数系统中就会以临界角为界上半部为亮色、下半部为暗色（用黄色光源）。如果用白光作光源，由于半圆柱对不同波长的光有不同的折射率，所以临界角的大小也不同，因此会形成一条很窄的色带，此时读数要读橙黄色的位置（即黄光的折射率）。为了得到黄光（589nm）的折射率，照明系统可采用钠光灯（589nm）或波长为 589nm 的黄色滤色片，也可用黄色发光二极管作光源。这样测出的折射率，是物质（宝石）在黄光下的折射率。

二、接触液

在宝石与半圆柱之间必须加一层接触液，使宝石与半圆柱之间的空隙得到补偿。无接触液，空隙中的空气会引起光的损失，测到的是空气的折射率与宝石折射率的混合界线，就不会有清楚的界线。加接触液之后就可以避免这种现象的发生。

对接触液的要求：①最好不带颜色；②其折射率必须介于半圆柱折射率与宝石折射率之间。所以常用的接触液的折射率为 1.81 左右，因为大多数宝石折射率在 1.80 以下，半球的折射率一般在 1.95 以上。而一般常用的折射仪其测定范围是 $n=1.30\sim1.81$，此接触液也容易得到；③接触液要无毒、无腐蚀性及容易清洗。

注：接触液是以二碘甲烷为主体的，加入沉降硫与四碘乙烯这样配制的接触液折射率 $n=1.81$，但四碘乙烯很难买到。如果无四碘乙烯，用二碘甲烷加沉降硫，其折射率最高为 1.78，一般宝石也已够用。因为折射率>1.78 的宝石不多，因此建议用此配方来代替 $n=1.81$ 的接触液。

三、操作步骤

折射仪在宝石中的应用：①测定宝石的主折射率；②测定非均质宝石的最大双折射率；③确定宝石是均质体，还是非均质体；④确定非均质宝石的轴性与光性正、负。

折射率、最大双折射率的测定方法与步骤如下。

1. 用刻面宝石的大刻面测定折射率的方法与步骤

（1）准备工作

① 清洗折射仪工作台面，取酒精或乙醚酒精混合或二甲苯等液体适量加在折射仪工作台面（半圆柱台面）上，然后用软棉纸（镜头纸）轻轻擦干（注：手压着纸的两端，以不压着玻璃为原则），不留痕迹。

② 清洗宝石样品，也用上述液体进行擦洗，特别要擦洗需测定的宝石表面。

③ 在折射仪的半圆柱台面上滴一小滴接触液（其折射率在宝石折射率与半圆柱玻璃折射率之间），接触液折射率为 $n=1.81$ 或 $n=1.78$。因为折射仪的测定最高值为 1.81，这样也不会由于接触液而测不出宝石的折射率。

④ 把清洗好的宝石放到折射仪上，盖上样品盖。

（2）测定

① 光源放置照明系统前，使光进入折射仪。

② 人眼离目镜有一定距离，上下移动进行观察。

观察明暗分界线的不同位置，并进行读数。记录宝玉石折射率数值，读数保留至小数点后第三位，如图 2-4（a）中，该数为 $n=1.718$。

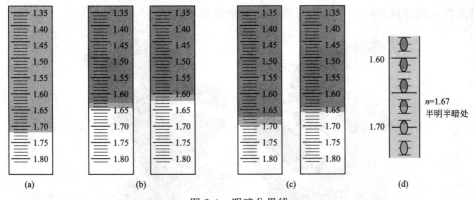

图 2-4 明暗分界线

如果是非均质体，还必须转动目镜上的偏光镜（即转动偏光镜只留下一条明暗界线读出折射率值；转动偏光镜只留下另一条明暗界线读出另一个折射率值），分别读出两个折射率值。

2. 弧面形和小刻面测定折射率（点测法）的方法与步骤

① 清洗宝石表面和折射仪工作平台。

② 滴一滴接触液在折射仪工作平台的金属板上。

③ 宝石的弧形面或小刻面接触该液点，并马上提起，这时弧形面或小刻面上有极小的一滴接触液。

④ 将宝石接触液点处，放在折射仪的玻璃半圆柱的中心部位。

⑤ 取下宝石折射仪的目镜，眼睛离观察口 20～30cm，上下移动来观察。在观察窗口内可以看清仪器分划板上的读数和液滴。液滴随着眼的移动，或是全暗、或是全亮明、或是一半明一半暗，或是部分明亮、部分暗的液滴（两部分大小不一）。

当看到液滴明暗各一半时，此界线对应的读数即是该宝石的"点测法"测得的折射率，读数保留至小数点后第二位，如图 2-4(d) 中，读数为 $n=1.67$（点测）。

任务三
显微镜的使用

一、宝石显微镜的主要用途

放大：完成许多用肉眼或 10 倍放大镜不可能或难以完成的观察。检查宝石材料的表面。原石观察：条纹、蚀痕、三角凹痕、损伤、解理和双晶标志。宝石琢型观察：琢磨质量；刻面接合的精确性和对称性；快速和劣质抛光的效应"火痕"；磨蚀、显微断口和解理面；磨蚀的刻面棱。检查宝石材料的内部：包裹体、"丝状体"、生长线、颜色分布；合成材料中的气泡和云翳状包裹体；裂隙、愈合裂隙、初始解理；双折射。检测拼合宝石：接合面、气泡，光泽和包裹体的变化。多色性：使用单独的二色镜或使用组合的偏光片。

二、宝石双筒立体显微镜的结构

宝石显微镜有单筒与双筒两类，双筒宝石显微镜可以分成：①双筒连续变倍（变焦）宝石显微镜；②双筒立体宝石显微镜；③双筒立体连续变倍宝石显微镜（图 2-5）。目前常见的是第三种双筒立体连续变倍宝石显微镜，其价格比较昂贵。

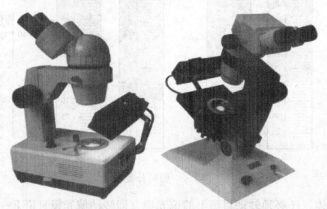

图 2-5　双筒立体连续变倍宝石显微镜

双筒立体连续变倍宝石显微镜的结构如图 2-6 所示，基本上由以下几部分组成：镜座、镜臂、照明系统、显微镜放大系统、调节螺旋。它们各自的作用如下。

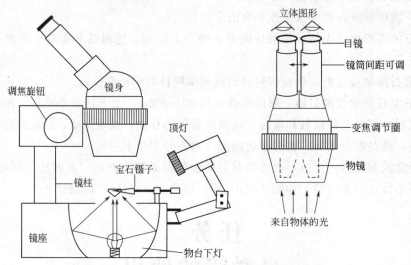

图 2-6　双筒立体连续变倍宝石显微镜的结构图

（1）镜座　镜座是显微镜的基座，支撑整个显微镜的重量。

（2）镜臂　镜臂用以支撑显微镜的光学系统与照明系统。

（3）照明系统　照明系统是用来照亮宝石的。大约可以有 9 种方式进行照明。

（4）光学放大系统　光学放大系统用以放大观察样品，例如宝石内部与表面的结构，构造及内含物。如宝石的生长线的形状，确定是人工合成宝石还是天然宝石、宝石包体等。

（5）调节螺旋　调节螺旋用来调节光学放大系统，一般由齿条与螺旋组成。

显微镜有多种类型，有的内装有照明灯、有的没有照明灯。除基本类型外，还有为专门用途设计和装置的更先进的显微镜。

显微镜有两个透镜系统，目镜和物镜。每个系统都由一组透镜组成。

双筒立体连续变倍宝石显微镜有两个目镜和两个物镜，构成两个单独的光学系统（图 2-6），能提供真的立体（三维的）图像。它对于常规宝石学工作是最有用的显微镜。

目镜中通常有一个能单独调节的镜筒，以适应观测者不同视力的需要。全部调焦靠滑轮和齿轮完成。通过转动变焦圈或旋钮使放大倍数可在一定范围内连续变化。有些显微镜用铰链固定在镜座上，这样整个显微镜可以朝观察者倾斜以利于更方便地观察。

单筒显微镜通常产生反向翻转的图像；而立体显微镜的图像是正向立体的，这样就比较容易移动和观察，也较容易定向图像中的细节。在立体显微镜下，可操作的距离足够大，便于夹持一颗宝石或一颗原石手标本，并缓慢移动以观察不同部分的细节。用宝石镊子可方便地转动宝石。为确保宝石的所有部分都可以被观察到，在检测过程中必须不止一次改变宝石在镊子上的位置。

目镜是可装卸的，其上部的镜筒通常应能装配各种附件，如微米测尺测定宝石大小、摄像管以摄取图像，分光镜、二色镜也可以装在目镜镜筒上，可方便地观察。

✿ 三、宝石显微镜的照明类型

要最好地利用显微镜，就必须有正确的照明方法。可使用 3 种基本的照明类型：亮域照明、暗域照明和顶照明。亮域照明和暗域照明属于透射照明；顶照明属于反射照明。细分有 9 种照明方法（图 2-7）。

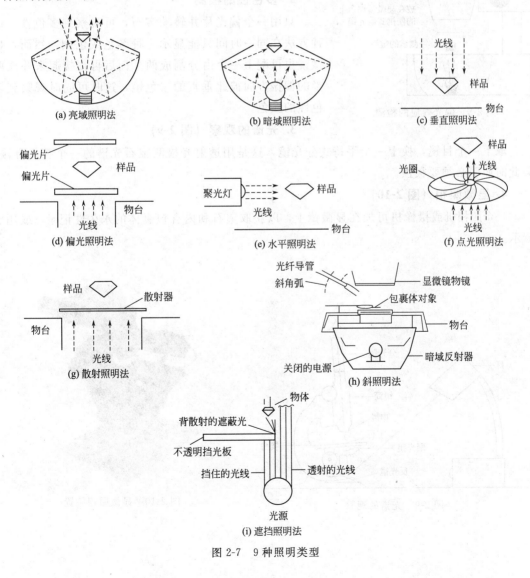

图 2-7　9 种照明类型

四、某些显微镜的设备和使用

除了用于放大宝石材料外观的显微镜外，某些类型的显微镜可用于观察宝石的光学性质。譬如，偏光显微镜可用于观察各种偏光效应，如干涉色、干涉图、消光效应、多色性和双折射等。显微镜还可配上分光镜、二色镜和滤色镜等观察宝石的光学性质。

1. 偏光效应的检测（图2-8）

如果一个偏光片放在物台下，另一个放在宝石或目镜上方，这时它们二者可通过调节产

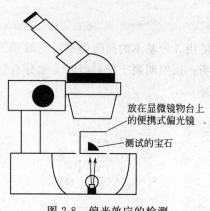

放在显微镜物台上的便携式偏光镜

测试的宝石

图 2-8　偏光效应的检测

生消光现象（正交位置）。这时显微镜可作为偏光镜使用。偏光片可作为某些显微镜的附件。也像在偏光显微镜中一样，在物台上转动宝石，可显示宝石的各向同性、各向异性或是否异常消光的光学特征。

2. 多色性的检测

只用一个偏光片并转动宝石，可观察到多色性。这种方法在同一时间只能显示一种颜色或色调。然而，显微镜也可配上一个由分割成两半而后再粘接起来并使两半的偏振方向彼此垂直的二色镜，这时可同时观察到多色性的颜色。

3. 光谱的观察（图2-9）

取下一个目镜，换上一个手持式分光镜，这是用透射光检测宝石光谱的一个替代方法，但此时照明必须要很强。

4. 显微照相（图2-10）

一个照相机或摄像机可加在显微镜上，以获取宝石和内含包裹体的永久性记录，或用于展示。

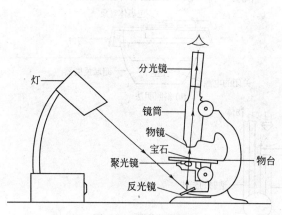

灯

分光镜

镜筒

物镜

宝石

聚光镜

物台

反光镜

图 2-9　光谱的观察

图 2-10　显微照相装置

任务四
偏光镜的使用

一、结构

　　偏光镜是一种比较简单的仪器，对于区别均质体宝石和非均质体宝石非常有用，为辅助鉴定仪器。偏光镜主要由两个偏振片（即上、下偏光镜）构成，此外还有光源、玻璃载物台（见图 2-11）。

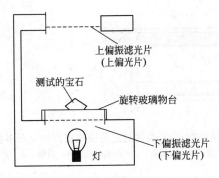

图 2-11　偏光镜结构

二、使用方法

　　（1）首先应使上、下偏光处于正交位置（视域黑暗）。

　　（2）将宝石放于物台上。

　　（3）再在两偏振片之间转动宝石 360°，观察宝石明暗变化。当转动宝石 360°时：

　　① 如视域始终黑暗，则为均质体宝石，如尖晶石。

　　② 如视域全亮，无明暗变化，则为非均质多晶质宝石，如翡翠、软玉等。

　　③ 如视域内四明四暗，则为非均质体宝石，如红宝石、水晶等。

　　④ 如视域内出现弯曲黑带、格子状、波状、斑块状消光时，则为异常消光现象（玻璃、塑料制品）。不同宝石产生的异常消光各不相同。

　　利用偏光镜也可进行多色性的观察，方法是将上、下偏振片转至平行的位置（又称平行偏光），使透射光能够最大限度地通过。当把宝石放在上、下偏振片之间转动时，如果是具有多色性的宝石，则在转动相隔 90°时会出现不同颜色，这种观察方法的特点是：每转动 90°只能显示一种颜色。

三、注意事项

　　（1）用偏光镜观察宝石，要求样品透明或半透明。

　　（2）宝石含有大量的裂隙或包裹体，结果需用其他方法补充鉴定。

任务五 二色镜的使用

一、结构和类型

这种仪器是用无色的具有强双折射的冰洲石构成，冰洲石可将穿过多色性宝石的两束平面偏振光区分开来，并将两束光线的不同颜色并排在窗口。结构如图2-12所示，由玻璃棱镜、冰洲石菱面体、窗口和目镜组成。

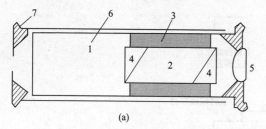

图2-12　二色镜结构（a）及通过二色镜观察到的宝石多色性图像（b）
1—金属管；2—冰洲石棱镜；3—软木座；4—玻璃棱镜；5—目镜；6—外套管；7—窗口（小孔）

以人造偏振片取代二色镜中的冰洲石菱面体。偏振片被切成两片或四片，并拼合起来，具多色性的宝石在不同偏振片上呈不同颜色。但是这种二色镜效果略差于冰洲石二色镜（图2-13）。

图2-13　冰洲石二色镜和结构

二、使用方法

二色镜是一种辅助的鉴定仪器，主要用来检查宝石是否有二色性，从而作为鉴定宝石的一种依据。根据多色性显示强度的不同可分为强、中、弱。

具体使用方法如下。

（1）用镊子夹着或左手直接拿着宝石，右手持二色镜，使手电筒光投射于宝石上。

（2）眼睛和宝石都要靠近二色镜两端，其间距应在2～5mm之间。

（3）边观察边转动二色镜。

（4）若二色镜的两个窗口出现颜色差异，将二色镜转动180°，若两窗口颜色互换，则表明宝石有多色性。

（5）为了避开宝石的特殊方向（此方向无多色性），对每个宝石至少应从三个方向去观测。若呈现两种颜色，说明宝石有二色性；若呈现三种颜色，则该宝石有三色性。

三、注意事项

（1）用白光（太阳光或手电筒光）照射宝石，不能用单色光来检查宝石的多色性。

（2）观察对象应为有色的透明的单晶宝石，不透明宝石和多晶质宝石无法观察到多色性。

二色镜可用来鉴别某些有色宝石。如当已知两包红色宝石分别为红宝石和石榴石时，可用二色镜进行区别，在二色镜下观察，有二色性的是红宝石，而没有二色性的是石榴石。二色镜还可以对琢磨宝石起指导定向作用，以便使宝石最佳颜色通过顶刻面显现出来。

任务六
分光镜的使用

一、结构和类型

分光镜用来测定宝石的吸收光谱（如图 2-14 所示为台式分光镜）。利用色散元件（棱镜或光栅）便可将白光分解成不同波长的单色光，并且构成连续的可见光谱。有色宝石对光选择性吸收，吸收后光谱出现垂直的黑线或黑带，黑线称为吸收线，黑带称为吸收带。根据这些吸收特征可以判断宝石致色元素或宝石种类。

根据分光镜的色散元件的不同，分光镜可分为棱镜式分光镜和光栅式分光镜。

棱镜式分光镜由一组棱镜组成（图 2-15），这些棱镜呈光学接触，棱镜式分光镜的特点是蓝紫区相对扩宽，红光区相对压缩。因此，在光谱上的色区呈不均一分布。但其透光性好，在光谱中可出现一段明亮的光谱，有利于观察蓝紫光区光谱。

图 2-14 台式分光镜

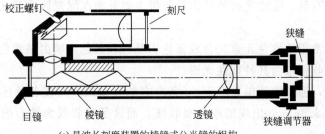

(a)具波长刻度装置的棱镜式分光镜的组构

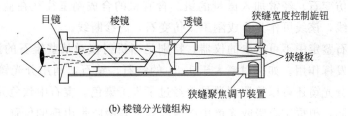

(b)棱镜分光镜组构

图 2-15 棱镜分光结构

光栅式分光镜主要由绕射光栅组成。光栅式分光镜的特点是色区大致相等，红光区分辨率比棱镜式高，但透光性差，需用强的光源。

二、内反射光法

内反射光法适用于颜色较浅、宝石颗粒较小的透明宝石。观察方法如下。

(1) 宝石台面向下置于黑色背景下。

(2) 调节光源角度，使入射光方向与分光镜的夹角大致呈 45°。

(3) 将分光镜对准宝石，使尽可能多的光通过宝石的内部反射后进入分光镜。

(4) 判读分光镜中吸收线的位置。

三、透射光法及表面反射光法

透射光法适用于半透明至透明的宝石，可保证足够的光透过宝石进入分光镜。观察方法如下：

(1) 将宝石置于带小孔的黑板上。

(2) 将光源对准宝石。

(3) 将分光镜从另一端对准宝石。

(4) 判读分光镜中的吸收线位置。

表面反射光法适用于透明度不好的宝石，调节入射方向与分光镜的夹角，使尽可能多的白光在宝石表面反射后进入分光镜。操作方法同透射法。

四、宝石中常见能产生特征吸收光谱的元素

铬元素致色的宝石多呈鲜艳的红色和绿色。它是引起红宝石、合成红宝石、红色尖晶石、粉红色黄玉、变石、祖母绿、翡翠和翠榴石等宝石颜色的主要致色元素。铬在上述宝石中所产生的光谱略有差异。

铬吸收谱线清晰，谱线特征大致为紫光区吸收带、黄绿区宽吸收带、红光区窄的吸收线。

铁元素主要形成宝石的红、绿、黄和蓝色，如铁铝榴石、橄榄石、蓝色尖晶石、透辉石、符山石、堇青石等。吸收光谱特征为吸收带主要分布在绿光区或蓝光区内。谱线清晰度远小于铬。

钴是人工宝石常用的致色元素。合成蓝色尖晶石和蓝色玻璃由钴致色，在橙、黄和绿光区有三条明显的吸收强带为其特征性光谱。

放射性元素铀，通常能使锆石产生 40 条左右的吸收线，并在各色区中均匀分布。有些产地的锆石能在 653.5nm 处出现清晰的吸收线，而这条吸收线为锆石的诊断线，但红色锆石通常无吸收线。

合成刚玉（仿变石）经常加入微量的钒。含有钒的合成刚玉往往在蓝区 475nm 处出现一条清晰的吸收线，该线可作为合成刚玉（仿变石）的诊断线。

分光镜是宝石鉴定中不可缺少的仪器，特别是当折射仪对某些宝石的测试无能为力时，分光镜往往最能发挥作用。如折射率大于 1.81 的锆石、钻石，利用分光镜，大多数能作出诊断性的鉴定。分光镜还可以检测翡翠是否经过了人工染色。宝石中致色元素不同，所显示的光谱特征也不同，根据宝石吸收光谱中的吸收线或者吸收带出现的位置，可帮助确定宝石致色元素，从而达到鉴定宝石的目的。

任务七
查尔斯滤色镜的使用

一、结构和原理

查尔斯滤色镜由两个滤色片构成，其特点是：滤色片仅能通过深红色（约 690nm）和黄绿色（约 570nm）的光，而其他的光全部吸收。查尔斯滤色镜是宝石鉴定中最为常用的滤色镜（图 2-16），由于最初设计是用于快速区分祖母绿和其仿制品的，所以也曾称作祖母绿滤色镜。查尔斯滤色镜，其原理是允许大量的红光通过和少量的黄绿光通过，也就是颜色光中含有红色光波则可以全部通过，而绿色光波只允许少部分通过，使绿色光波变弱。由于绿色为主波长的光通过

图 2-16 查尔斯滤色镜

滤色镜之后绿色变得很弱，而绿色中如果有红色波长的光，它们可以全部通过。这样一来两者混合之后，其主波长就会以红色为主，所以通过查尔斯滤色镜下红色就成主色调。为加强这效果，采用红光为主要成分的白炽灯为光源。更加强了查尔斯滤色镜的这一作用。

最初祖母绿与一些其他的绿色宝石分不清，在查尔斯滤色镜下，可以看到祖母绿呈现红色色调，而其他绿色宝石不出现红色，这样就可以很快区分出祖母绿。

二、使用方法

将查尔斯滤色镜置于眼睛前方并靠近眼睛，用强光源照射宝石，观察宝石表面颜色的特点。

三、注意事项

（1）在查尔斯滤色镜下看到的宝石颜色不是一成不变的，它与宝石透明度有关，与宝石的致色元素有关。

（2）查尔斯滤色镜是一种辅助仪器，通过它只能提供一些重要信息，但不能作为鉴定宝石的主要手段。

查尔斯滤色镜最早用来区别天然祖母绿及其仿制宝石。产自哥伦比亚和西伯利亚的祖母绿，在滤色镜下呈红色，而其他绿色的仿制宝石则呈绿色，但印度、南非等地的祖母绿在滤色镜下也呈绿色。

滤色镜的更进一步运用是检测经人工染色处理的宝石和人工合成宝石。如早期铬盐染色翡翠在滤色镜下显红色，而天然翡翠通常不变，但常有例外。合成蓝色尖晶石和蓝玻璃在滤色镜下显红色，而颜色相近的蓝尖晶石、蓝宝石、海蓝宝石等在滤色镜下则不变色。

任务八
天平或重液法进行相对密度的测定

◆ 一、静水称重法

利用天平测量宝石的相对密度，通常采用静水称重法。

利用天平进行静水称重测定宝石的相对密度。假如用 m 表示宝石在空气中的重量，用 m_1 表示宝石在水中的重量，那么宝石在水中（4℃）排开同体积水的重量等于 $m - m_1$，将所测数据代入下列公式计算：

$$相对密度 = \frac{宝石在空气中的称重(m)}{宝石在空气中的称重(m) - 宝石在水的称重(m)}$$

即：

$$相对密度 = \frac{m}{m - m}$$

由于水具有较大的表面张力，在测定相对密度时可能有误差，所以通常使用其他液体进行测定。如果宝石相对密度用其他液体进行测定时，则上述公式应为：

$$相对密度 = \frac{m}{m - m_1} \times 液体相对密度$$

液体的相对密度值，根据当时所测宝石时的室内环境温度而定。

以带储存电脑的单盘电动天平为例，使用方法如下：首先调水平，装好支架，将玻璃杯（带 2/3 杯液体）放在天平上，按操作键得到宝石在空气中的质量 m，再将宝石放入玻璃杯浸没液体中，得宝石在液体中的质量 m_1，可代入公式：

$$相对密度 = \frac{m}{m - m_1} \times 液体相对密度$$

按公式很快计算出宝石的相对密度。

这种电子天平是专门为宝石行业设计的。

静水称重利用天平测量宝石的相对密度，精度高，不受宝石形状限制，快速简便，为一种无损鉴定方法，但对太小的宝石或多孔、裂隙发育的宝石误差较大。

◆ 二、重液法

不同宝石相对密度不同，在宝石鉴定中采用重液法可近似地测出宝石相对密度值。

最常用的重液有四种：

三溴甲烷（稀释）	相对密度为 2.65
三溴甲烷	相对密度为 2.89
二碘甲烷（稀释）	相对密度为 3.05
二碘甲烷	相对密度为 3.32

重液法近似地测量宝石相对密度操作方法如下：

用镊子轻轻地将宝石放入一套已知的相对密度值不同的重液中（应放在液体中央），观察宝石在液体中的上升、悬浮或下沉状态，来决定宝石的相对密度近似值。

通常宝石在重液中可能表现出三种状态。

（1）呈漂浮状态 表明宝石的相对密度小于重液的相对密度。

（2）呈悬浮状态 表明宝石的相对密度与重液的相对密度相等。

（3）呈下沉状态 表明宝石的相对密度大于重液的相对密度。

另外，在宝石测定中，通常还用饱和盐水溶液，其相对密度 1.13（水中加盐直到不溶为止）；克列里奇液，相对密度 4.15。不过后者价格昂贵，并且属一种非常有害的液体，一般应尽量少用。

任务九
紫外荧光灯的使用

一、结构和原理

紫外荧光灯是通过荧光灯中的特殊灯管发出紫外线来激发宝石荧光的一种仪器。一根为长波紫外线灯管，产生 365nm 紫外线，另一根为短波紫外线灯管，产生 253.7nm 紫外线。宝玉石用的紫外线发生器有一个外壳，上有紫外线进光口（紫外线灯与滤光片）、观察口及放宝石的窗口，壳内均为黑色，以避免反光影响观察（图 2-17）。

图 2-17 紫外线发生器

二、使用方法

（1）将清洁后的宝石放入暗箱。

（2）打开荧光灯开关。

（3）通过防紫外线玻璃罩观察宝石。

（4）分别观察不同光波下荧光颜色及强弱。

三、注意事项

（1）荧光灯只是一种辅助性鉴定仪器，不能作为鉴定宝石的主要依据，需其他手段进一步支持。

（2）眼睛不能直视荧光灯管，应透过防紫外线窗观察，以免紫外线损伤眼睛。

紫外荧光灯是用来检测宝石是否具有荧光或磷光，根据荧光特点有时可揭示某些宝石的特征，从而鉴别宝石。例如：

① 鉴定钻石及其仿制品　钻石的荧光性从无到强，颜色多样，而其仿制品大都只有单一的荧光色，因此在鉴定群镶钻石和批量钻石时紫外荧光灯十分有效，若为钻石，其荧光性就不会完全一致，会显示各种颜色、各种强度的荧光，而仿钻则荧光性较均一。

② 帮助鉴定宝石品种，区分宝石的天然与合成　根据不同宝石的荧光性不同，可以帮助区分同种颜色的宝石品种，如红宝石在荧光灯下有红色荧光，而石榴石无荧光。合成红宝石、合成祖母绿通常比天然红宝石、天然祖母绿荧光色鲜艳明亮。

③ 判断宝石是否经过人工处理　某些拼合宝石的胶层发出与宝石整体不同的荧光，某些注油、注胶或玻璃充填物会发出荧光。如某些注胶处理翡翠会发出蓝白色荧光。

任务十
简单认识大型测试仪器在宝石鉴定中的应用

合成宝玉石、人造宝玉石及宝玉石优化处理技术的日新月异，使宝玉石鉴定难度日益增加。这就使得宝玉石学引进越来越多的新型、大型仪器用于宝玉石鉴定。图 2-18 所示为在宝玉石鉴定中发挥越来越重要作用的红外光谱仪。

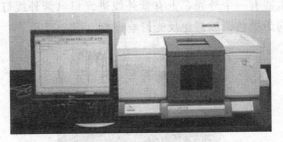

图 2-18　红外光谱仪

目前用于宝石鉴定的大型仪器及用途见表 2-1。

表 2-1　大型仪器在宝石鉴定中的应用

仪 器	应 用	优 缺 点
红外光谱仪	根据宝石红外吸收光谱特征，了解宝石成分，从而：①鉴别天然宝石，如矽线石、柱晶石和透辉石；②区别天然与合成宝石，如祖母绿；③检测经漂白充填处理的翡翠	快速准确、无损测试宝石
X 射线衍射仪	测宝石内部结构，区分天然珍珠与有核养殖珍珠	X 射线对人体和某些宝石有伤害
X 射线荧光光谱仪	测宝石化学成分和含量，鉴别宝石品种；区分天然与合成红宝石；区分海水与淡水养珠	
电子探针	测宝石所含元素，特别是微量元素；测包裹体成分	仅限宝石表面微小区域
拉曼探针	可测定距宝石表面 5mm 范围内的包裹体，鉴别天然与合成宝石	不与样品接触便可测试，不用制样
阴极发光仪	根据电子束轰击样品所产生的荧光颜色与图像，区分：①天然与合成钻石；②天然与合成紫晶；③天然与合成祖母绿；④天然与合成红宝石；⑤识别漂白充填处理的翡翠	快速、无损、制样简单

模块 三

常见宝石的鉴定

▶ **知识目标**

1. 掌握宝石的基本性质；
2. 了解宝石的品种、结构；
3. 掌握宝石的质量评价；
4. 掌握宝石的鉴别、优化方法；
5. 掌握宝石与相似宝玉石及仿宝玉石的鉴别；
6. 了解宝石的主要产地。

▶ **能力目标**

1. 能够正确对宝石进行命名及化学成分分析；
2. 能够正确运用宝石鉴定的操作方法进行宝石鉴定；
3. 能够正确观察宝石的各项特征，综合分析判断进行宝石的质量评价；
4. 能够正确进行宝石与相似宝石及仿宝石的鉴别。

任务一
钻石的鉴定

一、钻石的基本性质

钻石艳丽夺目，光彩照人，有着"宝石之王"的美称，是世界上公认的最珍贵的宝石。钻石的矿物名称是金刚石（diamond）。钻石也是最受欢迎的宝石，在市场上的销售量占所有珠宝销售量的80%以上。

1. 化学成分和分类

（1）化学成分 钻石主要成分是C，其质量分数可达99.95%，次要成分有N、B、H，微量元素有Si、Ca、Mg、Mn、Ti、Cr、S、惰性气体及稀土稀有元素，达50多种，这些次要组分决定了钻石的类型、颜色及物理性质。

（2）分类 钻石最常见的次要组分是N元素，一般 $w_N < 10 \times 10^{-6} \sim 2500 \times 10^{-6}$，有时可达0.5%。N以类质同象形式替代C而进入晶格，氮原子的含量和存在形式对钻石的性质

有重要影响。同时也是钻石分类的依据。根据钻石内氮原子在晶格中存在的不同形式及特征，可将钻石划分为如下类型（表3-1）。

表3-1　钻石分类及颜色特征

类　型	氮原子存在形式	颜色特征	放射处理
Ⅰa	碳原子被氮取代，氮在晶格中呈聚全状不纯物存在	无色-黄色（一般天然黄色钻石均属此类型）	形成蓝色-绿色
Ⅰb	碳原子被氮取代，氮在金刚石内呈单独不纯物存在	无色-黄色、棕色（所有全成钻石及少量天然钻石）	形成蓝色-绿色
Ⅱa	不含氮，碳原子因位置错移造成缺陷	无色-棕色粉红色（极稀少）	形成蓝色-绿色
Ⅱb	含少量硼元素	蓝色（极稀少）	形成蓝色-绿色

2. 结晶学特征

钻石为等轴（立方）晶系，晶体形态常为八面体、菱形十二面体和立方体等，有时形成双晶（图3-1）。

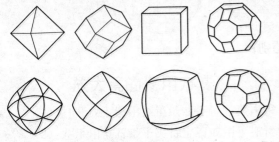

图3-1　钻石常见的晶体形态

3. 钻石的光学性质

（1）颜色　根据颜色钻石可分成两大类：无色至浅黄（褐、灰）色系列和彩色系列。无色系列包括近无色和微黄、微褐、微灰色。彩色系列包括黄色、褐色、红色、粉红色、蓝色、绿色、紫罗兰等色。大多数彩钻颜色发暗，强或中等饱和度的颜色艳丽的彩钻极为罕见。彩钻是由于少量杂质 N、B 和 H 进入钻石的晶体结构之中，形成各种色心而产生的颜色。另一种原因是晶体塑性变形而产生位错、缺陷，对某些光能的吸收而使钻石呈现颜色。

① 黄-棕黄色钻石的颜色是由于 N 代替 C 而产生的。理想的钻石晶体禁带很宽，宽的禁带避免了可见光范围内的一切可能吸收，因此理想的钻石是无色的。当 N 代替部分 C 时，由于氮外层有 5 个电子，代替 C 后多余一个电子，该电子在禁带中形成一个新的能级，相当于减少了禁带宽度，从而使得晶体能吸收可见光范围内的光能而呈现颜色。N 代替 C 有不同的形式，一种情况是孤立的 N 代替 C，它对能量高于 2.2eV（波长小于 560nm）的入射光有明显的吸收，使钻石呈现一系列黄色、褐色、棕色，其颜色很鲜艳浓郁，Ⅰb 型钻石的颜色往往由该种色心引起；另一种情况是金刚石内 N 可移动聚合在一起形成多个 N 集合体，这种集合体对 400～425nm 光有明显的吸收作用，同时对 477.2nm 有弱吸收。由于人们对 477.2nm 吸收反应灵敏，477.2nm 蓝光被吸收后，钻石呈现黄色。

② 蓝色钻石　从晶体完美程度来讲，蓝色钻石是最好的，也是极罕见的。它不含 N，却含有微量 B（$w_B < 1\%$），属Ⅱb型钻石。正是这些 B 使钻石呈现美丽的蓝色。少数含 H 杂质的钻石也呈蓝色。

③ 粉红色钻石和褐色钻石　这两种彩钻都是由于钻石在高温和各向异性压力的作用下发生晶格变形而产生的颜色，相比之下粉红色钻石罕见得多，因而极其昂贵。这种晶体缺陷在极端情况下可形成紫红色钻石。

④ 绿色钻石　绿色和蓝绿色钻石通常是由于长期天然辐射作用而形成的。当辐射线的能量高于晶体的阈值时，碳原子被打入间隙位置，形成一系列空位——间隙原子对，使钻石的电子结构发生变化，从而产生一系列新的吸收，使钻石着色。若辐照时间足够长或辐照剂量足够大，可使钻石变成深绿色甚至黑色。辐射造成的晶格损伤有时还可形成蓝色钻石和黄褐色钻石。

就目前自然界产出的钻石而言，无色至黄色系列绝大部分为Ⅰa型，呈蓝色、淡蓝色钻石大部分为Ⅱb型钻石，如世界上有名的"希望"钻石为淡蓝色的Ⅱb型钻石。

（2）光泽、透明度　钻石具有特征的金刚光泽，金刚光泽是自然界透明矿物最强的光泽。值得注意的是观察钻石光泽时要选择强度适中的光源，钻石表面要尽可能平滑，当钻石表面有熔蚀及风化特征时，钻石光泽将受到影响而显得暗淡。

纯净的钻石应该是透明的，但由于常有杂质元素进入矿物晶格或有其他矿物包裹体的存在，钻石可呈现半透明，甚至不透明。

（3）光性　均质体，偶见异常消光。

（4）折射率及色散　作为等轴晶系矿物，钻石只有一个折射率，即 $n = 2.417$，这是透明矿物中折射率最大的矿物。钻石的色散值为 0.044，也是所有天然无色透明宝石中色散值最大的矿物。强的"火彩"为钻石增添了无穷的魅力，同时也是肉眼鉴定钻石的重要依据之一。

（5）多色性　钻石属均质体矿物，无多色性。

（6）发光性　钻石在紫外线照射后可发出浅蓝色、蓝色、黄色、黄绿色、粉红色、橙红色、淡蓝、白色及几乎白色的光。Ⅰ型钻石以蓝色-浅蓝色荧光为主，Ⅱ型钻石以黄色、黄绿色荧光为主。

钻石在紫外线照射下并不是全部都有荧光，利用钻石是否有荧光以及荧光不同的颜色，可以区分钻石不同的磨削性。可以确定，在同等强度紫外线照射下，不发荧光的钻石最硬，发淡蓝色荧光的钻石最不硬，发黄色荧光的居中。钻石磨制工作中，往往利用这一特性。钻石不管何种类型在阴极射线和X射线的作用下都能发荧光，而且荧光颜色一致，通常都是蓝白色。据此特征，常用X射线进行选矿工作，既敏感又精确。

（7）吸收光谱　无色-浅黄色的钻石，在紫区 415.5nm 处有一吸收谱带，褐色-绿色钻石，在绿区 504nm 处有一条吸收窄带，有的钻石可能同时具有 415.5nm 和 504nm 处的两条吸收带。

4. 钻石的力学性质

（1）解理　具有四组八面体方向的中等解理或不完全解理。

（2）硬度　钻石是自然界最硬的矿物，它的摩氏硬度为10，实际上在摩氏硬度表中，9级与10级的级差是最大的，10级的钻石硬度是9级刚玉硬度的150倍，是7级石英硬度的1000倍。

（3）密度　钻石的密度为 3.521g/cm³。由于钻石的成分单一，因此密度变化很小，这一特征值常被应用于钻石的检验和鉴定中。

5. 热性能和电性能

钻石的热导性很大，根据这一性质，可以用钻石笔测定热导性从而达到鉴定钻石的目的。由于含有杂质，钻石的电性能不尽相同。一般的说，钻石是一种电介质，只有Ⅱb型钻石才是半导体。钻石半导体的电阻值随温度变化特别灵敏，甚至连很微小的变化（±0.0024℃）都能在瞬间被记录下来，这一特点为把钻石应用于真空仪器和进行精密测温的仪器，开辟了广阔的前景。

二、钻石的质量评价

对于无色至浅黄色系列的钻石，一般用下列 4 个标准来评价钻石的质量。

（1）颜色（colour）　颜色指钻石体色饱和度与理想无色状态的差异程度，越是无色的钻石越稀有（彩色钻石除外）。

（2）净度（clarity）　净度指钻石中的包裹体对其透明度的影响程度，钻石净度越高越稀有。

（3）切工（cut）　切磨工艺使钻石显示瑰丽的程度。

（4）克拉重（Carat weight）　钻石质量越大就越稀有，因此，随着单颗钻石质量的增加，其价值也显著提高。

只有以上 4 个方面都得到评价，一颗钻石的质量和价格才能得到确定。由于上述 4 个指标均以英文字母 C 开头，故钻石的评价又称 4C 评价。

1. 钻石的颜色分级

（1）钻石的颜色级别　国际珠宝界将无色至浅黄色系列的钻石的颜色由无色（称为白）至浅黄色依次划分为 D～Z 共 23 个等级，其中 D～N 等 11 个等级是最常用的，N 以下的一般已经达不到宝石级。我国常用 100～90 等数字表示钻石颜色的等级，如表 3-2 所示。

表 3-2　钻石颜色等级对照表

D	100	极白
E	99	
F	98	优白
G	97	
H	96	白
I	95	微黄白（褐、灰）
J	94	
K	93	浅黄（褐、灰白）
L	92	
M	91	浅黄（褐、灰）
N	90	
<N	<90	黄（褐、灰）

（2）钻石颜色的分级方法

① 钻石颜色的分级要在特殊的钻石灯下进行，不能由日光照射。钻石灯的色温要求为 5500～7200K。

② 钻石颜色的分级要用标准比色石。比色石净度在 SI 级以上，并且不能有紫外荧光。

③ 钻石分级的环境不能有彩色色调。

④ 钻石的分级由经过专门训练的分级师进行。

2. 钻石的净度分级

钻石中所有的缺陷统称为瑕疵或内含物。就瑕疵所处的位置而言，可分为内部瑕疵和外部瑕疵。瑕疵可以是矿物包裹体，也可以是各种裂隙等。

（1）内部瑕疵 顾名思义，内部瑕疵是指深入到钻石内部的瑕疵。如果被完全包裹在钻石的内部，称作封闭式内部瑕疵。这类瑕疵通常是原生的，与后期人为破坏无关。另外还有一类是与表面连通的瑕疵，称为开放式内部瑕疵。这类瑕疵虽在表面有开口，但仍以深入内部为主，而且常对钻石的净度造成严重影响，故而也将其视为内部瑕疵。如一些大的裂隙、大而深的破口以及激光孔等均属此类。内部瑕疵对净度级别有重要影响，常见的内部瑕疵如下。

① 结晶包裹体 包裹在钻石内部的矿物晶体。常见的有石榴石、辉石、橄榄石、金刚石、石墨等。

② 云状物 钻石中呈朦胧状、乳状、无清晰边界的一类包裹体。有时也称为雾状包裹体。

③ 点状包裹体 钻石内部极细小的包裹体，有时亦称为针点，一般用10倍放大镜观察不到清晰的形状即可视之为点状包裹体。

④ 羽状纹 钻石内部似羽毛状的一类裂隙的统称。羽状纹可以是封闭的，也可以与表面连通。羽状纹的大小形状千差万别，常有一个相对平整的面，也可以是凹凸起伏的。

⑤ 内部生长纹 亦称生长线、生长结构、内部纹理等，是保存在钻石内部的生长痕迹。有些条带之间还有颜色差别，矿物学上称之为色带。

⑥ 裂理 沿着解理面和双晶结合面的裂开，有时较难与羽状纹区别，在净度分级时常将其与羽状纹视为相同的瑕疵类型。

⑦ 内凹原始晶面 凹入钻石内的原始晶面，晶面上常保留有阶梯状、三角锥状生长纹，多出现在钻石的腰部。

⑧ 空洞 钻石上大而深的破口，形状多不规则，可以是加工时碰掉的破口，也可以是原钻石内部的包裹体在切磨时崩掉留下的孔洞。空洞的特点是在钻石表面有开口。

⑨ 缺口 钻石腰部、刻面棱线上较小的破口。缺口与空洞的区别在于规模较小且多分布在腰棱线上。

⑩ 击痕 钻石受到外力撞击留下的痕迹，围绕撞击中心有向外放射状散布的须状裂纹。当延伸至钻石内部时称之为碎伤。

⑪ 激光孔 用激光束和化学药品去除钻石内部的深色包裹体时留下的孔洞，形状类似白色的漏斗或管道。有时可被高折射率的玻璃质充填。

⑫ 须状腰 在钻石的打圆过程中，由于操作不当在钻石腰部产生的一系列竖直的细小裂纹，形如胡须，故而得名。

（2）外部瑕疵 外部瑕疵是暴露在钻石表面的缺陷。除少数几种外，外部瑕疵多由人为因素造成，相对内部瑕疵对钻石的净度影响较小。一些微小的外部瑕疵经重新加工去除不会影响钻石的净度等级，常见的外部瑕疵如下。

① 原始晶面 钻石上保留的未经人工抛光的原有结晶面，在腰部常见。常有明显的阶梯状、三角状生长花纹。

② 外部生长纹 钻石表面的生长痕迹，与内部生长纹基本相同，一旦暴露在钻石表面即称之为外部生长纹。

③ 刮伤 钻石表面被锐器刮伤的痕迹。

④ 抛光纹 由于抛光不慎在钻石表面留下的平行的线状痕迹。

⑤ 烧痕 抛光不当在钻石表面留下的糊状疤痕。

⑥ 额外刻面　除规定的刻面之外所有多余的刻面。

⑦ 棱角磨损　钻石刻面的棱线所受极轻微的损伤。

（3）钻石的净度分级　钻石的净度可以分为 FL（LC），VVS，VS，SI，P 共 5 个大的级别。其中各个大的级别又分为若干个小的级别。如 VVS 分为 VVS$_1$ 和 VVS$_2$，VS 分为 VS$_1$ 和 VS$_2$，SI 分为 SI$_1$ 和 SI$_2$，P 分为 P$_1$、P$_2$ 和 P$_3$。各个级别的特征如表 3-3 所示。

表 3-3　钻石净度等级表

无　瑕　级	FL（LC）	完全无瑕级
极微瑕级	VVS$_1$	极难发现瑕疵（10 倍镜下）
	VVS$_2$	很难发现瑕疵（10 倍镜下）
微瑕疵级	VS$_1$	难以观察瑕疵（10 倍镜下）
	VS$_2$	较易观察瑕疵（10 倍镜下）
瑕疵级	SI$_1$	容易观察瑕疵（10 倍镜下）
	SI$_2$	很容易观察瑕疵（10 倍镜下）
重瑕疵级	P$_1$	肉眼可见瑕疵
	P$_2$	肉眼易见瑕疵
	P$_3$	肉眼很易见瑕疵

影响钻石净度的主要因素有以下几点。

① 内含物的大小　内含物越大，对钻石净度的影响越大。一般大于 5μm 的内含物在 10 倍放大镜下可见，小于 5μm 的内含物在 10 倍放大镜下不可见，这一规律也被称为 5μm 规则。

② 内含物的数量　内含物数量越多，对钻石净度的影响越大。

③ 内含物的位置　台面下方对净度影响最大，其次是冠部、腰部和亭部。

④ 内含物的颜色和反差　颜色越暗，对净度影响越大；反差越大，对净度影响越大。

⑤ 处理钻石的净度不分级。

3. 钻石的切工分级

钻石的切工分级主要针对标准圆钻分级（即理想式切工）。切工分级是从比率和修饰度两方面进行的，即钻石的切工级别包括比率级别和修饰度级别。

标准圆钻型切工的各部分名称如图 3-2 所示。

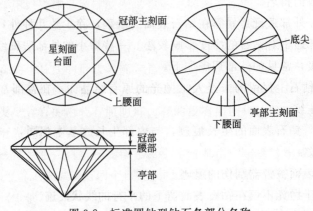

图 3-2　标准圆钻型钻石各部分名称

（1）**比率** 比率（也称之为比例）是指以腰平均直径为100％，其他各部分相对它的百分数。比率是决定钻石切工优劣最重要的因素，切割的比例恰到好处，钻石则璀璨夺目；反之，切割比例不当，将会极大地影响钻石的亮度和火彩，使钻石暗淡失色。

比率包括钻石各部分相对平均直径的比值，主要有：台宽比，冠部台面宽度相对腰平均直径的百分数；冠高比，冠部高度相对腰平均直径的百分数；腰厚比，腰部厚度相对腰平均直径的百分数；亭深比，亭部深度相对腰平均直径的百分数；底尖比，底尖的最大直径与腰平均直径的百分数；全深比，底尖到台面的垂直距离与腰平均直径的百分数。

除了上述这些线段的比例外，在钻石切割中，有两个角度很重要。尽管与上述那些线段的比例有直接关系，但是在钻石切工分级中人们还是习惯性地将它们单独列出以示其重要性。它们是：

冠部角，冠部主刻面与腰围所在平面之间的夹角；

亭部角，亭部主刻面与腰围所在平面之间的夹角。

星刻面长度比（星刻面顶点到台面边缘距离的水平投影与台面边缘到腰边缘距离的水平投影之比）与下腰面长度比（相邻两个亭部主刻面的联结点到腰边缘上最近点之间距离的水平投影与底尖中心到腰边缘距离的水平投影之比）两个比率。

比率的等级是根据实测的几个主要比率划分的，比率的等级分为极好（EX）、很好（VG）、好（G）、一般（F）、差（P）五个级别，如表3-4所示。

表3-4 台宽比为60％时钻石的切工比率分级表

参数	差	一般	好	很好	极很	很好	好	一般	差
冠角（α）/(°)	<20.0	20.0~23.6	23.8~27.0	27.3~31.0	31.2~35.8	36.0~37.6	37.8~40.0	40.2~41.4	>41.4
亭角（β）/(°)	<37.4	37.4~38.4	38.6~40.0	40.2~40.6	40.8~41.8	42.0~42.2	42.4~43.0	43.2~44.0	>44.0
冠高比/%	<7.0	7.0~8.5	9.0~10.0	10.5~11.5	12.0~17.0	17.5~18.0	18.5~19.5	20.0~21.0	>21.0
亭深比/%	<38.0	38.0~39.5	40.0~41.5	42.0~42.5	43.0~44.5	45.0	45.5~46.5	47.0~48.0	>48.0
腰厚比/%	—	—	<2.0	2.0	2.5~4.5	5.0~5.5	6.0~7.5	8.0~10.5	>10.5
腰厚	—	—	极薄	很薄	薄~稍厚	厚	很厚	极厚	极厚
底尖大小/%	—	—	—	—	<1.0	1.0~1.9	2.0~4.0	>4.0	—
全深比/%	<50.9	50.9~56.2	56.3~58.0	58.1~58.4	58.5~63.2	63.3~64.5	64.6~66.9	67.0~70.9	>70.9
α+β/(°)	—	<65.0	65.0~68.6	68.8~72.8	73.0~77.0	77.2~77.8	78.0~80.0	>80.0	—
星刻面长度比/%	—	—	<40	40	45~65	70	>70	—	—
下腰面长度比/%	—	—	<65	65	70~85	90	>90	—	—

（2）**修饰度** 修饰度指钻石切磨工艺优劣程度，是评价钻石切工的一个重要指标。就钻石切工而言，尽管修饰度的重要性较比率差些，但修饰度仍可以影响钻石整体的切工，修饰度通常包括以下几个方面。

① 腰围不圆 钻石的腰不同部位直径不相等。一般来说，腰部的最大直径和最小直径之间相差不超过2％，即可视为很好。

② 冠亭部尖点不对齐 冠部主刻面与亭部主刻面、上腰面与下腰面棱线未对齐。

③ 尖点不尖锐 刻面的棱线没有在应该的位置上交汇成一个点。

④ 同名刻面大小不等 在同一颗钻石上，同名刻面大小不均一，其中以冠部刻面大小不均一较为严重。

⑤ 腰面与冠面不平行　　正常情况下台面和腰围所在平面是平行的，但如果切磨失误，这两个平面会有一定夹角。这种偏差是较严重的修饰度偏差，可影响钻石的亮度和火彩。

⑥ 波状腰　　腰围不在同一平面上。

⑦ 骨状腰　　相邻两个腰围的最大厚度相差较大。

⑧ 锥状腰　　钻石的腰围不在同一个圆柱体上。

⑨ 偏心　　底尖偏离中心。

⑩ 额外刻面　　规定刻面以外的所有多余的刻面称为额外刻面。通常额外刻面多出现在腰部附近，在亭部和冠部较少见。

4. 钻石的克拉质量

钻石的质量单位是克拉（ct），$1ct = 0.2g = 100$ 分（点）。

如果成品钻石的颜色、净度、切工均相同，则质量越大，其每克拉单位价格越高。一般情况下，钻石的价格是以质量的平方乘以相应品级钻石的市场基价，即：

$$钻石的价格 = 克拉质量^2 \times 基础价$$

钻石的质量是在高精度的天平上直接称量的。对已镶嵌的宝石，如果切割比例标准，也可以进行质量估算。不同形状的钻石有不同的质量估算公式，对于圆钻，其质量可用式（3-1）进行估算，即：

$$钻石的质量 = 腰围直径^2（mm^2）\times 全深比 \times 调整系数 k \tag{3-1}$$

式中，全深比一般为腰围直径的 60%；调整系数 k 一般为 0.0061，根据腰厚比的大小，k 值通常为 $0.0060 \sim 0.0065$。

三、钻石的优化与处理

钻石的优化处理一般包括两方面：一是对钻石中的包裹体加以处理以提高钻石净度；二是改善钻石的颜色。

1. 颜色优化处理

（1）颜色优化处理的方法　　古老的处理方法是在钻石表面涂上一层薄薄的带紫色的、折射率很高的物质，这样可使钻石颜色提高 $1 \sim 2$ 个级别，也有的在钻戒底托上加上金属铂。这些方法很原始，也极容易鉴别。物理改色法，是用放射性照射的方法来改变钻石的颜色，可称为永久性改色法。利用辐照可以产生不同的色心，从而改变钻石的颜色。如用中子进行辐射，褐色钻石可改变为美丽的天蓝色、绿色，这种辐射改色方法只适用于有色而且颜色不好的钻石。20 世纪 70 年代末，美国研制了使浅黄色钻石褪色的方法。这种方法是在高压下长时间加热样品，其褪色机理实质上是将浅黄色Ib 型金刚石结构中分散替代碳原子的氮原子在高压下聚集起来。结果使Ib 型钻石转变为Ia 型钻石，从而颜色也发生了改变，使黄色变浅。

（2）改色钻石的鉴定　　对于古老的欺骗性改变钻石颜色的方法，只要仔细观察，是不难鉴别的。需认真对待的是物理改色的钻石颜色，对这些改色钻石的鉴定可从以下三方面进行。

① 颜色分布特征　　天然致色的彩色钻石，其色带为直线状或三角形状，色带与晶面平行。而人工改钻石颜色仅限于刻面宝石的表面，其色带分布位置及形状与琢型形状及辐照方向有关。

② 吸收光谱　　含氮的无色钻石经辐照和加热处理后可产生黄色，这种黄色是由 H_3 和 H_4 色心引起的，且以 H_4 色心占优势，而天然黄色钻石没有 H_4，或 H_4 色心不明显。在吸收光谱中，由 H_4 色心引起的吸收线的存在是钻石经辐照的证据。另外，595nm、2026nm 和

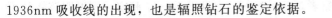

1936nm 吸收线的出现，也是辐照钻石的鉴定依据。

③ 导电性　天然蓝色钻石由于含杂质硼而具有导电性，辐照而成的蓝色钻石则不具导电性。

2. 净度处理

当钻石中含有固态包裹体，特别是有色和黑色包裹体时，钻石的净度会大大受影响。根据钻石组成元素 C 的可燃性，可以利用激光技术在高温下对钻石进行激光打孔，直达包裹体，将钻石中的有色或黑色包裹体除去，再用化学药品进行清理，并充填玻璃或其他无色透明的物质。

激光打孔处理的钻石，会在钻石表面留下永久性的激光孔眼，而且因为充填物质硬度永远不可能与钻石相同，往往会形成凹坑，尽管难以观察，但对有经验的钻石专家来说，只要认真仔细观察钻石的表面，鉴别它并非很困难的事情。

四、钻石的鉴定

1. 钻石的肉眼鉴定

（1）毛坯的肉眼鉴定　钻石毛坯的肉眼鉴定应从以下几方面入手。

① 观察光泽　由于钻石具有特殊的金刚光泽，是区别其他无色透明矿物（或材料）的重要特征，尽管目前一些人工材料在某些物化性质上很接近钻石，亦可具有较强的金刚光泽，但是富有经验的钻石学家可以凭借一种只可意会不可言传的直觉，利用光泽特点将钻石与其他仿制品区别开来。

观察钻石光泽时还要注意，由于一些钻石毛坯表面晶面花纹十分发育，影响光泽的观察，应尽量从光滑晶面处进行光泽的观察，避免产生错觉。

② 观察钻石的外观形态和表面特征　在钻石毛坯中，发育良好的晶体占有相当的数量，通过观察钻石晶体形态，也可帮助我们辨认钻石。钻石最常见的晶体形态是八面体、立方体及两者的聚形，在无色透明矿物中可出现这几种晶体形态的矿物为数较少。即或是具备相似的形状，如无色的尖晶石、锆石等，但由于其他的性质与钻石相去甚远亦可彼此区分。除观察毛坯的晶体形态外，另一个特征是钻石的晶面花纹，钻石的不同晶面常常具有特征的生长纹（晶面花纹），如八面体晶面常见三角形生长纹，立方体面常具有正方形或长方形生长纹等，这些均可作为钻石的识别特征。

③ 估计钻石的密度　在所有与钻石的外观相似的天然矿物或人工材料中，除托帕石外，其他品种密度值均与钻石有一定的差别，用手掂量，感觉不同。可以"打手"的轻重，来区分钻石及其仿制品。应该说明的是这种方法是在样品几乎相同大小的前提下才能使用，否则会造成谬误。这种方法最适用于区分相同大小的钻石和合成立方氧化锆，由于钻石的密度为 $3.52g/cm^3$，而立方锆的密度为 $5.95g/cm^3$ 左右，几乎是钻石的两倍，手掂的感觉明显不同，很易区分。

（2）抛光钻石的肉眼鉴定

① 观察钻石的"火彩"　由于钻石的高折射率值和高色散值导致钻石具有一种特殊的"火彩"，特别是切割完美的钻石更具特征。有经验的人即可通过识别这种特殊的"火彩"来区分钻石和仿制品，需要说明的是一些仿制品，如合成立方氧化锆、人造钛酸锶等，由于它们的某些物理性质参数比较接近钻石，亦可出现类似于钻石的"火彩"。但是仿制品毕竟是仿制品，它们所表现出的"火彩"呆板而单调，而钻石的"火彩"有跳动感，五光十色，在鉴定时应细心区别。

② 线条试验　将样品台面向下放在一张有线条的纸上，如果是钻石则看不到纸上的线条。否则为钻石的仿制品，这是因为钻石在一般情况下，几乎没有光能够通过局部刻面，因此就看不到纸上线条。

③ 倾斜试验　将样品台面向上，置于暗背景中，从垂直于台面方向观察开始，将样品

从观察者处向外倾斜，观察台面离观察者最远的区域，如果出现一个暗窗，则说明该样品不是钻石。但合成立方氧化锆、钛酸锶等人工材料折射率很高，如果切割完美，亦有可能不出现暗窗，应注意加以区别。

④ 亲油性试验　天然钻石有较强的油亲和能力，当用油性水笔在表面划过时可留下清晰而连续的线条，相反，当划在钻石仿制品表面时墨水常常会聚成一个个小液滴，不能出现连续的线条。

⑤ 托水性试验　将小水滴点在样品上，如果水滴能在样品的表面保持很长时间，则说明该样品为钻石，如果水滴很快散布开，则说明样品为钻石的仿制品。

2. 钻石的仪器鉴定

（1）10×放大镜观察　10×放大镜是鉴定钻石的一个很重要的工具，鉴定人员完全可以凭借10×放大镜来完成钻石的鉴定和进行4C的分级。使用10×放大镜应掌握以下几点。

① 观察内部特征　钻石为天然矿物，所以一般都带有矿物包裹体、生长结构等各种天然的信息，这是钻石与其他人工仿制品的根本区别。

② 观察腰部特征　由于钻石硬度很大，在加工时绝大多数钻石的腰部不抛光而保留粗面。这种粗糙而均匀的面呈毛玻璃状，又称"砂糖状"。而钻石的仿制品由于硬度小，虽然腰部亦都不精抛光，但在粗面上仍可保留打磨时的痕迹，如可见平行排列的钉状磨痕等，此外，为了获得最大质量，天然钻石腰围及其附近常常保留原始晶面，我们在许多钻石的腰部都可发现三角形、阶梯状生长纹或原始晶面等，据此即可准确地判断样品为天然钻石。

③ 观察刻面棱线特征　天然钻石硬度大，刻面之间的棱线平直而锐利，而仿制品硬度小，棱线呈圆滑状。

（2）显微镜观察　显微镜与10×放大镜作用基本相同，都是对样品进行放大观察，所不同的是显微镜的视域、视景深和照明条件均优于放大镜。显微镜通常只在实验室中使用，对高净度级别的钻石，使用显微镜观察是十分必要的。在观察不同类型内、外部特征时应选用不同照明方式并需注意正确的观察位置，如暗域适用于对透明包裹体的观察，而亮域则对观察暗色包裹体更有帮助，顶灯照明有利于钻石表面生长线的观察等。

（3）密度的测量　对于未镶嵌的裸钻和毛坯，密度测量也是鉴别钻石真伪的有效手段，密度的测量仍然采用静水力学法，建议用四氯化碳作为介质，以使测量值更精确。

（4）分光镜及分光光度计　天然产出的钻石绝大多数是 Ia 型（约占98%），由 N 致色，这类钻石在415nm处有一吸收带，因此，使用分光镜观测415nm线对于钻石鉴定特别是钻石与合成钻石的区别十分有效，但是普通的分光镜分辨率较低，加之415nm处蓝区，靠近谱线端缘不易观察。随着科技的不断发展，人们已能够采用 UV 分光光度计并应用低温技术准确测量钻石的吸收光谱。1996 年，De Beers 的研究部门推出的 Diamondsure 仪器，用于天然钻石和人工钻石的鉴别，该仪器采用分光光度计的原理，专门测量样品是否具有415nm吸收线，如再配合使用另种名为 Diamondview 的仪器，可以准确地鉴别天然与人工合成钻石。

五、钻石的主要产地

目前世界上共有27个国家发现钻石矿床，其中大部分位于非洲、前苏联地区、澳大利亚和加拿大。

1. 非洲

非洲南部是世界主要钻石产区，南非、安哥拉、扎伊尔、博茨瓦纳、纳米比亚等都是重要的钻石出产国。世界上最大的金伯利岩岩筒（名为姆瓦杜伊）就位于坦桑尼亚，估计钻石含量为 5000 万克拉。世界上最大的钻石砂矿在西南非纳米比亚，而且质量上乘，宝石级达95％。南非著名的来赫斯丰坦岩筒是世界上首次发现的原生钻石矿床，这里产出了许多世界著名的大钻石。如库利南（3106ct）、高贵无比（999.3ct）和琼格尔（726ct）等。迄今南非共发现金伯利岩岩筒 350 个，钻石估计含量为 2.5 亿克拉。博茨瓦纳是非洲另一个重要的钻石产地，迄今已发现 200 多个金伯利岩岩筒，其中 41 个，估计含量为 3.5 亿克拉。

2. 前苏联

前苏联 1954 年首次在西伯利亚雅库特发现原生钻石矿床，迄今已发现金伯利岩体 450个，钻石估计含量为 2.5 亿克拉，世界著名的岩管有"和平"、"成功"、"艾哈尔"等。1988年在阿尔汗格尔斯克又发现了新的金刚石矿，估计储量约 2.5 亿克拉，且 50％是宝石级的，目前俄罗斯正与英国戴比尔斯公司合作勘探。

3. 澳大利亚和加拿大

1972 年在南澳地区发现了含钻石的金伯利岩。1979 年又发现了含钻石的橄榄钾镁煌斑岩，从而在钻石矿床学是个突破性进展，因为这是世界上首次在非金伯利岩中发现了钻石，意义极其重大。现今，在西澳北部地区已发现 150 多个钾镁煌斑岩岩体，特别是阿盖尔钾镁煌斑岩的发现，它是现今世界含钻石最富、储量最大的。澳大利亚已成为世界钻石产量最多的国家，据了解，其产量已超过南非成为世界第一，仅 1988 年，澳大利亚产钻石达 3400～3500ct，但达宝石级的仅占 5％。

1990 年首次在加拿大西北部耶鲁奈夫市东 360km，靠近北极圈北纬 65°的湖泊地带发现了金伯利岩型的钻石原生矿，现已发现 51 个金伯利岩岩筒，其中大多数均含钻石。有 5 个岩筒具有重要经济价值，其钻石以无色透明为主，质量好，宝石级钻石占 30％～40％，平均品位是 25～100ct/100t，年产量预计可能会达到 400 万克拉。加拿大西北部钻石原生矿床的发现是 20 世纪 90 年代以来世界钻石史上一次重大突破。

4. 亚洲及中国

在亚洲，印度是世界最早发现钻石的地方，而且古老而有名的大钻石如"莫卧儿皇朝"（787ct）、"光明之山"（186ct）、"摄政王"（410ct）、"奥尔洛夫"（400ct）等世界名钻均产于此地，但印度钻石的原生矿床至今未发现，该砂矿的产量也有限。我国是世界钻石资源较少的国家。1950 年，在湖南沅江流域，首次发现具经济价值的钻石砂矿，品位低，分布较零散，但质量好，宝石级钻石占 40％左右。60 年代，先后在贵州及山东蒙阴找到了钻石原生矿。70 年代初，在辽宁南部找到我国最大的原生钻石矿，该矿储量大，质量好，宝石级钻石产量高，约占 50％以上。山东钻石原生矿品位高、储量较大，但质量较差，宝石级钻石约占 12％，且一般偏黄，以工业用钻石为主。

任务二
刚玉宝石（红宝石和蓝宝石）的鉴定

一、刚玉宝石的基本性质

刚玉（corundum）矿物的宝石品种有红宝石、蓝宝石，它们是世界上公认的著名的珍贵宝石，由于硬度仅次于钻石，且颜色瑰丽而深得人们的喜爱。红宝石、蓝宝石、钻石、金绿宝石和祖母绿被称为世界五大珍贵宝石。近年来，优质的红蓝宝石稀缺，各国都很重视优质品的找寻。

1. 化学成分

刚玉的化学成分为铝的氧化物：Al_2O_3，可含有微量的杂质元素 Fe、Ti、Cr、Mn、V 等。杂质元素可以等价离子或异价离子形式代替晶格中的 Al^{3+}，也可以机械混入物形式存在于晶体中。纯净时为无色。当含铬（Cr）0.9%～4%时呈红色；含铁（Fe）和钛（Ti）时呈蓝色。

2. 结晶学特征

三方晶系。完整的晶体常为六方柱状或桶状，有时呈板状，可具双晶。

3. 光学性质

（1）颜色 刚玉宝石的颜色十分丰富，它几乎包括了可见光光谱中的红、橙、黄、绿、青、蓝、紫的所有颜色。刚玉属他色矿物，纯净时无色，当晶格中含有微量的杂质元素时可致色。不同的微量元素导致不同的颜色，其中 Cr 主要导致红色，而 Ti 的联合作用导致蓝色。刚玉中不同杂质元素与颜色的对应关系见表3-5。

表 3-5　致色元素与刚玉颜色对应关系表

着色剂	质量分数 w/%	颜色	着色剂	质量分数 w/%	颜色
Cr_2O_3	0.01～0.05	浅红	Fe_2O_3	1.5	蓝
Cr_2O_3	0.1～0.2	桃红	NiO	0.5	金黄
Cr_2O_3	2～3	深红	Cr_2O_3	0.01～0.05	金黄
Cr_2O_3	0.2～0.5	橙红	NiO	0.5～1.0	黄
NiO	0.5	橙红	Co_2O_3	0.12	绿
TiO_2	0.5	紫	V_2O_5	0.3	绿
Fe_3O_4	1.5	紫	NiO		绿
Cr_2O_3	0.1	紫	V_2O_5		蓝紫（日光下）
TiO_2	0.5	蓝			红紫（灯光下）

（2）光泽及透明度 刚玉宝石通常为透明至不透明，抛光表面具亮玻璃光泽至亚金刚光泽。

（3）光性 刚玉宝石为一轴晶负光性，个别情况下具有异常的二轴晶光性。

（4）折射率和双折射率 刚玉宝石的折射率值为 1.762～1.770（＋0.009，－0.005），双折射率值为 0.008～0.010。

（5）多色性 除无色刚玉外，有色的刚玉宝石均具二色性，二色性的强弱，以及色彩变化均取决于自身颜色及颜色深浅程度。常见红色刚玉宝石的二色性有：深红色-浅红色，红色-橙红色，紫红色-褐红色，玫瑰红色-粉红色；而蓝色刚玉宝石的二色性有深紫蓝色-蓝色，蓝色-浅蓝色，蓝色-蓝绿色，蓝色-灰蓝色，黄色刚玉宝石的二色性可有金黄色-黄色，橙黄色-浅黄色，浅黄色-无色。

（6）发光性

① 紫外荧光 在长波紫外线下红色刚玉宝石可具弱至强红色荧光，短波紫外线下可具

微弱至中等红色的荧光。同一样品的长波紫外荧光强度大于短波紫外荧光强度。不同产地、不同颜色样品的紫外荧光特点随所含 Cr、Fe 含量的不同而变化。Cr 含量高者红色荧光强而鲜艳，Fe 含量高者荧光弱而暗。蓝色刚玉宝石一般无荧光，而斯里兰卡的一些黄色刚玉宝石可具杏黄或橙黄色荧光。

② X 荧光　在 X 射线照射下，红色刚玉宝石可发红色荧光，与紫外荧光特点相同。多数蓝色刚玉宝石无荧光，斯里兰卡一些品种可具较弱的橙色荧光。

一些主要产地刚玉宝石的发光特点见表 3-6。

（7）查尔斯滤色镜　在查尔斯滤色镜下，红色刚玉宝石可显示不同程度的红色，而蓝色、黄色、绿色等刚玉宝石的颜色不变化。

表 3-6　刚玉宝石的发光特点

不同产地的刚玉宝石	紫外荧光		X 荧光
	LW 紫外荧光	SW 紫外荧光	
缅甸红色刚玉宝石	鲜艳深红色	中等红色	深红色
斯里兰卡红色刚玉宝石	橘红色	中等橘红色	深红色
泰国红色刚玉宝石	暗红色	无色至弱红色	弱暗红色
泰国蓝色刚玉宝石	无	无	无
斯里兰卡浅蓝色刚玉宝石	浅橙色	无-弱橙色	无-微弱红色
斯里兰卡无色、黄色刚玉宝石	杏黄-橙黄色	浅黄-浅橙黄色	弱橙黄色

交叉滤色镜下可看到红色刚玉宝石的红色荧光，当用黄色滤色镜代替红色滤色片时，可以看到斯里兰卡黄色刚玉宝石的黄色荧光。

（8）吸收光谱　刚玉宝石根据所含杂质的不同而具有不同的吸收光谱。总体来讲，红色刚玉宝石具有 694nm、692nm、668nm、659nm 的吸收线，620～540nm 的吸收带，476nm、475nm、468nm 的弱吸收线，深红色红宝石的 620～540nm 吸收带可表现得很强烈，而浅色者，此带相对弱，以至模糊不清。

蓝色刚玉宝石中的蓝色、绿色品种，可具 450nm、460nm、470nm 的吸收线，不同产地或颜色深浅不同，其吸收光谱稍有差异，如深蓝色者往往只见到 450nm 处一较粗的吸收带及 460nm 的一条细线，浅灰蓝色者仅可见 450nm 处的一条细线，黄色刚玉宝石的吸收线则很难见到。

变色刚玉宝石有独特的吸收光谱。变色蓝刚玉宝石的可见光吸收谱具 470.5nm 的吸收线，550～600nm 的强吸收带及 685.5nm 的吸收线。

4. 力学性质

（1）解理　无解理。由于存在叶片状双晶，发育有平行底面和菱面的裂开。

（2）硬度　刚玉宝石的摩氏硬度为 9。随产地不同而稍有不同。

（3）密度　刚玉矿物的密度变化于（4.00±0.005）g/cm^3 之间，多数宝石级样品密度变化于 3.99～4.00g/cm^3 之间。Cr、Fe 等杂质元素的含量将影响着密度值的大小，含量越高，密度越大。一般情况下红色刚玉宝石的密度（3.98～4.28g/cm^3）略大于蓝色刚玉宝石的密度（3.90～4.16g/cm^3）。我国山东深蓝色宝石的密度可达 4.17g/cm^3。

二、刚玉宝石的品种

刚玉宝石品种的划分依据主要是颜色和特殊的光学效应。

1. 依据颜色的品种划分

国际珠宝界依据颜色将刚玉宝石划分为红宝石、蓝宝石两大品种，但红宝石与蓝宝石的界线却始终是个有争议的问题，到目前尚未统一。传统宝石学强调红宝石的颜色质量，将红宝石限定在一较窄的范围内。但是随着天然红宝石产量的减少、需求量的增加以及产出国的利益等众多因素，一些国际组织建议对传统红宝石范围重新界定。

考虑国际动向以及我国的现实情况，对刚玉宝石颜色品种的划分如下。

（1）红宝石　即红色的刚玉宝石，它包括了浅红到深红，所有红色色调的刚玉宝石。

（2）蓝宝石　即除去红色系列以外的所有颜色的刚玉宝石，它包括白色、黄色、绿色、黑色等多种颜色。除了蓝色的刚玉宝石可直接定名为蓝宝石外，其他各种颜色的刚玉宝石定名时，需在蓝宝石名称前冠以颜色形容词，如黄色蓝宝石、绿色蓝宝石等，而红宝石的命名则无需加颜色形容词。

2. 依据特殊光学效应的品种划分

依据特殊的光学效应，刚玉宝石可以划分出星光宝石（星光红宝石、星光蓝宝石）和变色蓝宝石两个品种。

三、刚玉宝石的质量评价

1. 红、蓝宝石的颜色质量评价

红、蓝宝石的颜色质量是净度、切工质量的综合反映，也是红、蓝宝石总体质量评价的关键。在此首先介绍红、蓝宝石颜色质量评价应注意的几个方面。

（1）颜色　评价红、蓝宝石颜色质量时首先应判断宝石的颜色色调。即主色调和副色调，天然产出的红蓝宝石不可能表现单一的光谱色，如红宝石以红色为主，其间可有微弱的黄色、蓝紫色色调；蓝宝石以蓝色为主，其间可有微弱的黄色、绿色色调。原则上讲，红、蓝宝石的颜色，越接近光谱色，颜色质量越高，副色调所占比例越大，颜色就越不纯，颜色质量就越低。根据色调，红宝石可分出红色、橙红色、暗红色、粉（紫）红色，其中以纯红色为最佳色。同样，根据色调蓝宝石可分为纯蓝、紫蓝、乳蓝、黑蓝、绿蓝等色，其中以中等明度的、没有绿色色调的纯蓝色为最佳色。

（2）内反射和内反射色　红、蓝宝石的颜色质量好坏，不仅仅取决于表面的反射色或透射色，同时还取决于它的内反射范围以及内反射色颜色特点。在光源的照射下，成品红、蓝宝石正面表现的颜色，实际上是一种反射色、内反射色、荧光色的综合颜色效应。内反射及相应的内反射色又俗称为"火"。高质量的红宝石，其由内反射引起的色泽的闪耀部分（即"火"）在整个冠部所占面积要求＞55％，高质量的蓝宝石其"火"所占面积要求＞60％。

光的内反射作用不易使宝石表面产生闪烁感，增加宝石的光亮度，同时还会产生不同色调的内反射色（由于对光的吸收程度不同）。内反射色会增加宝石的浓度和鲜艳感，不同色调、不同浓度的内反射色与宝石的表面反射色形成一幅图画，高质量的红、蓝宝石要求其内反射色颜色鲜艳，图画内颜色色调搭配均衡。如高质量的斯里兰卡蓝宝石表面为淡蓝色，其内反射色为翠蓝色，翠蓝色与淡蓝色相配成为一种高质量的蓝色组合。

（3）颜色的均匀程度 高质量的红、蓝宝石颜色应是均匀的。当从垂直台面方向观察宝石，其色带或色斑肉眼清晰可见时，宝石颜色质量将下降。

（4）多色性 红、蓝宝石是具有多色性的宝石。研究这部分颜色时，是以台面朝上观察结果为准，在垂直台面观察时，水平转动宝石，红宝石或蓝宝石无任何多色性显示，说明该宝石是一颗加工定向正确的宝石，其顶刻面的颜色反映了其最好的颜色；如果从顶刻面观察，在宝石水平转动时，可以看到一种以上颜色，说明宝石颜色的加工质量是低的，这样加工的一粒红、蓝宝石不能称其为高质量的宝石。

2. 红、蓝宝石的净度质量评价

在确定红、蓝宝石的净度质量时，需考虑两个问题：第一，需考虑瑕疵的大小、数量、位置、对比度，即瑕疵是否特别显眼，是否影响宝石的透明度，当瑕疵很大，肉眼可见，或瑕疵虽不是很大，却呈细小的分散状分布，且影响了宝石的透明度时，净度级别将降低。第二，需考虑瑕疵对宝石耐久性的影响，如较大的裂隙使宝石的耐久性受到影响时，净度质量亦下降。

3. 红、蓝宝石的切工质量评价

红、蓝宝石的切工质量评价需考虑琢型、比例、对称性、修饰度几个方面。所谓琢型，即宝石切磨的形状，红、蓝宝石最常见的切磨形状是椭圆形、短矩形，其次为圆多面型、祖母绿型。

比例是指琢型的腰宽相对于全深的比，红、蓝宝石可接受的切工比例在 60%～80% 之间。

对称性，是指腰圆是否对称、底尖是否偏心、台面是否倾斜等对称要素。对于红、蓝宝石来讲，如果肉眼很难找到上述对称要素的不对称表现时，便称为对称性好。

修饰度，是指刻面排列的整齐度，是否有额外刻面等，对琢型总体比例影响不大的偏差及抛光质量等。在红、蓝宝石总体质量评价时，修饰度的影响将是较小的。

4. 红、蓝宝石的质量分级评价体系

近年来红、蓝宝石的质量分级评价受到国际珠宝界的广泛重视，一些研究单位、个人纷纷投入力量，推出有关的分级体系，但是由于彩色宝石质量分级评价的众多困难，目前国际上尚没有一个统一的标准。这其中较具代表性的有泰国亚洲珠宝学院（AIGS）的分级评价体系和日本 Yasakaza Suwa 先生的分级评价体系。

（1）AIGS 分级系统 AIGS 是一套以实物为标石的分级系统，与钻石的 4C 分级系统有相似之处，即采用颜色、净度、切工、重量四个因素对红、蓝宝石进行质量分级评价。存在以下不同点。

针对红、蓝宝石色带较发育的特点，在对样品进行颜色分级时，考虑了色带对整体颜色及外观的影响程度，进而对色带进行了分级。

在净度分级时考虑了红、蓝宝石普遍含有包裹体，直接根据肉眼（而不是 10 倍放大镜）对包裹体的感觉程度将净度级别分为纯净、极小包裹体、中等包裹体、可见包裹体、严重包裹体 5 个大级。

在切工分级中，又将切工的比例、对称程度、抛光修饰程度作为单独的因素分开来评价。该分级系统带有某种主观性，但其实物标石给人们提供了可比性和可信性，本书着重介绍该系统的颜色分级。

① 颜色分级 AIGS 的分级系统，首先使用东芝 U-4001 型分光光度计对红、蓝宝石标石进行透过率和吸收率的测试，再将测试结果和数据转换成颜色指数进行分类。

待测样品可用肉眼与标石进行对比，同时还可用 U-4001 分光光度计进行测试对比。根据颜色类型红宝石可划分出五个类型，蓝宝石也可划分出五个类型。

a. 红宝石的颜色分类

红色：纯红色，略带紫罗兰色或褐色，刻面交棱处颜色发暗。

橙红色：较强橙色调的红色。

深红色：纯正的红色，但颜色较深，在垂直接受到光照时，刻面交接处几乎为黑色。

带粉红色的红色：一种较深的粉红色-红色，往往不带紫罗兰色或褐色。

粉红色：粉红色。

每种颜色类型再根据饱和度和明度分为六个颜色等级：深色、极好、很好、好、一般、差。

b. 蓝宝石的颜色分类

紫-蓝色：深蓝色，刻面交棱处带黑色调。

带牛奶色调的蓝色：带乳白色或银灰色丝绢光泽的蓝色。

蓝色：一种"矢车菊"蓝，比紫-蓝色颜色明亮。

黑水蓝色：深蓝色，常常带有一点绿色色调，吸收光谱中铁线明显。

绿蓝色：具有较明显的绿色色调的蓝色。

蓝宝石也根据饱和度及明度把每个类型的颜色分为六个颜色等级：

深色、极好、很好、好、一般、差。

② 色带分级　在颜色分级的基础上对色带进行分级，即在日光灯下，距宝石20cm处，肉眼从冠部的各个角度对色带进行观察，根据其明显程度划分出不同的级别（表3-7）。

表3-7　AIGS颜色色带级别

色 带 级 别	色带对宝石外观影响程度	肉 眼 观 察
弱	对外观有极小的影响	肉眼可见
中	对外观有影响	肉眼明显可见
强	对外观有显著影响	肉眼极明显可见

③ 净度分级　在日光光源下，距离宝石20cm处进行肉眼观察，根据观察结果将净度分为八个级别（表3-8）。

表3-8　AIGS红、蓝宝石净度级别

序号	净 度 分 级	台面朝上净度特点	观 察 程 度
1	纯净	总体观察宝石无表面缺陷、无包裹体	
2	极小包裹体Ⅰ　LI₁	极小包裹体及表面缺陷对宝石透明度和外观无明显影响	肉眼极难见
3	极小包裹体Ⅱ　LI₂	小包体及表面缺陷对宝石透明度和外观无明显影响	肉眼难见
4	极小包裹体Ⅰ　MI₁	包裹体及表面缺陷对宝石透明度和外观无明显影响	肉眼易见
5	极小包裹体Ⅱ　MI₁	包裹体及表面缺陷对宝石透明度和外观有小的影响	肉眼很易见
6	可见包裹体Ⅰ（VI₁）	包裹体及表面缺陷对宝石的透明度和外观有影响	肉眼极易见
7	可见包裹体Ⅱ（VI₁）	包裹体及表面缺陷对透明度和外观有明显的影响	肉眼极易见
8	严重包裹体（HI）	包裹体及表面缺陷对透明度和外观有极明显影响	肉眼极易见

④ 切工分级　AIGS 在对红、蓝宝石的切工分级时，考虑了长度、宽度、深度百分比、腰厚、偏心底面、亮度、台面宽度、冠度、冠部角度九个因素。对这九个因素进行综合考虑的基础上将切工分为极好、很好、好、一般、差五个级别。

（2）Yasakaza Suwa 的分级系统　Suwa 先生的红、蓝宝石的分级系统，是以实物样品、照片为参照物的一个分级系统，在该分级系统中采用的坐标为两个：横坐标代表样品的瑰丽程度，在此，瑰丽程度不仅表示样品颜色的好坏，而且也是样品颜色、色调、透明度、净度、火彩等因素共同作用的一个综合指数；纵坐标表示样品颜色的深浅，共分为七个级别，7 为深色，4～6 为中等深浅，3 为浅色，1 为极浅。根据样品的瑰丽程度和颜色深浅的综合考虑，最终将红、蓝宝石的级别分为三级，即宝石级、首饰级、附属级。宝石级为最高质量级别的宝石，随着质量的降低，依次为首饰级、附属级。Suwa 先生的分级系统是一个相对简练、商用性较强的质量分级系统。

四、刚玉宝石的优化处理及其鉴别

刚玉宝石的人工优化处理，包括染色、注入、表面扩散、热处理等方法。

1. 染色处理

（1）方法　将劣质刚玉宝石，即颜色浅淡、裂隙发育的刚玉宝石放进有机染料溶液中浸泡、加温，使之染上颜色。

（2）检测

① 早期染色刚玉宝石，颜色过于浓艳，给人以不真实感，包装纸上往往还留有颜色痕迹，用蘸有酒精或丙酮的棉球擦拭样品时，棉球会被染色。

② 近期染色的刚玉宝石的颜色趋于自然，外面涂过蜡等物质，使颜色封存在裂隙中，但在放大检查时可以发现染料在裂隙中集中的现象。

③ 由于染色刚玉染料仅分布于裂隙中而未进入宝石的晶格，所以出现多色性异常，表面浓艳的宝石却没有明显的多色性。

④ 染色刚玉宝石可有由染料引起的特殊荧光，如染色红宝石可有橙黄-橙红色荧光。

⑤ 在红外光谱中出现染料的吸收峰。

2. 充填处理

（1）方法　当刚玉宝石裂隙发育，或经激光打孔取出黑色包裹体而留下激光孔时，可采用充填处理方法来掩盖这些瑕疵。注入物质可有油、胶、玻璃等。

（2）检查

① 注油处理的刚玉放大检查可以发现油充填后的裂隙有五颜六色的干涉色，当部分油挥发后可留下斑痕及渣状沉淀物。在热针试验中针头可有油珠被析出。

② 注胶处理的刚玉宝石其裂隙处的光泽不同，胶的光泽低于刚玉主体的光泽，裂隙较大时，针尖触之，胶可被划动。红外光谱中可出现胶的吸收峰。

③ 玻璃充填的刚玉宝石往往裂隙十分发育，裂隙内玻璃的光泽明显低于刚玉主体光泽，大的裂隙处充填玻璃平面往往凹陷，红外光谱检验也可发现玻璃的存在。

3. 热处理

（1）刚玉宝石热处理简介　刚玉宝石的热处理历史悠久，其结果稳定、持久而被人们接受。刚玉宝石的热处理主要应用于以下几方面。

① 消减红宝石中多余的蓝色和削弱深色蓝宝石的蓝色。红宝石和蓝宝石中的蓝色色调大多由 $Fe^{2+} \rightarrow Ti^{4+}$ 电荷转移引起。在高温氧化中加热红宝石或深色蓝宝石将发生 Fe^{2+} 向 Fe^{3+} 的转变即 $4Fe^{2+} + O_2 \longrightarrow 4Fe^{3+} + 2O^{2-}$，样品中 Fe^{2+}、Ti^{4+} 对数量减少从而去除多余的蓝色。

② 诱发或加深蓝宝石的蓝色。在高温还原中加热蓝宝石，使宝石中原有的 Fe^{3+} 转换为 Fe^{2+}，增加样品中 $Fe^{2+} \rightarrow Ti^{4+}$ 的电荷转移，使样品由浅变深。

③ 去除红宝石、蓝宝石中的丝状包裹体或发育不完美的星光。在空气中将样品加热到 $1600 \sim 1800℃$，迅速冷却，使原以包裹体形式存在的金红石（TiO_2）在高温下熔融，进入晶格与 Al_2O_3 形成固熔体，从而达到消除星光和丝状包裹体的目的。

④ 产生星光。在空气中加热样品，然后缓慢冷却，使样品内以固熔体形式存在的钛分离形成金红石包裹体，从而产生星光。

⑤ 将浅黄色、黄绿色的刚玉在氧化条件下进行高温处理变成橘黄色以至金黄色蓝宝石。这是因为在高温氧化条件下，刚玉晶格内原由 Fe^{2+} 造成的氧空位全部填满，Fe^{2+} 氧化成 Fe^{3+} 使刚玉宝石形成黄色至金黄色。

(2) 热处理刚玉宝石的鉴别 经热处理后的红宝石、蓝宝石所表现的鉴定特征大致相同。

① 颜色 热处理后的红、蓝宝石可有颜色不均匀现象，如出现特征的格子状色块、不均匀的扩散晕。另外处理前后原色带的颜色、清晰度也会发生不同程度的变化。斯里兰卡乳白色的 Geudas 刚玉经热处理后呈现美丽的蓝色，其蓝色常集中在一些不规则的色带和色斑里，放大检查可看到这些色带或色斑的颜色是由一些边缘模糊的蓝色质点聚集而成的雾状包裹体。而我国山东蓝宝石在热处理后原本蓝色的色带可转变成无色透明的色带。棕褐色色带可转变成蓝色色带，原本不显示色带的样品热处理后可显示出黄色色带。

② 固态包裹体 经热处理的红、蓝宝石其固态包裹体将发生不同程度的变化。

红、蓝宝石内的低熔点包裹体，如长石、方解石、磷灰石等，在长时间的高温作用下发生部分熔解，原柱状晶体边缘将变得圆滑。一些针状、丝状固态包裹体如金红石则随着熔解程度的不断加强转变成断续的丝状、微小的点状等形态，有时高温处理的红、蓝宝石表面可见到一种白色丝斑，是金红石高温破坏后的产物。

③ 流体包裹体 红、蓝宝石内的原生流体包裹体在高温作用下会发生胀裂，流体浸入新胀裂的裂隙中。

④ 表面特征 由于高温熔解作用，成品红、蓝宝石的表面全发生局部熔融，因而产生一些凹凸不平的麻坑。为了消除这些麻坑样品需二次抛光，二次抛光作用不能保证第一次抛光中刻面棱角的完整性，常使原本平直的刻面棱角出现双腰棱、多面腰棱现象。

⑤ 吸收光谱及荧光特征 据报道经热处理的黄色和蓝色蓝宝石在台式分光镜下观察，缺失 450nm 吸收带，某些热处理的蓝色蓝宝石在短波紫外线下显示弱的淡绿色或淡蓝色荧光。

4. 表面扩散处理

(1) 表面扩散处理红宝石

① 方法 利用高温使外来的 Cr 离子进入浅红色刚玉样品表面晶格，形成一薄的红色扩散层。

② 鉴定

a. 颜色　表面扩散处理的红宝石，早期产品多为石榴红色，带有明显的紫色、褐色色调。新产品可有不同深浅的红色，但颜色不十分均匀，常呈斑块状。

b. 放大检查　当将样品浸在二碘甲烷中用漫反射光观察时，可见红色多集中于腰围、刻面棱及开放性裂隙中，但这种颜色的集中现象没有表面扩散蓝宝石表现得明显。

c. 荧光　表面扩散处理的红宝石在短波紫外线下可有斑块状蓝白色磷光。

d. 二色性　样品可具有模糊的二色性，有时表现出一种特殊的黄-棕黄色的二色性。

e. 折射率　表面扩散处理的红宝石具有异常折射率，折射率值最高可达 1.80。

（2）表面扩散处理蓝宝石

① 方法　高温下通过不同的致色剂的扩散，在无色或浅色刚玉表面可产生不同的颜色。使用 Cr 和 Ni 作致色剂在氧化条件下可产生橙黄色扩散层，使用 Co 作致色剂可产生蓝色扩散层。国内市场上见到的主要是用 Fe、Ti 作致色剂的扩散蓝宝石。扩散处理只能在样品表面形成很薄的颜色层，根据这一颜色层的厚度又可将扩散分为 I 型扩散处理和 II 型扩散处理两种。I 型扩散处理蓝宝石表面颜色层厚一般为 0.004～0.1mm，II 型扩散处理蓝宝石表面颜色厚度可达 0.4mm。

② 鉴定

a. 颜色　I 型扩散处理蓝宝石为灰蓝色、蓝色，表面常有一种水淋淋、灰蒙蒙的雾状外观，而 II 型扩散处理蓝宝石则为清澈的蓝色、蓝紫色，颇似天然优质蓝宝石。

b. 放大检查　将样品置于贴有半透明白色塑料薄膜的玻璃板上方，利用来自下部的透射的光照明。观察时，颜色在样品腰围及交棱处集中，I 型扩散处理蓝宝石呈现出明显的"黑圈"和"蜘蛛网"图案。另外样品总体颜色不均匀，不同刻面上的颜色深浅有差异。而 II 型扩散处理蓝宝石的上述现象均表现得不明显。样品的开放裂隙及表面凹坑处可有颜色富集现象。

荧光：某些表面扩散处理蓝宝石在短波紫外线下可有白垩状蓝色或绿色荧光，而另一些样品在长波紫外线下可有蓝色、绿色甚至于橙色荧光。

紫外-可见光光谱：天然蓝宝石含有丰富的杂质元素，其中 Fe^{2+}、Ti^{4+} 对的存在将产生以 565nm 为中心的吸收，这一吸收决定了蓝宝石的蓝色；而 Fe^{2+}、Ti^{4+} 对的浓度将决定蓝宝石蓝色的深浅。天然深色蓝宝石除含有上述的 Fe^{2+}、Ti^{4+} 对外，还含有较丰富的 Fe^{3+}，因此天然深色蓝宝石的紫外-可见光光谱除有 565nm 为中心的吸收外，还有由 Fe^{3+} 引起的 327nm、388nm、450nm 的吸收。

扩散处理蓝宝石其原石多为无色或浅色蓝宝石，样品中可含少量 Fe^{3+}，但缺失 Fe^{2+} 和 Ti^{4+}，在扩散处理中，特别是在深层扩散处理中，样品中原有的 Fe^{3+}，全部转为 Fe^{2+}，Fe^{2+} 与扩散进入样品表面的 Ti^{4+} 形成离子对，产生样品的蓝色。因此扩散处理，特别是 II 型扩散处理即深层扩散处理蓝宝石内缺失 Fe^{3+}，因此其紫外-可见光光谱除存在 565nm 为中心的吸收外，由 Fe^{3+} 引起的吸收线将消失。

（3）表面扩散处理星光宝石　刚玉宝石经表面扩散处理可产生星光蓝宝石和星光红宝石，表面扩散处理的星光蓝宝石在我国已经面市，其折射率、密度等物性常数及气液包裹体等特征与天然蓝宝石相同，与天然星光蓝宝石鉴别可以从以下几方面入手。

① 颜色　表面扩散处理星光蓝宝石整体为具黑灰色色调的深蓝色，表面特别是在弧面

形宝石的底部或裂隙内存在着红色斑块状物质。

②"星光"特点　"星光"完美，星线均匀，颇似合成星光蓝宝石。在批量样品中，过于完美、过于整齐的星光特点与天然星光特点不符。

③放大检查　显微镜下观察，可发现"星光"仅局限于样品表面。弧面形宝石表面有一层极薄的絮状物，它们由细小的白点聚集而成，即使在电子显微镜放大 3000 倍的条件下，也未发现天然星光蓝宝石中存在的三组定向排列的金红石细针。

④荧光　在长、短波紫外线下样品无反应，而部分样品表面具有的红色色斑可发红色光。

⑤化学成分　样品表面 Cr_2O_3，含量异常，$w_{Cr_2O_3}$ 可达 4%。由于样品表面的高铬含量，在油浸中观察，样品表面呈现红色，并具有一轮廓清晰的突起很高的红色色圈。

五、红宝石和蓝宝石与相似宝石的鉴别

红宝石和蓝宝石与相似宝石的鉴别，主要靠稳定的物理常数，如密度、硬度和折射率，并结合光性特征等。

与红宝石类似的宝石有红色尖晶石、红色石榴石、红色锆石、红色碧玺和红色绿柱石等，主要鉴别特征如表 3-9 所示。

与蓝宝石相似的宝石有蓝色托帕石、蓝色尖晶石、蓝色碧玺、海蓝宝石、蓝晶石、坦桑石、堇青石和蓝锥矿等，主要鉴别特征如表 3-10 所示。

表 3-9　红宝石与相似宝石的主要鉴别特征

名　称	摩氏硬度	密度/(g/cm³)	折射率	光　性	多色性
红宝石	9	4.00	1.76～1.78	一轴晶负光性	有
红色尖晶石	8	3.60	1.78	均质体	无
红色石榴石	6.5～7.5	3.61～4.15	1.714～1.810	均质体	无
红色锆石	6.5～7.5	4.65	1.926～2.020	一轴晶正光性	有
红色碧玺	7～8	3.06	1.615～1.655	一轴晶负光性	有
红色绿柱石	7～8	2.72	1.564～1.602	一轴晶负光性	有

表 3-10　蓝宝石与相似宝石的主要鉴别特征

名　称	摩氏硬度	密度/(g/cm³)	折射率	光　性	多色性
蓝宝石	9	4.00	1.76～1.78	一轴晶负光性	有
蓝色托帕石	8	3.53	1.619～1.627	二轴晶正光性	有
蓝色尖晶石	8	3.60	1.718	均质体	无
蓝色碧玺	7～8	3.06	1.615～1.655	一轴晶负光性	有
海蓝宝石	7～8	2.72	1.564～1.602	一轴晶负光性	有
蓝晶石	4～7	3.56～3.68	1.713～1.729	二轴晶负光性	有
坦桑石	6～7	3.35	1.693～1.802	二轴晶正光性	有
堇青石	7～8	2.60～2.66	1.532～1.570	二轴晶正、负光性	有
蓝柱石	7～8	3.08	1.652～1.671	二轴晶正光性	有

六、红宝石和蓝宝石的主要产地

1. 红宝石的产地

红宝石的产量少，十分珍贵。一般颗粒都比较小，一粒超过 5ct 的红宝石已经很少见，而一粒超过 10ct 的红宝石就成为稀世珍宝了。超过 100ct 的红宝石最为罕见，美国史密森学院博物馆展出一颗质量为 137ct 的 Rosser Reeves 红宝石，伦敦大英博物馆中展出的"爱德华红宝石"，质量达 167ct。

红宝石最著名的产地是缅甸，特别是北部抹谷地区出产的一种叫"鸽血红"的红宝石更佳。这种红宝石鲜艳夺目，如同当地一种鸽鸟的鲜血一样，故得名"鸽血红"。

柬埔寨也是红宝石的著名产地，主要产于金边一带。

斯里兰卡产的红宝石颜色稍浅些，多为粉红色。

泰国产的红宝石大部分颜色较深，从微紫红到棕红色。

红宝石还产于印度、巴西、肯尼亚和越南。

中国云南、新疆、青海、安徽、黑龙江及海南等省也见有红宝石产出。

2. 蓝宝石的产地

与红宝石相比，蓝宝石不仅产量多，而且大颗粒的也多。纽约博物馆陈列的"印度之星"质量为 536ct，华盛顿自然历史博物馆的一颗蓝宝石"亚洲之星"质量为 330ct。而最大的一颗蓝宝石质量为 2302ct。

颜色最好的蓝宝石产自克什米尔，为蓝色略带紫色，即矢车菊蓝色。

缅甸抹谷产的蓝宝石透明度高，裂隙少，颜色近似克什米尔产的蓝宝石，是国际市场上引人注目的佳品。

柬埔寨蓝宝石来自金边地区和马德望省两个产地，颜色很漂亮，只是颗粒大的不多。

斯里兰卡产的蓝宝石杂质少，颜色也十分惹人喜爱。

泰国、澳大利亚及我国山东、海南也有大量蓝宝石产出，但颜色深，需要人工处理减色，以提高其透明度。

任务三
祖母绿（绿柱石族宝石）的鉴定

一、祖母绿的基本性质

有文字记载的宝石开采历史中最早的就是祖母绿，其最早产地红海西岸埃及的一些祖母绿矿山，早在公元前 21 世纪埃及中王朝已开采。在古希腊，祖母绿被称为 Smaragldos（绿色的石头），作为献给女神维纳斯的高贵珍宝。而今祖母绿仍为世界各地人们所喜爱，奉为 5 月诞生石，象征着幸运或幸福绵长；它也是结婚 55 周年的纪念石。其英文名称 Emerald（或 Smaragd）是古波斯语"Zumurud"的误传拼法，汉语音译为"助木刺"或祖母绿。祖母绿是绿色宝石之王，也是绿柱石家族的魁首。

1. 化学成分

铍铝硅酸盐 $Be_3Al_2Si_6O_{18}$，含有 Cr、V 等微量元素，Cr 的质量分数为 $0.3\% \sim 1.0\%$。

2. 结晶学特征

六方晶系，晶体呈六方柱状，具柱、锥和平行双面，常见平行于柱面的条纹。

3. 祖母绿的光学性质

（1）颜色 祖母绿为铬致色的特征的翠绿色，可略带黄或蓝色色调，其颜色柔和而鲜亮，具丝绒质感，如嫩绿的草坪。由其他元素如二价铁致色的浅绿色、浅黄绿色、暗绿色等绿色的绿柱石，均不能称为祖母绿，而只能叫绿色绿柱石。目前如何精确地划分祖母绿和绿色绿柱石，还是一个研究性的问题。有学者用 DIN 6164 颜色表作色板来对比颜色，希望客观地将祖母绿与绿柱石划分开，但是仍存在着局限性。目前常用的界线是，看是否含有铬元素或具铬吸收线。

（2）光泽与透明度 抛光表面为玻璃光泽，断口表面为玻璃光泽至松脂光泽；透明到半透明。

（3）光性特征 一轴晶，负光性。

（4）折射率 折射率常为 1.577～1.583，可低至 1.565～1.570，高至 1.590～1.599，祖母绿的折射率值随碱金属含量的增加而增大。

双折射率：双折射率的变化范围为 0.005～0.009，是由祖母绿中所含的杂质，特别是其结构中位于 $[SiO_3]_6$ 通道中的水和碱性金属引起的。不同产地的祖母绿双折射率稍有不同，详见表 3-11。

（5）多色性及色散 多色性：中等至强，蓝绿、黄绿；色散：0.014。

（6）发光性

① 紫外荧光 在长波紫外线下，呈无或弱绿色荧光，弱橙红至带紫的红色荧光；短波紫外线下，无荧光，少数呈红色荧光。

② X 荧光 呈很弱至弱的红色荧光。可见到短时间与体色相近的磷光。所有的祖母绿在 X 射线下均呈透明。

（7）查尔斯滤色镜检查 绝大多数的祖母绿在强光照射下，透过滤色镜观察，呈红或粉红色。值得一提的是以往将查尔斯滤色镜下的反应作为鉴别祖母绿的主要依据，曾一度造成一些产地的祖母绿被误认为是祖母绿的仿制品。如印度和南非的祖母绿因内部含有铁，在滤色镜下呈现绿色，曾被认为是祖母绿的仿制品。现在滤色镜下的荧光反应已不再是鉴别祖母绿的依据，而只是祖母绿的一种宝石学特征，供大家参考。其他产地祖母绿在滤色镜下的反应详见表 3-11。

表 3-11 世界主要产地祖母绿的光学特征

产出国	产地	颜色	$\rho/$（g/cm³）	n	双折射率	紫外荧光 LW	紫外荧光 SW	查尔斯滤色镜检查
哥伦比亚	契沃尔	翠绿	2.69～2.71	1.571～1.577	0.006	强红	强红	一般强红
	姆佐	微蓝翠绿	2.71	1.565～1.584	0.006	强红	强红	一般强红
	鲍雷		2.70	1.569～1.567	0.007	强红	强红	一般强红
	达碧兹	深绿	2.70～2.73	1.569～1.575 1.573～1.580	0.006～0.007			一般强红
巴西	巴黑额和卡纳巴	浅绿-翠绿	2.67～2.72	1.566～1.572 1.575～1.582	0.006	无	无	红
	依坦毕拉	黄绿-绿	2.67～2.75	1.580～1.589	0.009	无	无	红色调绿

续表

产出国	产地	颜色	$\rho/(g/cm^3)$	n	双折射率	紫外荧光 LW	紫外荧光 SW	查尔斯滤色镜检查
俄罗斯	乌拉尔	带黄的绿	2.71～2.75	1.580～1.588	0.007	无		红
津巴布韦	桑地瓦纳	深绿	2.744～2.768	1.583～1.593	0.006	无	无	极弱红
坦桑尼亚	曼亚拉	黄或蓝绿	2.72	1.578～1.586	0.006			少数呈红
赞比亚	米柯	深绿，灰绿，蓝绿	2.74	1.581～1.591	0.009			强红至绿
尼日利亚		蓝绿	2.67	1.564～1.574	0.006	无	无	
南非	柯布拉	浅至深绿	2.75	1.586～1.593	0.007	无	无	暗绿，少红
马达加斯加		蓝绿	2.68～2.71	1.580～1.591	0.008～0.009	无		
印度	卡里古门	浅至深绿	2.725～2.745	1.583～1.595	0.007	无	无	暗绿，少红
澳大利亚	波那	深绿	2.675～2.712	1.572～1.578	0.005			浅至极浅棕，粉
巴基斯坦	东部	蓝绿，暗绿	2.75～2.78	1.588～1.600	0.007			浅粉
阿富汗		淡绿，淡蓝绿	2.68～2.74	1.574～1.588				浅红，绿
奥地利	哈巴克托	深绿	2.72～2.76	1.584～1.591	0.007	红至无	红至无	红至浅粉
挪威	爱德斯法		2.68～2.759	1.583～1.590	0.007	红	红	强红至暗棕
美国	北卡罗里纳州		2.73	1.580～1.588	0.008			红
中国	云南		2.71	1.582～1.588	0.006			微红，绿

（8）可见光吸收光谱　主要呈现铬的吸收线。红区683nm、680nm吸收线明显，662nm、646nm吸收线稍弱；橙黄区630～580nm间有部分吸收；蓝区478nm吸收线；紫区全吸收。

4. 祖母绿的力学性质

（1）解理　具有一组不完全解理，与晶体底面平行。

（2）硬度　摩氏硬度为7～8，性脆。

（3）密度　2.67～2.75g/cm³，通常为2.71g/cm³。祖母绿的密度大小受碱金属含量大小影响，碱金属含量越高，密度越大。

二、祖母绿的品种

根据特殊光学效应和特殊现象，可将祖母绿分为下面三个品种。

（1）祖母绿猫眼　祖母绿可因内部含有一组平行排列、密集分布的管状包裹体，而产生猫眼效应。但不常见。目前发现较大的一颗祖母绿猫眼有5.93ct，产于巴西。

（2）星光祖母绿　星光祖母绿极为稀少，仅偶有发现。美国宝石学院的《宝石与宝石学》，Spring报道发现10.03ct圆弧形星光祖母绿，产自巴西。内部除平行c轴的管状包裹体外，还有两个方向的未知微粒，其一方向垂直c轴。星光效应很完整，且具较强的二色性，同时具铬和铁的吸收谱。

（3）达碧兹（trapiche）　这是一种特殊类型的祖母绿，产于哥伦比亚姆佐（Muzo）地区和契沃尔（Chivor）地区，它具特殊的生长特征。姆佐产出的达碧兹在绿色的祖母绿中间有暗色核和放射状的臂，是由碳质包裹体和钠长石组成，有时有方解石，黄铁矿罕见。X射线衍射证明这种达碧兹是一整个单晶。契沃尔出产的达碧兹祖母绿，中心为绿色六边形的核，由核的六边形棱柱向外伸出六条绿臂，在臂之间的V形区中是钠长石和祖母绿的混合物，X射线衍射证明这种达碧兹祖母绿也是一个单晶，钠长石被包裹在祖母绿的晶体中。

三、祖母绿的质量评价

对祖母绿的质量评价一般从颜色、透明度、净度、切工及重量等方面来进行，其中颜色是最为重要的。

（1）祖母绿的颜色　由翠绿色至深绿色。对颜色的评价应看其颜色的色调，绿色的深浅程度，颜色分布的均匀程度，以不带杂色或稍带有黄或蓝色色调，中至深绿色为好。优质祖母绿的价格能与相同质量的优质钻石相媲美。颜色分布不均匀。且颜色较浅的祖母绿，其价格比较低。

（2）透明度及净度　透明度和净度两者是相互影响的。净度可以直接影响透明度，一般内部杂质、裂隙较少的，其净度高；如果内部杂质较多，特别是裂隙较多时，其透明程度将会受到影响。质量好的祖母绿要求内部瑕疵小而少，肉眼基本不见。

（3）祖母绿的切工　祖母绿一般磨成四边形阶梯状，四个角常常被磨去，称为祖母绿型切工。这种切工可将祖母绿较深的绿色很好地体现出来。质量好的祖母绿一般都采用祖母绿型切工，也有切磨成闪烁型，以及闪烁型和阶梯型的混合型。后者很少采用，而且看似有玻璃状外观。质量差或裂隙较多的祖母绿一般切磨成弧面形或做链珠。祖母绿切磨角度非常重要，台面方向与光轴垂直时，显示常光方向的黄绿色；台面平行光轴时，则是显示蓝绿色，因为有50%的非常光显露出来。平行光轴方向切磨有时强于垂直光轴方向的切磨，因为垂直光轴方向的常光总显示一种灰白色色调。

祖母绿的质量一般大小在0.2～0.3ct，目前世界上最大的祖母绿晶体质量达16020ct，产自哥伦比亚姆佐矿。大英自然博物馆藏有一颗长51mm、质量1384ct的颜色非常美丽的祖母绿。

四、祖母绿的优化处理及其鉴别

对祖母绿进行优化处理的历史很久远，主要方法有浸注处理、染色处理、覆膜处理。

1. 浸注处理

对祖母绿进行浸注处理由来已久，浸注方法也是多样。早期人们主要用各种油来浸渍祖母绿，如各种植物油、雪松油等，而且尽量采用与祖母绿折射率相近的油，所浸注的油可分为有色和无色两种。近年来又有采用加拿大树脂来浸注的。根据浸注的材料不同，浸注处理大致归为三类：即浸无色油处理、浸有色油处理和树脂充填处理。

（1）浸无色油处理　浸无色油的祖母绿目前已得到国际珠宝界和消费者的认可，而且在市场上很常见。油的作用主要是掩盖已有的裂隙或孔洞，提高宝石的透明度和颜色的亮度。因为没有改变祖母绿本身的颜色，又使祖母绿变得好看些。

对浸无色油祖母绿的检测，主要是放大检查，观察裂隙中是否有油存在的特征，可将祖母绿样品浸于水中或其他无色透明的溶液中进行观察。慢慢转动样品，在某一角度上可观察到裂隙中无色油产生的干涉色。如果裂隙未完全充填，观察时可见裂隙中不规则分布的油痕，其反光比一般裂隙中液态包裹体强。

其次是观察祖母绿是否有受热后流油"发汗"的情况。用台灯或热针靠近祖母绿样品，样品受热，油会像出汗似的，从裂隙中渗出，用棉纸或镜头纸擦拭可看出是否有油渗出。浸过油的祖母绿在包装纸上会留下油迹，所以细心检查包装纸，也可得出该样品是否经过浸油。

浸油祖母绿在受热和强光照射下会产生挥发而干涸，原先掩盖住的裂隙会重新显露出来，不免会引起商家与顾客之间、生产与销售双方之间的麻烦。所以不管哪一方都应对祖母绿的浸油处理有个正确的认识和正确的使用、保管方法，如避免用超声波清洗器或强清洗剂清洗等。

（2）浸有色油的处理　浸有色油与浸无色油的观察方法相同，而且放大检查时可见绿色油呈现丝状沿裂隙分布；油干涸后会在裂隙处留下绿色染料；受热渗出的油和包装纸上的油迹呈绿色。某些有色油在紫外线下具荧光。

（3）树脂充填处理　树脂充填处理的观察方法与上述两者相同，也同样具有一种干涉效应，但无"发汗"现象。充填物较厚处可能会残留有气泡，有时充填区呈雾状，充填物内有流动结构。用反射光观察，可见祖母绿表面有蛛网状的裂隙充填物，其光泽较周围祖母绿暗。

（4）染色处理　采用化学颜料，将色浅的祖母绿或无色绿柱石染成深绿色，以达到祖母绿的效果。这种染色处理的绿色颜料，沿裂隙分布，可呈蛛网状。可有 $630 \sim 660nm$ 吸收带，在长波紫外线下可呈黄绿色荧光。

2. 覆膜处理

（1）底衬处理　为加深祖母绿的颜色，在祖母绿戒面底部，衬上一层绿色的薄膜或绿色的锡箔，用闷镶的形式镶嵌。检测时不易觉察，放大检查其底部近表面处可有接合缝，接合缝处可有气泡残留，有时会有薄膜脱落、起皱等现象。二色性不明显或根本就没有二色性，不像天然祖母绿有明显的二色性；而且天然祖母绿具明显的 Cr 吸收谱，该种处理的祖母绿只有模糊或无 Cr 吸收光谱。

（2）镀膜处理　常采用天然无色绿柱石作核心，在外层生长合成祖母绿薄膜。所以有人称其为再生祖母绿。用无色绿柱石作内核，可以保证样品整体的密度与祖母绿的相近。一般外层合成祖母绿只有 0.5mm 厚，很容易产生裂纹，呈交织网状，这可以说是镀膜祖母绿的一个特征。观测时，浸泡于水中或其他透明溶液中，可见棱角处的颜色明显集中，在长波紫外线下外层的荧光比宝石本身的荧光强得多。而且内部包裹体的特征为无色绿柱石的特征，即有雨点状、管状包裹体、气液包裹体；而不是祖母绿中的典型包裹体；也有多次覆层的祖母绿，内部用无色绿柱石作籽晶，外生长一层合成祖母绿后，又生长一层合成绿柱石。鉴别的关键是浸泡并从侧面观察，可清楚见到多层分布的现象。

五、祖母绿与相似宝石的鉴别

与祖母绿相似的宝石常见有铬透辉石、翠榴石、铬钒钙铝榴石、绿色碧玺、绿色萤石、绿色磷灰石及翡翠等。祖母绿与这些宝石的区别主要依据折射率、密度、光性特征及内部特征等方面的性质。

1. 铬透辉石

常呈深绿色至黄绿色，在滤色镜下呈红色，特别是乌拉尔山脉产出的铬透辉石，在市场上很容易被当作祖母绿销售。祖母绿与铬透辉石的区别主要在于颜色、折射率等。两者的颜色均可为深绿色至黄绿色，但铬透辉石的颜色没有祖母绿那种柔和的绿绒绒的感觉，稍有些发暗。其折射率高于祖母绿，分别为 1.675～1.701，双折射率为 0.024～0.030，密度为 3.29g/cm^3，其可见光吸收光谱在红区也具铬吸收，但在 505nm 处具吸收线。铬透辉石的内部也可有气液包裹体、管状包裹体，但很少像祖母绿内部常见有那么多三相或两相的包裹体。

2. 铬钒钙铝榴石

铬钒钙铝榴石在颜色上呈黄绿色至艳绿色，表面光泽强于祖母绿，所以被号称为直追祖母绿的宝石。铬钒钙铝榴石与祖母绿一样在滤色镜下呈红色或粉红色，在红区具铬吸收谱。祖母绿与铬钒钙铝榴石的区别主要在光性特征、多色性、折射率、密度等方面，铬钒钙铝榴石为均质体，无多色性，其折射率高达 1.74～1.75，密度高于祖母绿，为 3.60～3.70g/cm^3。而且内部无祖母绿中常出现的三相或两相包裹体，铬钒钙铝榴石中常见的是固体包裹体或负晶。

3. 翠榴石

翠榴石呈绿色至暗绿色，其特征基本与铬钒钙铝榴石相近，为均质体，无多色性，折射率高达 1.88，密度为 3.84g/cm^3，内部常见有马尾状石棉矿物特征包裹体。

4. 绿色碧玺

绿色碧玺呈蓝绿色至暗绿色，色调偏暗。其折射率、双折射率和密度均高于祖母绿，分别为折射率 1.62～1.64，密度 3.06（+0.02，-0.06）g/cm^3，双射率高达 0.020，在合适的方向可见后刻面棱线重影，多色性强，内部常发育有线状分布的气液包裹体。

5. 绿色萤石

绿色萤石常带有一种蓝色色调，与蓝绿色的祖母绿很相像，但表面光泽弱得多，因为萤石的折射率只有 1.438，而且萤石为均质体，无多色性，内部常因四组解理发育而呈现一种异常消光。放大检查时常可见解理面形成的三角形图案，色带发育，也同样具有两相或三相气液包裹体，但气液包裹体的边界不如祖母绿中的清晰。密度比祖母绿的高，为 3.18(+0.007，-0.18)g/cm^3，萤石在紫外线下常具强荧线反应，有的甚至有磷光。

6. 绿色磷灰石

磷灰石与祖母绿一样属于六方晶系。摩氏硬度为 5，低于祖母绿，但折射率、密度均高于祖母绿，分别为 1.634～1.638 和 (3.18±0.005)g/cm^3。可见 580nm 吸收双线。

7. 翡翠

半透明和近于透明的翡翠与祖母绿很相似，特别是磨成刻面型的翡翠与透明度稍差的祖母绿，弧面形翡翠与弧面形的祖母绿也很相似。通过放大观察可以区别两者，因为祖母绿为单晶体，内部发育的是气液包裹体、原生或次生裂隙，而翡翠为多晶集合体，常表现为细长纤维与细粒状晶体交织而成，在抛光面上能清楚地观察到各个晶体的界线，或由于晶体方向不同而在抛光时留下的微弱的凹凸痕迹。而且翡翠折射率比祖母绿的高，为 1.66 左右，而祖母绿的折射率为 1.575～1.583，弧面形宝石点测法一般所得值为 1.58。翡翠密度高于祖母绿，为 3.34g/cm^3 左右。翡翠的吸收光谱在红区有三条间隔均匀的吸收线，分别为

690nm、660nm、630nm 的吸收线，在蓝区有 437nm 的吸收线，与祖母绿的不同。

六、绿柱石族宝石的主要产地

世界上最优质的祖母绿出自哥伦比亚，一般认为姆佐矿山品质第一，契沃尔、科斯凯斯特矿山居次。

乌拉尔祖母绿，产于东乌拉尔山脉。它稍带黄绿色，有时具褐色色调。晶体产于金云母片岩中，较大晶体有云雾状瑕疵，且色彩不佳，有些小晶体色彩优美。

津巴布韦的桑达瓦纳祖母绿产于透闪石片岩和云母绿泥石片岩中，粒径一般为 1～3mm。优质祖母绿占 5%，质量一般的占 10%，85% 不够宝石级。

印度拉贾斯坦邦的祖母绿不均匀地赋存在伟晶岩与超基性片岩接触带的黑云母片岩中。优质祖母绿具有深绿色，半透明或透明，晶体粒径不大。

巴西祖母绿产于片岩中，1900 年左右出现在市场上的祖母绿为浅微黄绿色，酷似普通绿柱石，但可见到 Cr 吸收光谱，之后在许多州发现了新的优质祖母绿。目前其产量可能比哥伦比亚还要多。祖母绿的其他产地还有赞比亚、奥地利、澳大利亚、南非、坦桑尼亚、挪威、美国、巴基斯坦等。我国仅在个别地区找到一些祖母绿矿化点，至今未找到有工业价值的矿床。

海蓝宝石和绿柱石主要产地有巴西、俄罗斯、美国、中国（新疆）、印度、马达加斯加、加拿大、墨西哥等。其中巴西是优质海蓝宝石的主要产出国，其海蓝宝石产量占世界总产量的 70%。世界上最大的、质量达 110.5kg 的海蓝宝石晶体，也是在巴西发现的。

任务四
金绿宝石的鉴定

一、金绿宝石的基本性质

金绿宝石、猫眼、变石为宝石学中三个重要的宝石品种，实际上在矿物学上它们同属于一种矿物，即金绿宝石（chrysoberyl），因此它们也具有大致相同的物理化学性质。

1. 化学成分

金绿宝石矿物为铍铝氧化物，分子式为 $BeAl_2O_4$，实际上金绿宝石矿物中常含有微量 Fe、Cr 等组分，不同的微量元素使金绿宝石矿物产生不同的颜色。

2. 结晶学特征

金绿宝石矿物属斜方晶系，晶体常呈扁平板状或者厚板状、假六方三连晶、六边形偏锥状。假六方三连晶可通过凹角辨出，在晶体底（轴面）面上常有条纹。

3. 光学性质

（1）颜色 金绿宝石通常为浅-中等的黄色至黄绿色、灰绿色、褐色至黄褐色以及很罕见的浅蓝色；猫眼主要为黄色-黄绿色、灰绿色、褐色-褐黄色；变石通常在日光下为带有黄色色调、褐色色调、灰色色调或蓝色色调的绿色，而在灯光下则呈现橙色或褐红色-紫红色。

（2）光泽透明度 金绿宝石通常为透明至不透明；猫眼呈亚透明至半透明；变石通常为透明。三者的抛光面均为亮玻璃光泽至亚金刚光泽。

(3) 光性　金绿宝石矿物为二轴晶，正光性。

(4) 折射率和双折射率　金绿宝石的折射率为 1.745～1.755（+0.004，−0.006），双折射率为 0.008～0.010。例外情况曾发现一个褐色金绿宝石晶体具有相当高的折射率值：$n_R = 1.770$、$n_p = 1.764$、$n_m = 1.759$，而其密度为 3.755g/cm³。某些金绿宝石的特征值及不同产地的变石的折射率值列于表 3-12 中。

表 3-12　金绿宝石折射率、密度值

性质 种类	n_R	n_m	n_p	双折射率	ρ/（g/cm³）
黄色金绿宝石	1.753	1.747	1.744	0.009	3.709
黄色金绿宝石	1.755	1.746	1.744	0.011	3.72
变石（乌拉尔）	1.759	1.753	1.749	0.010	
变石（斯里兰卡）	1.755	1.749	1.745	0.010	
变石（缅甸）	1.755	1.748	1.746	0.009	3.706

(5) 多色性　金绿宝石矿物可呈明显的三色性，三种颜色分别为绿色、橙黄色和浅紫红色。金绿宝石常见的多色性为弱至中等的绿色和褐色，经常呈现不同色调的体色如黄色和褐色。金绿宝石显示的多色性主要是颜色深度上的差别，而不是色调的差别；浅绿黄色宝石多色性较弱，而褐色宝石多色性略强。猫眼一般不见多色性。变石的多色性很强，表现为绿色，橙黄色和深红色。缅甸抹谷产出的一个变石样品具有独特的三色性，表现为紫红色、草绿色、蓝绿色。

(6) 发光性　富铁黄色、褐色和暗绿色金绿宝石在紫外线和 X 射线照射下不发荧光，而某些浅绿黄色宝石在短波紫外线照射下发出弱的绿色荧光。其他颜色的金绿宝石不发荧光。

猫眼在长短波紫外线下通常无荧光，变石在长短波紫外线下可发出中等红色荧光。

使用交叉滤色片法可见变石的红色荧光。在变石与绿色金绿宝石划分定名时，有人认为红色荧光的存在以及弱的铬吸收线的存在证明是变石而不是金绿宝石。这种定义与变石本身有些矛盾，因为变石是通过绿至红的变色效应而定义的，并非由致色元素所决定。

变石在长短波紫外线下发弱红色荧光，在 X 射线照射下发暗淡的红色荧光，阴极射线下发橙色荧光。

(7) 吸收光谱　金绿宝石的黄色和黄绿色起因于金绿宝石矿物中含有微量 Fe 元素，猫眼的颜色主要也是起因于宝石中含 Fe 元素。因此金绿宝石的和猫眼的可见光吸收光谱具有相似的特点，主要产生于 445nm 为中心的吸收带。

变石的颜色及其变色效应起因于金绿宝石矿物中含有微量元素 Cr，在可见光吸收光谱上具有如下特点：680.5nm 和 678.5nm 两条强吸收线和 665nm、655nm 及 645nm 的三条弱吸收线，580～630nm 的部分吸收带，476.5nm、473nm 及 468nm 的三条弱吸收线，紫区通常完全吸收。

变石的吸收光谱更加复杂，而且由于宝石的三色性而随着方向略有变化。变石明显的变色效应起因于宝石的吸收光谱，而非变石的三色性。

通过比较变石与红宝石、祖母绿的吸收光谱可以很好地理解变石的变色效应，三者均为 Cr^{3+} 替代了 Al^{3+} 的位置，这三种材料都含有一个宽阔的吸收带；在红宝石中集中于

550nm，在变石中集中于580nm，在祖母绿中集中于600nm。吸收带位置的不同导致产生颜色由红宝石的紫红色向祖母绿的蓝绿色的漂移。在变石中，这个带介于红宝石红色和祖母绿绿色之间。当光源均衡时（日光）变石显示绿色，但当光源倾向于红色时（白炽灯），变石呈红色。

变石表现出较强的三色性，因而随方向不同光谱不同，绿色方向（γ 或慢光）在680.5nm、678.5nm处可见弱细线。吸收光线的宽吸收带位于640nm至555nm，在低于470nm的蓝、紫区产生吸收。

红色或紫红色方向（α 或快光）显示弱双线，其中678.5nm线略强，在红光区仅见另外两条线655nm和645nm。宽吸收带位于605nm和540nm之间，在合适的条件下可见蓝区472nm有一细线。紫区吸收在460nm以下。在日常测试时，如果不采用偏光加以区分的话，看到的仅是混合光谱，与不同方向看到的光谱略有变化。

4. 力学性质

（1）解理　金绿宝石晶体可出现三组解理，一组发育中等，另两组发育不完全；变石和猫眼一般无解理，金绿宝石常出现贝壳状断口。

（2）硬度　摩氏硬度一般为8～8.5。

（3）密度　密度变化不大，通常为3.73g/cm³。

5. 其他

金绿宝石化学性质稳定，对一般热、光均不发生反应，在酸碱中几乎不溶，仅在硫酸中部分溶解。

二、金绿宝石的品种

金绿宝石按特异光学现象划分以下亚种或变种。

（1）金绿宝石　金绿宝石指没有特殊光学现象的金绿宝石。一般为淡黄、金黄或带绿的黄色、带褐的黄色，也有橄榄绿色的；浅黄绿色的曾称为"东方贵橄榄石"，主要产于巴西；深绿色并稍带褐色的更像绿电气石与橄榄石，斯里兰卡有产出；曾传说有白蓝色的，比变石或猫眼更罕见。

（2）变石　变石又称亚历山大石（Alexandrite），全称是金绿宝石变石，它是所有具变色效应的宝石中最具代表性、最珍贵的品种。其典型的颜色变化是阳光下绿色，烛光或白炽灯下红色，也有相应颜色分别为蓝绿-紫红、蓝绿-淡紫红的；一旦带褐色，日光下为稍带褐色的黄绿或蓝绿色，白炽灯下为褐红色；后一种情况最常见。带褐色也使宝石亮度降到中等。

（3）猫眼　猫眼又称波光玉，古称狮负，俗称猫睛等，英文名称Cat's eye，均应限指金绿宝石猫眼。因为它有最好、最美的猫眼光，故简称猫眼或猫眼石。金绿宝石猫眼磨得好时，猫眼光的形状是狭窄的瞳孔状，光活，当照射光有强弱变化时，猫眼光也随着产生强弱或宽窄变化。当光的照明方向改变或光源不动、摆动宝石时，猫眼光也灵活地变动。当猫眼石放在聚光光源下，与光源的角度合适时，宝石向光的一半显示宝石的体色，而另一半却呈现乳白色；如宝石为蜜黄色，光照下展现出"乳白蜜黄色"。切磨弧度合适的猫眼石，在两个聚光灯光束下，随着宝石的转动，猫眼光时而扩展成带、时而聚拢成线。以上金绿宝石猫眼的优点是其他矿物的猫眼效应比不上的。

（4）变石猫眼　变石猫眼（Alexandrite catseye），是兼有变色效应和猫眼光的金绿宝石；有时归入猫眼石，因为它们的变色效应一般较弱、而猫眼效应可能很好。它比猫眼、变石更珍稀。

（5）星光金绿宝石　星光金绿宝石是有十字形四射星光效应的金绿宝石，是更罕见的品种；其出现远少于猫眼。

🔷 三、金绿宝石的质量评价

金绿宝石类宝石中的品种、质量评价要求不一。

1. 金绿宝石的质量评价

不具变色、猫眼效应的金绿宝石，其质量受颜色、透明度、净度、切工几方面因素影响，这其中高透明度的绿色金绿宝石最受欢迎，价值也较高。

2. 猫眼宝石的质量评价

猫眼宝石讲求光带居中、平直为正品，以闪光强弱分贵贱。透明度越高猫眼效应反而越不强，同时颜色愈淡则猫眼效应愈弱。斯里兰卡出产的猫眼宝石一直著称于世，其中以蜜黄色光带呈三条线者为特优质品。

由于猫眼宝石的品质好坏与价格高低，是由颜色、光线、重量以及完美程度来决定的，所以对于猫眼宝石的各方面特点都应有所了解，而对其光线的特点则更应有深刻的认识。一般猫眼宝石的光线特点如下所述。

（1）当猫眼宝石内部平行的结构有缺陷时，反映在宝石的光线上也就会有缺陷。如果是平行排列结构疏密有别而不均匀连续时，则光线不连续而发生"断腿"现象。如内部结构不平行时，表现在光线上就会发生弯曲不直。

（2）任何一块猫眼宝石，只要平行于宝石内部结构，在360°的任何方向都可以获得猫眼效应。但在与内部结构成垂直的两个对称面方向不能获得猫眼效应。

（3）宝石表面的弧度，与猫眼宝石的光线有着一定的联系。一般来说，当宝石弧度小时，宝石的光线就会粗大或不清晰，相反，弧度大的宝石表面所表现的光线则细窄而清晰。

（4）猫眼宝石的内部包裹体粗而疏时，光线就会浑浊，当内部包裹体细而密时，宝石的光线也就会明亮而清晰。

（5）猫眼宝石的底部一般不抛光，以此减少光线的穿透和散失，而增加光的反射，对于颜色的增加也有益处。

3. 变石宝石的质量评价

变石中最受欢迎的两种颜色是能够在日光下呈现祖母绿色，而在灯光下呈现红宝石红色，但实际上变石很少能达到上述两种颜色，多数变石的颜色是在非阳光下，呈现深红色到紫红色，并带有褐色调，褐红色最常见。在日光下，呈淡黄绿色或蓝绿色，同时，由于有较浅色调的褐色的存在，会使宝石的亮度降低至中等程度。变石要求变色效应要明显，白天颜色好坏依次为翠绿、绿、淡绿；晚上颜色好坏依次为红、紫、淡粉色。

🔷 四、金绿宝石的鉴别

由于变石、猫眼珍贵，既有合成品也有仿制品上市；合成金绿宝石则多用于激光材料，所以，各金绿宝石变种需仔细鉴别的对象有所不同，可选择的方法也不尽一致。

1. 变石的鉴定

有变色效应的天然宝石种类有限；与变石折射率、密度相近的刚玉变石（在日光下为带灰的蓝-绿色或蓝紫色，白炽灯下为紫红色或紫色）、尖晶石变石（日光下亮灰蓝或紫蓝色，白炽灯下紫色或红紫色）、石榴子石变石（日光下绿或蓝绿色，白炽灯下紫红色或酒红色到带红的紫色）可借颜色、多色性、偏光性或光性区分，假变石——绿色红柱石（其三色性强，无变色效应，但其淡红色的闪光却似有变色效应）可借折射率低区别于变石。

鉴别变石与合成变石主要靠包裹体。较早期的助熔剂法合成变石有典型的流体充填的愈合羽状体；流体很薄，平面上连续或不连续，网形不规则。后来的助熔剂和提拉法产品有密密麻麻的尘土状包裹体；或有杂乱排列的针状体、近种晶处的平行的伸长晶体、细小的三角形箔片。区域熔融法合成变石（seiko）有旋转结构和蝌蚪状气泡，类似焰熔法合成红宝石的内部特征。当见不到包裹体时，这些合成变石的红外光谱以没有水的吸收峰为特征。

用于仿变石的合成蓝宝石或合成尖晶石在多色性、偏光性或光性上不同于变石，颜色也不同；合成蓝宝石变石日光下为淡蓝灰或带紫的绿色，在白炽灯下呈紫红色，有气泡或弧形生长线；合成尖晶石变石在日光下为黄绿色，在白炽灯下呈红色，均质体，即使有异常双折射也无多色性。

2. 猫眼石的鉴定

尽管其他任何品种宝石的猫眼线都不像金绿宝石猫眼那么细窄灵活，仍应借折射率或密度再肯定或用其他性质为旁证才能确定，何况档次低的金绿宝石猫眼或颜色各异，或眼线宽散，更需测折射率或密度来判定。极罕见的石榴子石猫眼无多色性可区别于金绿宝石，其他具猫眼效应的天然宝石折射率和密度与金绿宝石猫眼差别较大。

合成猫眼是借表层平行排列的微粒引发猫眼光的，内部无天然猫眼的丝状体。

人造猫眼是玻璃猫眼，它可有各种颜色。折射率和密度低，并有蜂窝、网状结构（尤其在近底部或腰线以下垂直纤维体去观察时，略转动宝石即易见六边形网纹）。此外，玻璃猫眼、立方氧化锆猫眼都是均质体，有气泡包裹体，且无多色性。

3. 普通金绿宝石的鉴定

普通金绿宝石与石榴子石可借偏光性、多色性区分；其他与金绿宝石颜色相同的、相似的天然宝石都可借折射率、密度或多色性区分；与之常数相似的合成石、人造石均可借包裹体区分。

五、金绿宝石与相似宝石的鉴别

自然界中具有变色效应的宝石不只变石一种，还有蓝宝石、尖晶石、钙铁榴石、萤石等，如表 3-13 所示；具猫眼效应的宝石则更多，如表 3-14 所示。各种宝石所固有的物化性质是鉴别它们的可靠依据。

表 3-13　变石与其他具变色效应宝石的主要鉴别特征

名　称	摩氏硬度	密度/（g/cm³）	折射率	光性	多色性
变石	8.5	3.73	1.744～1.758	二轴晶正光性	有
蓝宝石	9	4.00	1.760～1.768	一轴晶负光性	有
尖晶石	8	3.60	1.718	均质体	无
钙铁榴石	6.5～7.5	3.84	1.888	均质体	无
萤石	4	3.18	1.434	均质体	无

表 3-14 猫眼与其他具有猫眼效应宝石的主要鉴别特征

名　称	摩氏硬度	密度/（g/cm³）	折射率	其　他
猫眼	8.5	3.73	1.75±	含针状、丝状包体
矽线石猫眼	6.5～7.5	3.25	1.66±	平行排列的纤维状集合体
虎睛石	6～7	2.64～2.71	1.53±	具石棉的平行纤维假象
月光石猫眼	6	2.55～2.76	1.52～1.58	含针状包体
透闪石猫眼	6～6.5	3.00	1.62±	平行排列的纤维状集合体
阳起石猫眼	6～6.5	3.00	1.63±	平行排列的纤维状集合体
碧玺猫眼	7～8	3.06	1.62±	含针状、丝状、管状包体
磷辉石猫眼	5	3.18	1.63±	含针状、丝状包体
透辉石猫眼	5.5～6.5	3.27～3.38	1.68±	含丝状包体
海蓝宝石猫眼	7～8	2.72	1.58±	含管状包体
方柱石猫眼	5～6	2.50～2.78	1.55±	含针状、管状包体
石英猫眼	7	2.66	1.54±	含针状、丝状包体
玻璃猫眼	5～6	变化较大	1.50±	平行排列的玻璃纤维

六、金绿宝石的主要产地

金绿宝石常产于古老变质岩、花岗岩、伟晶岩和云母片岩中。由于化学性质稳定，耐腐蚀，也常富集于砂矿中。

斯里兰卡猫眼宝石较为著名，其猫眼石和变石都产于砂矿。斯里兰卡也是变石猫眼的唯一产地。

优质变石产于白云母片岩和砂矿中，其著名的产地有俄罗斯乌拉尔山，但晶体较小。斯里兰卡变石晶体稍大，但晶体质量稍逊于乌拉尔变石。

任务五
尖晶石的鉴定

一、尖晶石的基本性质

尖晶石（spinel）是宝石的矿物名称。过去曾将红色尖晶石称为大红宝石，根据我国国家标准，现在以矿物名称尖晶石作为宝石名称使用。优质的红色尖晶石颜色鲜艳、纯正，可与红宝石相媲美。

1. 化学成分

$(Mg，Fe)Al_2O_4$，其中 Al^{3+}、Cr^{3+}、Fe^{3+} 和 Mg^{2+}、Fe^{2+} 可以发生完全或不完全类质同象代替。Mg^{2+}、Fe^{2+} 之间可发生完全类质同象代替。

2. 结晶学特征

立方晶系。结晶习性为八面体或八面体与菱形十二面体、立方体的聚形。晶面可以很平，像抛过光的。有些有三角形的生长或侵蚀标志。双晶发育，通常为扁平状，角顶常有内凹角（图 3-3）。

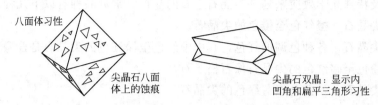

图 3-3　尖晶石晶形和双晶

3. 光学性质

（1）颜色　尖晶石可有红、粉红、紫红、无色、黄色、橙色、褐色、蓝色、绿色、紫色等多种颜色。

红色含 Cr^{3+}，蓝色含 Fe^{2+}，绿色含少量 Fe^{3+}，含 Zn^{2+} 时常呈蓝色，褐色含 Cr^{3+}、Fe^{3+}、Fe^{2+}。

（2）光泽与透明度　玻璃光泽至亚金刚光泽；透明至半透明。

（3）光性特征　均质体。

（4）折射率　1.718（+0.017，−0.008）。富铬的红尖晶石可高达 1.74，镁尖晶石可高达 1.77～1.80，镁锌尖晶石在 1.725～1.753 之间或更高。双折射率：无。

（5）多色性　无。

（6）发光性

长波紫外线下，弱至强，红色、橙色；短波紫外线下，无至弱，红色、橙色。

黄色尖晶石：长波紫外线下，弱至中，褐黄色；短波紫外线下，无至褐黄色。

蓝绿色尖晶石：长波紫外线下，无至极弱，蓝绿色；短波紫外线下，无。

无色尖晶石：无。

（7）吸收光谱

① 红色、粉色的尖晶石是由铬元素致色的，其吸收光谱在黄绿区以 540nm 为中心有一宽吸收带；红区有 685nm、684nm 吸收线及 656nm 弱吸收带。在荧光光谱中红色尖晶石红区的吸收线为亮荧光线，与红宝石的一组细线不同。尖晶石有 10 条以上亮荧光线，以686nm、675nm 处的吸收线为最强。

② 蓝色尖晶石的致色元素为 Fe，或少量 Co，其主要的吸收线在蓝区，以 458nm 吸收带为最强，478nm、550nm、565～575nm、590nm、625nm 为弱或极弱的吸收线。458nm吸收带为合成尖晶石中所没有的。锌尖晶石的吸收光谱与蓝色尖晶石的吸收光谱相似，只是弱些。

4. 力学性质

（1）解理　尖晶石的解理不发育。

（2）硬度　摩氏硬度为 8。

（3）密度　3.58～3.61g/cm³（尖晶石），3.63～3.90g/cm³（铁镁尖晶石），3.58～4.06g/cm³（镁锌尖晶石）。

5. 特殊光学效应

星光效应（四射星光、六射星光），变色效应。

二、尖晶石的品种

常以颜色及特殊光学效应来划分尖晶石宝石的品种。常见品种有以下几种。

（1）橙色尖晶石　橙红色至橙色的尖晶石。

（2）红色尖晶石　各种色调的红色，其中中红色至深红色的尖晶石是普遍受欢迎的红色宝石品种。浅粉色至暗红色的尖晶石像石榴子石。

（3）蓝色尖晶石　钴蓝色至蓝绿色的尖晶石。

（4）无色尖晶石　很稀少，天然无色的尖晶石多少带点粉色色调。

（5）绿色尖晶石　很稀少，一般富铁，颜色发暗。有的基本呈黑色，真正黑色的尖晶石在蒙特桑玛、泰国红蓝宝石矿中有发现。

（6）变色尖晶石　日光下呈蓝色，白炽灯下呈紫色。

（7）星光尖晶石　暗棕红色、紫红色、中灰至黑色尖晶石有时具星光效应，可有四射或六射星光，主要发现于斯里兰卡，罕见的有尖晶石猫眼。

三、尖晶石的质量评价

尖晶石的质量评价主要是从颜色、透明度、净度及切工等方面来进行的。其中颜色最为重要，以深红色为佳，其次紫红、橙红、浅红色和蓝色。要求色泽纯正、鲜艳。其他颜色的尖晶石一般颜色发灰，色不正，价格一般都不高。

尖晶石的透明度影响颜色和光泽，同时受其净度影响。尖晶石的净度一般以瑕疵少为佳。瑕疵多或是晶体结构的强烈变形，会影响尖晶石的透明度，透明度越高，则质量越好。

尖晶石切工也是影响其价格的一个因素。优质尖晶石常以刻面型切工出现，而且切磨比例正确，以祖母绿型切工为佳。但市场上常见的尖晶石，一般质量较低，颗粒较小，为保重常导致切工比例失调，其价格也不会太高。

优质的尖晶石要求颜色好、透明度高、净度好、切工比例及抛光修饰程度好。

四、尖晶石的鉴定

尖晶石因颜色丰富，与许多宝石品种相似，故容易混淆。但利用偏光镜、分光镜和放大观察以及测折射率和密度等常规方法不难把它们区分开。尖晶石的常见品种为红色，要注意与红宝石和红色石榴子石特别是镁铝榴石相区分。

尖晶石为均质体，无双折射率，而红宝石为一轴晶负光性。尖晶石的折射率低于红宝石，其吸收光谱也没有红宝石在蓝区常见的3条吸收线。

尖晶石与石榴子石均为均质体，偏光镜下也都有异常消光，但尖晶石的折射率明显低于石榴子石，吸收光谱也很不同。此外，尖晶石内部常见单个或成排排列的八面体包裹体，镁铝榴石中多见浑圆状包裹体。

五、尖晶石与相似宝石的鉴别

尖晶石因其丰富的颜色，可与众多的宝石品种相似，特别是易与红宝石、蓝宝石、石榴子石、绿柱石、锆石等相混。

（1）刚玉宝石　刚玉宝石中最易与尖晶石相混的是红宝石和蓝、蓝绿、绿、橙等色蓝宝石。刚玉宝石与尖晶石的鉴别见刚玉宝石一章。

（2）石榴子石　紫红色调至深红色的尖晶石，很像石榴子石中的镁铝榴石。两者均为均质体，在偏光镜下均可呈现异常消光，无多色性，而且内部均可含有负晶或固体包裹体。可从以下几方面区别两者。

① 红色的尖晶石折射率偏低（1.718），而镁铝榴石的折射率一般为 1.740。

② 两者的吸收光谱不同。

③ 两者的荧光不同，石榴子石在紫外线下一般无荧光，查尔斯滤色镜下无反应；而红色尖晶石一般有弱至强的红色或橙色荧光，在查尔斯滤色镜下呈红色。

④ 两者的密度不同，尖晶石仅 3.6g/cm³ 左右，而石榴子石密度稍大。

⑤ 尖晶石内部常见八面体形的包裹体，单个或成排排列，而石榴子石中的固体包裹体常呈浑圆状，或称"糖块状"。

（3）绿柱石及锆石　当绿柱石、锆石与绿色、黄色等其他颜色的尖晶石混于一起时，它们之间的区分容易些，用偏光镜检查一遍则能分出属均质体的尖晶石。同时尖晶石与绿柱石和锆石，可通过测折射率或密度来区分，绿柱石的折射率偏低（1.575～1.583），密度也偏低（2.60～2.90g/cm³），锆石则偏高，折射率为 1.78～2.04，密度为 3.9～4.7g/cm³。

六、尖晶石的主要产地

尖晶石常产于片岩、蛇纹石及有关岩石中。宝石级尖晶石多产于接触交代矿床中的大理岩和灰岩中，高质量的尖晶石常常产于冲积砂砾矿中。尖晶石主要产地有缅甸抹谷、斯里兰卡、肯尼亚、尼日利亚、坦桑尼亚、巴基斯坦、越南、美国和阿富汗等。

任务六
碧玺的鉴定

一、碧玺的基本性质

碧玺的矿物学名为电气石（tourmaline），宝石界习惯上将宝石级的电气石称为碧玺。碧玺是一种古老的宝石品种，在古代相当贵重。

1. 化学成分

$(Ca, K, Na)(Al, Fe, Li, Mg, Mn)_3(Al, Cr, Fe, V)_6(BO_3)_3Si_6O_{18}(OH, F)_4$，是极为复杂的硼硅酸盐，以含 B 为特征。它的化学成分基本上由三个端点组分构成：锂电气石、黑电气石（Fe）、镁电气石（富 Mg）。三者之间均可形成类质同象置换。含铁多的颜色深，很少达到宝石级。

2. 结晶学特征

碧玺属复三方单锥晶类。柱状、长柱状，柱面有明显的纵纹，横断面为球面三角形（图 3-4）。

3. 光学性质

（1）颜色　碧玺颜色随成分而异，富含铁的碧玺呈暗绿、深蓝、暗褐或黑色，富含镁的碧玺为黄色或褐色，富含锂和锰的碧玺，呈玫瑰红色，亦可呈淡蓝色；富含铬的碧玺呈深绿色。碧玺内色带发育。色带可依 c 轴为中心由里向外形成色环，也可垂直 c 轴形成平行排列的色带。作为宝石用碧玺的颜色主要有三个系列。

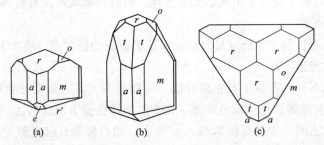

图 3-4 碧玺的常见晶形 [（c）为（b）的顶视图]

红色系列：红、紫红、玫瑰红、粉红色。

蓝色系列：蓝、紫蓝色。

绿色系列：蓝绿、黄绿、绿色。

（2）光泽及透明度 玻璃光泽。透明，半透明，不透明。

（3）光性 一轴晶，负光性。

（4）折射率与双折射率 折射率为 1.615～1.665。折射率随成分变化而变化，当其成分中富含 Fe、Mn 时，折射率增大。黑色电气石的折射率可高达 1.627～1.657，双折射率为 0.018（0.014～0.021），最高达 0.040。

（5）多色性 碧玺多色性强度变化于中至强之间，多色性颜色随体色而变化。红和粉红碧玺可有：红和黄红色多色性；绿碧玺有：蓝绿和黄绿-深棕绿多色性；黄绿色碧玺可有：蓝绿和黄绿-棕绿多色性。

（6）发光性

① 紫外荧光 一般情况下电气石无荧光，粉红色电气石在长、短波紫外线照射下有弱红到紫色的荧光。

② X 射线荧光 只有粉红色的电气石有弱紫色荧光，其他无荧光。

（7）特征光谱 红色和粉红色碧玺有一宽的吸收带，525nm、451nm 和 458nm 的吸收线；绿色和蓝色碧玺红区普遍吸收，窄吸收带在 498nm，蓝区有时还可有 468nm 吸收线。

4. 力学性质

（1）解理 无解理。断口贝壳状。

（2）硬度 摩氏硬度为 7～7.5。

（3）密度 密度 3.01～3.11g/cm³，密度与成分有密切关系，当成分中 Fe、Mn 含量增加时密度增加。

二、碧玺的品种

依据颜色，碧玺主要有如下几个品种。红碧玺，粉红至红色碧玺的总称；绿碧玺，黄绿至深绿以及蓝绿、棕绿色碧玺的总称；蓝碧玺，浅蓝至深蓝色碧玺的总称；多色碧玺，由于电气石色带十分发育，常在一个单晶体上出现红色、绿色的二色色带或三色色带，统称为多色碧玺。

碧玺颜色十分丰富，宝石界按颜色及特殊光学效应将碧玺划分成不同的品种。

（1）红碧玺 颜色由于含锰而呈红色至粉红色，多色性明显，也呈红色和粉红色，巴西的粉红色碧玺在短波紫外线下可发蓝色或淡紫色荧光。价值最高的为商业上称作"双桃红"碧玺。

（2）蓝碧玺 由于含铁而呈现蓝色，多色性由中到强，呈深蓝色和浅蓝色。

（3）绿碧玺 颜色由铅和钒元素致色，多色性显著，为浅绿色和深绿色。双折射率高，通常接近 0.018，少数可高达 0.039。

（4）褐碧玺 多为镁电气石，多色性明显，深褐色至绿褐色。

（5）双色碧玺 往往有沿晶体的长轴方向分布的色带（双色、三色和多色），或呈同心带状分布的色带，为内红外绿时通常称为"西瓜碧玺"。

另外当电气石中含有大量平行排列的纤维状、管状包裹体时，磨制成弧面形宝石时可显示猫眼效应被称为碧玺猫眼，常见的碧玺猫眼为绿色，少数为蓝色、红色。

三、碧玺的质量评价

对于碧玺的评价可从重量、颜色、净度、切工几个方面来进行，其中透明度好，块度大者是碧玺中的上品，在评价中颜色是最重要的因素。另外，碧玺的特殊光学效应亦可提高它的价值。

（1）颜色 优质碧玺的颜色为玫瑰红、紫红色，它们价格很昂贵，粉红的价值较低。绿色碧玺以祖母绿色最好，黄绿色次之。因纯蓝色和深蓝色碧玺少见，因此它们的价值亦很高。好的红色碧玺的价格可比相同大小的绿色碧玺高出 2/3。所有颜色碧玺都是以色泽亮，纯正者价值为高。

（2）净度 要求内部瑕疵尽量少，晶莹无瑕的碧玺价格最高，含有许多裂隙和气液包裹体的碧玺通常用作玉雕材料。

（3）切工 切工应规整，比例对称，抛光好。碧玺可切磨成各种形状：祖母绿型、椭圆型、圆钻型和混合型。其中祖母绿型最能体现碧玺美丽的颜色，是最佳切工，相对价格亦最高。

四、碧玺的优化处理

热处理可以使碧玺的颜色变浅；电子轰击亦可使无色或粉红色的电气石变成更好的红色，但在颜色改变的同时会产生大量裂纹。绿碧玺在电子轰击下颜色不会发生改变。

五、碧玺与相似宝石的鉴别

一般来讲，只要仔细观察和测试，碧玺是不太容易与其他宝石相混的。碧玺可以借浓郁的颜色、明显的多色性、高双折射率值、典型的包裹体等特点与其他宝石相区别，特别值得一提的是碧玺具有热电性，在受热或太阳的辐照下其表面可带有电荷，这些电荷对空气中的异性电荷具有相吸性，也就是说这些电荷对空气中的带异性电荷的灰尘具有吸附作用，因此在商店的陈列品中电气石表面往往比其他宝石吸附着更多的灰尘，有经验的珠宝商可从这一现象上对碧玺作初步判断。

不同颜色的碧玺其相似宝石也不同。红碧玺主要与粉红色黄玉、红色尖晶石、红柱石等相混，此时只要有一瓶密度为 $3.06g/cm^3$ 的重液，便可将电气石挑选出来。在 $3.06g/cm^3$ 的重液中，红色电气石悬浮或慢慢下沉，而红色黄玉、红色尖晶石则迅速下沉，红柱石也表现为下沉，下沉速度略小于黄玉和尖晶石。

绿碧玺主要易与绿色蓝宝石、绿色透辉石等相混。绿碧玺与绿色蓝宝石相比较，前者有大的双折射率，在折射仪中两条阴影界线明显分离，在合适的位置可以观察到清晰的后刻面棱重影。而与透辉石相比，两者都有较大的双折射率和较清晰的后刻面棱重影，在这两点上很难区分，但是在折射仪上仔细观察阴影界线可以发现，电气石中仅有较低折射率值的阴影界线上下移动，另一条则相对稳定。而在透辉石中两条阴暗界线可上下移动，另外，透辉石具有高于电气石的折射率值，为 1.67～1.70。

六、碧玺的主要产地

具有宝石价值的碧玺，除褐碧玺产于大理岩外，其他皆产于花岗伟晶岩中。自然界碧玺产地很多，而优质者不多见。世界上主要产出国的碧玺产状和颜色各具一定特色。

（1）斯里兰卡　主要产黄碧玺和褐碧玺。产于该岛南部冲积砂矿中，为宝石级碧玺最早发现的产地。

（2）俄罗斯　其碧玺产于乌拉尔山穆辛卡的花岗岩碎裂风化的黄色黏土层中。优质者有蓝色、红色和紫红色。

（3）缅甸　主要产红碧玺，产于片麻岩、花岗岩的冲积砂矿中。

（4）美国　美国加利福尼亚是世界上主要优质碧玺原料的产地之一。既有完美的晶体，又有达到宝石级的原石。

（5）中国　中国新疆等地的碧玺均产于伟晶岩中，主要有红色、绿色、黄色和褐色，并常有双色和三色的碧玺产出。

任务七
水晶的鉴定

一、水晶的基本性质

石英是自然界中最常见、最主要的造岩矿物，也是珠宝界应用数量和范围颇大的一类宝石。石英宝石可有显晶质、隐晶质等多种结晶形态，其中单晶石英在珠宝界统称为水晶。

1. 化学成分

化学成分为二氧化硅（SiO_2），可含微量的 Ti、Fe、Al 等元素，这些微量的元素造成色心，使水晶呈不同颜色。

2. 结晶学特征

三方晶系。多为柱状习性。常见单形为六方柱 m、菱面体 r 和 z、三方双锥 s 和三方偏方面体 x（图 3-5）。菱面体 r 一般比 z 发育。当菱面体 r 和 z 同等发育时，外观上呈假六方双锥状。柱状晶体的柱面上发育有横纹和多边形蚀像。

3. 光学性质

（1）颜色　水晶的颜色可有无色、紫色、黄色、粉红色、绿色、蓝色及不同程度的褐色直到黑色。

（2）光泽及透明度　玻璃光泽，断口可具油脂光泽。透明，随内含物的增多或有色水晶颜色的加深，透明度降低。

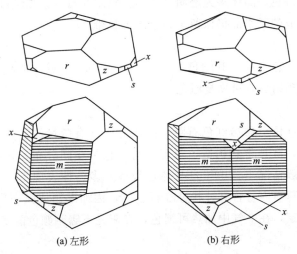

(a) 左形　　　　　　　(b) 右形

图 3-5　水晶晶体

（3）光性　一轴晶正光性。正交偏光下所看到的一轴晶干涉图是独特的，其黑十字臂未达中心，形成中空的图案，俗称牛眼干涉图。中心部分通常为淡绿色或淡粉色。

（4）折射率及双折射率　折射率 1.544～1.553，双折射率 0.009，色散 0.013。

（5）多色性　无色水晶没有多色性。有色水晶有弱到强的多色性，表现为体色的不同深浅。一般情况下体色越深多色性越明显。

4. 力学性质

（1）解理　无解理。有典型的贝壳状断口。

（2）硬度　摩氏硬度为 7。

（3）密度　2.65g/cm³。

二、水晶的品种

依据颜色，可将水晶划分成水晶、紫晶、黄晶、烟晶等不同的宝石品种。依据特殊的光学效应，又可将其划分为星光水晶及水晶猫眼两个品种。

1. 水晶

水晶无色透明，二氧化硅的成分中不含杂质，水晶多呈单个柱状晶体或晶簇产出，质量从几千克至十多千克的晶体较多，几百千克以上至吨重者也不少见。但透明无瑕、无裂隙的大块晶体比较难得。当有内含物混入时，只要不影响透明度，反而能增添新鲜色彩。如含有金红石或阳起石针状晶体的水晶常称为"发晶"或"鬃晶"。

2. 紫晶

紫晶是一种紫色的水晶，紫晶系由二氧化硅的成分中含微量氧化铁所致。紫晶多色性明显，多呈深紫色至浅紫色，透明至半透明，常见生长色带，内含物为柱状晶体及空洞、指纹状包裹体等。紫晶经加热处理能够变成黄色、棕黄色或者无色，某些紫晶加热后还可能变成绿色。

3. 黄晶

黄晶是黄色的水晶。二氧化硅成分中含有高价铁时可呈现黄色。颜色由浅黄色、黄褐色、金橙黄色至深的橙色。晶体多为透明柱状体。黄水晶可由紫晶经过热处理变色而成，但是这种经过热处理而成的黄水晶仍保留了原紫晶的色带。

4. 烟晶

烟晶是烟色至棕褐色水晶，其颜色由天然放射性物质造成。烟晶加热后可变成无色水晶，但经放射性物质辐射后，可恢复原色。

5. 芙蓉石

芙蓉石是一种淡红色至蔷薇红色石英，因成分中含有微量的锰和钛而致色。单晶体少见，通常为致密块状；常具带状构造，彩色带与无色带相间分布，透明度较低，多呈云雾状，或半透明状；一般情况下，由于自身体色较浅，多色性表现不明显，可呈无色至浅粉色。在部分情况下芙蓉石内可含有针状金红石包体，因而磨制成弧面形宝石可显示出星光。芙蓉石的颜色不太稳定，在空气中加热可褪色，在阳光下曝晒颜色能变浅。

6. 双色水晶

双色水晶是紫色和黄色共存一体的水晶，紫色、黄色分别占据晶块的一部分，两种颜色的交接处有着清楚的界限。双色是由水晶内的双晶所致。

7. 绿水晶

市场上几乎不存在天然产出的绿水晶，它们是紫水晶在加热成黄水晶过程中出现的中间产物，或是由于无色水晶中含大量绿泥石等矿物的细小鳞片而被渲染成绿色的一种水晶。

8. 石英猫眼

当晶体中含有大量平行排列的纤维状包体，如石棉纤维时，其弧面形宝石表面可显示猫眼效应，珠宝界称之为石英猫眼。

9. 星光水晶

当水晶中含有两组以上定向排列的针状、纤维状包体时，其弧面形宝石表面可显示星光效应，一般为六射星光，也可有四射星光。

✿ 三、水晶与相似宝石的鉴别

紫晶、黄晶易与方柱石相混。与紫晶相混的是紫色方柱石，两者颜色相近、折射率范围相近。在常规鉴定中，可从以下几方面进行区别。

（1）紫晶的颜色常不均匀，具有色带和色块，而方柱石的颜色相对均匀。

（2）方柱石的双折射率略高于紫晶，在平行光轴的切面中，可看见后刻面重影。

（3）在显微镜下观察，可以发现方柱石中典型的包体是一些平直的平行排列的细管，而紫晶中的包体常是不规则的气液两相的包体。

（4）在偏光镜下，利用干涉图可以准确地区分水晶与方柱石。水晶的干涉图是牛眼状、螺旋桨状，而方柱石则是标准的一轴晶干涉图，且水晶为正光性，方柱石为负光性。

与黄晶易混的是黄色方柱石，区别两者可借鉴紫晶与紫色方柱石的鉴别方法，此外还可以考虑以下两点。

（1）黄色方柱石在短波紫外线下可有红色荧光，在长波紫外线下发黄色荧光，而黄晶无荧光或荧光极弱。

（2）在方柱石系列中，黄色方柱石有最大的双折射率，因此根据其后刻面的重影可以将之与黄晶区分开。

四、水晶的优化与处理

水晶的优化处理主要有热处理、辐照处理和染色处理。

（1）热处理　多用于一些颜色较差的紫晶，将紫晶加热后可制成黄晶或过渡产品（绿晶）。

（2）辐照处理　用于无色水晶制成烟晶。先对无色水晶进行辐照使其变为深棕色、黑色，再经热处理减色，以形成所需的颜色。

（3）染色处理　首先是把待处理的无色水晶加热、淬火后浸于配好颜色的溶液中，有色溶液沿淬火裂缝侵入，使水晶染上各种颜色。染色水晶有明显的炸裂纹，颜色全部集中在裂隙中，用放大镜或显微镜观察容易发现。

五、水晶的主要产地

世界各地几乎都有水晶产出。紫晶主要产于巴西、乌拉圭和俄罗斯，彩色水晶的其他主要产地有马达加斯加、美国和缅甸等。我国有大量的优质无色水晶产出。

任务八
坦桑石（黝帘石）的鉴定

一、坦桑石的基本性质

早期，黝帘石（zoisite）是作为装饰材料，20 世纪 60 年代，在坦桑尼亚发现了蓝到紫色的透明晶体，即为坦桑石。

1. 化学成分

化学成分为钙铝含水硅酸盐，晶体化学式：$Ca_2Al_3(SiO_4)(Si_2O_7)O(OH)$。

2. 结晶学特征

斜方晶系，常沿 c 轴延长，有平行柱状条纹。

3. 光学性质

（1）颜色　常见带褐色调的绿蓝色，还有灰、褐、黄、绿色等。经处理后，去掉褐绿至灰黄色，只剩下蓝色、蓝紫色。

（2）透明度及光泽　透明，玻璃光泽。

（3）光性　二轴晶，正光性。

（4）折射率及双折射率　折射率：$1.691 \sim 1.700$（± 0.005），双折射率：$0.009 \sim 0.010$，色散：0.021。

（5）多色性　三色性很明显，坦桑石的多色性表现为蓝色、紫红色、绿黄色；褐色黝帘石多色性为绿色、紫色和浅蓝色，而黄绿色黝帘石的多色性为暗蓝色、黄色和紫色。

（6）发光性　长、短波紫外线下都是惰性。

（7）吸收光谱特征　595nm 有一吸收带，528nm 和 455nm 处有两条弱带。

4. 力学性质

（1）解理　贝壳状到参差状断口，发育有一组完全解理。

（2）硬度　摩氏硬度 $H_M = 6 \sim 7$。

（3）密度　$\rho = (3.35 \pm 0.02)\text{g/cm}^3$。

二、坦桑石（黝帘石）的品种

黝帘石按颜色不同可分 3 个类型：

（1）蓝色黝帘石　亦称坦桑石，于 1967 年首次发现于坦桑尼亚而得名，或经加热去掉褐绿至灰黄色，只剩下蓝紫色，具有紫、绿、蓝色的强多色性，产地在坦桑尼亚和肯尼亚。

（2）粉红色黝帘石（即锰黝石）　由锰而产生浅粉红至浅紫红色块状集合体，透明至半透明，主要产在挪威、奥地利、澳大利亚、意大利和美国。

（3）白色、微灰绿、浅黄绿的钠黝帘石　因外观像玉，是黝帘石和钠长石的混合物，主要用于玉雕石料，产地为澳大利亚、中国和瑞士。

三、坦桑石与相似宝石的鉴别

坦桑石易与紫蓝色蓝宝石和菫青石混淆，但据其明显的多色性和与两者不同的折射率值和密度值易于将它区别出来。

四、坦桑石的产地

黝帘石是区域变质作用的产物，主要产地是坦桑尼亚。20 世纪 60 年代末，在坦桑尼亚发现了蓝色至青莲色的透明黝帘石晶体，经过人们的琢磨和加工制作，成为一种宝石，虽很美，但不被世人所承认。1967 年，英国成立了泰芬尼宝石公司，该公司注意到坦桑尼亚的蓝色黝帘石是可以开发的宝石资源，遂即刻意开采，并融入先进的宝石加工工艺，他们把琢磨出的蓝色宝石取名为"坦桑石"，推荐到世界宝石市场，立刻身价倍增，供不应求，现已成为世界流行的一种饰用宝石。

任务九
托帕石（黄玉）的鉴定

一、托帕石的基本性质

黄玉的英文名称 Topaz，是 18 世纪用于描述德国萨克森地区黄玉的。它呈美丽的黄色、透明又坚硬而受人喜爱。有人认为，Topaz 一词衍生自红海上曾盛产橄榄石宝石的 Zeberged 岛，它的古称 Topazios 是"难寻找"的意思。

事实上，古希腊、古印度久已用黄玉来制作各种首饰；古印度象征吉祥如意的"九宝"首饰中就有黄玉。由于人们认为黄色象征和平、友谊，黄玉从古至今都被作为 11 月诞生石以示人们友爱相处的愿望。

托帕石在我国地质学上是指矿物黄玉（也叫黄晶）。如果将矿物名称黄玉或黄晶作为宝石名称使用，前者与软玉中的黄色品种黄玉同名，后者与水晶中的黄色品种黄晶同名，就会造成同名不同物的混乱现象。因此，我国宝石界以"Topaz"的译音托帕石作为宝石名称使用，专指那些宝石级的黄玉矿物晶体。托帕石是一种常见的中低档宝石，长期以来用作十一月生辰石。

1. 化学成分

托帕石的化学成分为 $Al_2SiO_4(F^-,OH^-)_2$，其特征是含有附加阴离子 F^-，F^- 可部分地被 OH^- 所替代，$F^-:OH^-$ 比大约等于 $3:1$，其比值随生成条件（产出的温度）而异，一般来讲，形成温度越高，则 F^- 含量越高。伟晶岩中托帕石 OH^- 含量很低，F^- 含量接近于理论值（20.7%）；云英岩中的托帕石 OH^- 含量增加到 5%～7%；热液成因的托帕石 F^- 与 OH^- 的含量接近相等。值得一提的是，托帕石的 $F^-:OH^-$ 比值的变化影响着其物理性质。此外托帕石还含有一些微量的 Li、Be、Ga、Ti、Nb、Ta、Cs、Fe、Co、Mg、Mn 等元素。

2. 结晶学特征

斜方晶系，常呈柱状、短柱到粒状（图 3-6）。柱面上常有平行 c 轴的纵纹，可作为定向加工的标志之一。

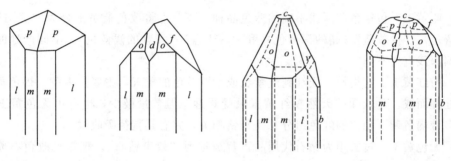

图 3-6　黄玉的理想晶形

3. 光学性质

（1）颜色　一般呈黄棕色-褐黄色、浅蓝色-蓝色、粉红色及无色，极少数呈绿色色调。必须指出的是，目前市场上流行的一些托帕石的颜色是经热处理和辐照处理的结果。例如我国市场上有些蓝色托帕石是由无色天然托帕石先经辐射使之呈褐色，然后再加热处理而呈蓝色的。巴西粉红色和红色托帕石是该地产的黄色和橙色托帕石经热处理的产物。

（2）光泽及透明度　透明，玻璃光泽或亮玻璃光泽。

（3）光性　二轴晶，正光性。

（4）折射率　随成分中广和 OH^- 含量的变化而变化，与 F^- 的含量呈反比，而与 OH^- 的含量呈正比。无色、褐色及蓝色托帕石折射率（1.61～1.62）比红色、橙色和黄色及粉红色托帕石的折射率（1.63～1.64）低。双折射率变化范围为 0.008～0.010，其大小也与 OH^- 和 F^- 含量的变化有关，而且无色、褐色及蓝色托帕石双折射率（0.010）比红色、橙色、黄色及粉红色托帕石的双折射率（0.008）高。

（5）多色性　具弱-明显的多色性，不同品种托帕石的多色性如下：浅蓝-无色；蓝色-浅蓝；棕黄-黄/橙黄色；黄棕-棕色；浅粉红/黄红-黄色；蓝绿-浅绿色。色散低，为 0.014。

（6）发光性　在长波紫外线下，浅褐色和粉红色托帕石呈橙黄色荧光；蓝色和无色托帕石通常无荧光，有时也可呈很弱的绿黄色的荧光。在短波紫外线下，呈较明显的浅绿色荧光。

4. 光学性质

（1）解理　解理完全发育，常常平行于底轴面裂开，看不到它的完整形态。韧性差。

（2）硬度　托帕石的摩氏硬度为 8。

（3）密度　密度一般为 $3.53g/cm^3$，随晶体中 F^- 被 OH^- 代替而减小。

二、托帕石的品种

托帕石（黄玉）是一种流行而耐用的宝石，有各种各样的颜色，其中最珍贵的颜色为粉红色、红色和金黄橙色。粉红色托帕石超过 5ct 以上、金黄色托帕石超过 20ct 以上都少见。

商贸上宝石级黄玉按颜色划分如下品种。

（1）雪莉黄玉　黄玉中最重要的品种，以雪莉酒的颜色，即西班牙等地产的浅黄或深褐色的葡萄酒）命名。包括天然和处理的不同深浅的具黄、褐主色调的黄玉，甚至含褐色组分的橙色、橙红色者。其中最昂贵的是橙黄色黄玉，称"帝王黄玉"，浅橙黄色、金黄色的也属此范畴。罕见的"天鹅绒般"色调柔和的褐黄到黄褐色以及橙色、橙红色的黄玉也备受青睐。

（2）蓝黄玉　包括色调深浅不同的蓝色品种。商业上将改色蓝黄玉分为"美国蓝"（鲜亮的艳蓝色）、"伦敦蓝"（亮的深蓝色）和"瑞士蓝"（淡雅的浅蓝色）。不同产地的天然蓝黄玉色调深浅有所不同。

（3）粉红黄玉　它指粉、浅红到浅紫红或紫罗兰色的黄玉，主要是由黄、褐色黄玉经辐照与热处理而成。色较深的天然粉红黄玉最受欢迎，但数量极少，也有由无色黄玉处理成的，但多带褐色调。稳定的红色组分总是与铬相关，并有其特征吸收线。

（4）无色黄玉　过去用为钻石代用品，曾被称为"奴隶钻石"。现在是改色石原料，很少直接作琢件。

三、托帕石的质量评价

从颜色来看，深红色的托帕石价值最高，质优者价格昂贵。其次是粉红色，再就是蓝色、黄色。无色托帕石价值最低。

托帕石中常含气液包裹体和裂隙，含包裹体多者则价格低。

优质的托帕石应具有明亮的玻璃光泽，若因加工不当而导致光泽暗淡，则会影响宝石的价格。

四、托帕石与相似宝石的鉴别

与托帕石宝石相似的宝石矿物有海蓝宝石、碧玺、赛黄晶、磷灰石和红柱石等。

1. 与海蓝宝石的区别

（1）海蓝宝石的折射率（1.566～1.594）较小，密度（2.6～2.9g/cm³）也较小。

（2）海蓝宝石有带绿色调的多色性，而蓝托帕石的多色性中没有绿色调。

（3）海蓝宝石为一轴晶，而托帕石为二轴晶。

2. 与碧玺的区别

（1）碧玺的密度（3.03～3.25g/cm³）比托帕石小，可用二碘甲烷重液将它们区分开，碧玺漂浮在二碘甲烷重液上面，而托帕石则下沉。

（2）碧玺的双折射（0.0016～0.033）比托帕石强，因而在放大镜下通过台面可见到碧玺有明显的小面棱双影，而托帕石的双影弱。

（3）碧玺的多色性比托帕石明显得多。

（4）在通常情况下，两者的颜色有一定差别。粉红色和棕黄色托帕石的颜色比相应的碧玺颜色深，而蓝色和绿色调托帕石的颜色比相应的碧玺颜色浅。

3. 与赛黄晶的区别

赛黄晶的密度（2.99～3.01g/cm³）较小，在二碘甲烷重液中赛黄晶浮在该重液之上，而托帕石则在重液中下沉。

4. 与红柱石的区别

红柱石的密度（3.17g/cm³）较小，在二碘甲烷重液中上浮（而托帕石下沉），而且红柱石有很强的多色性，比托帕石的多色性明显得多。

5. 蓝托帕石与蓝色磷灰石的区别

（1）蓝色磷灰石密度（3.17～3.23g/cm³）较小，可用二碘甲烷重液将两者分开。

（2）蓝色磷灰石的多色性为深黄-蓝色，而蓝托帕石的多色性为蓝-浅蓝或浅蓝-无色。

（3）磷灰石为一轴晶，托帕石为二轴晶。

五、托帕石与其仿宝石的鉴别

当玻璃的折射率和密度与托帕石相近时，两者很容易混淆，鉴别特征如下。

（1）玻璃为均质体，在正交偏光镜下为全消光。尽管有异常消光现象，但与托帕石的四明四暗消光现象有明显不同。

（2）玻璃没有双折射现象和多色性，只有一个折射率，而托帕石则有双折射和比较明显的多色性。

（3）玻璃中常有孤立分布的圆形气泡，而托帕石中则有两相或三相包裹体。

（4）有时玻璃的色散比托帕石强。

六、托帕石的主要产地

托帕石是在高温并有挥发组分作用的条件下形成的，产出于花岗伟晶岩、酸性火成岩的晶洞、云英岩和高温热液钨锡石英脉中，在冲积层中呈砾石产出。

巴西盛产托帕石，世界上很多优质的黄玉宝石原料都来源于巴西，主要为橙黄和橙褐色宝石级托帕石。美国产无色和蓝色托帕石，部分晶体达到宝石级。

我国托帕石以无色为主，产于云南、内蒙古西部、新疆等地的伟晶岩中。其他产出国还有巴基斯坦、墨西哥、俄罗斯、马达加斯加、缅甸、斯里兰卡、澳大利亚、纳米比亚和津巴布韦等。

任务十
石榴石的鉴定

一、石榴石的基本性质

石榴石（garnet）是矿物族的名称，因其晶体形态颇似石榴籽，故名石榴子石。石榴石族宝石包括六个不同的品种：镁铝榴石、铁铝榴石、锰铝榴石、钙铝榴石、钙铁榴石、钙铬榴石。作为宝石的石榴石曾被称为紫牙乌，根据国家标准，这一名称已停止使用，现以石榴石或具体种属的名称作为其宝石名称。

1. 化学成分

石榴石的一般化学式可用 $X_3Y_2(SiO_4)_3$ 表示（表 3-15），其中 X 代表二价阳离子，主要是 Ca^{2+}、Mg^{2+}、Mn^{2+}、Fe^{2+}；Y 代表三价阳离子，主要为 Al^{3+}、Fe^{3+}、Cr^{3+}。

表 3-15　石榴子石端员组分的分子式

名　称	分 子 式	英 文 名 称
镁铝榴石	$Mg_3Al_2(SiO_4)_3$	Pyrope
铁铝榴石	$Fe_3Al_2(SiO_4)_3$	Almandine
锰铝榴石	$Mn_3Al_2(SiO_4)_3$	Spessortite
钙铝榴石	$Ca_3Al_2(SiO_4)_3$	Grossolurite
钙铁榴石	$Ca_3Fe_2(SiO_4)_3$	Andradite
钙铬榴石	$Ca_3Cr_2(SiO_4)_3$	Uvarovite

2. 结晶学特征

石榴石为岛状结构的硅酸盐，属等轴晶系。常有完好的晶形，多呈菱形十二面体和四角三八面体，或两者的聚形（图 3-7）。

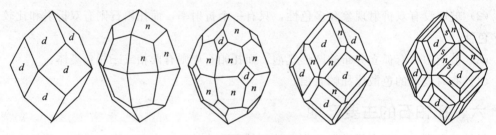

图 3-7　石榴石的理想形态

3. 光学特征

（1）颜色　石榴子石的颜色千变万化，这与其广泛的类质同象替代有密切的联系。作为宝石的石榴子石，常见的颜色有下面几种。

① 红色系列　包括红色、粉红、紫红、橙红等。

② 黄色系列　包括黄、橘黄、蜜黄、褐黄等。

③ 绿色系列　包括翠绿、橄榄绿、黄绿等。

尽管石榴子石的色彩丰富，但由于其是均质体矿物，因此石榴石没有多色性。

（2）光泽及透明度　石榴子石的光泽多为玻璃光泽，同属玻璃光泽的石榴子石也依其折射率值的不同彼此之间会有些差异。折射率较高的品种可呈亚金刚光泽，断口为油脂光泽。石榴石为透明矿物，其透明度一般都较好，但是一些石榴石内部包裹体过于密集，会降低石榴石的透明度。例如：一些星光石榴石的透明度就远不如相同品种的石榴子石。此外，石榴石的集合体通常呈半透明—不透明状。例如，我国青海、新疆等地产出的绿色水钙铝榴石岩呈半透明状。此外，有报道粉红色半透明状的宝石级水钙铝榴石。

（3）光性特征　石榴石为均质体矿物，正常情况下，在正交偏光镜下转动石榴石，观察到的应是全暗即全消光。但在检测中，我们常常会发现各种石榴石在偏光镜下也会有类似非

均质体明暗交替的消光现象，即异常消光。

（4）折射率 石榴石是均质体矿物，其折射率值随成分变化而略有不同。从矿物学角度来看，铝系列的石榴石折射率值在 1.714～1.830 之间，钙系列的石榴石折射率值在 1.734～1.940 之间（详见表 3-16）。

表 3-16 不同品种石榴石折射率

品 种 名 称	n
镁铝榴石	1.722～1.74
铁铝榴石	1.75～1.83
锰铝榴石	1.75～1.80
钙铝榴石	1.73～1.75
钙铁榴石	1.88
翠榴石	1.89
水钙铝榴石	1.710～1.729

（5）荧光性 石榴石族矿物特别是作为宝石级的石榴子石，在紫外线下为惰性，这是石榴石有别于其他红色宝石的特征之一。

（6）吸收光谱 不同的石榴石品种吸收光谱差别较大，石榴子石的颜色多样性是由于不同的致色因素造成的，其中最主要的还是类质同象替代进入不同的元素或同种元素按不同的比例进入石榴石晶格，改变了其对光的吸收，因而产生截然不同的吸收谱。

4. 力学性质

（1）解理 石榴石族矿物通常解理不发育，个别品种有不完全解理，其断口为参差状。

（2）密度 在 3.50～4.20g/cm³ 范围内变化，视品种而不同。镁铝榴石为 3.78g/cm³，铁铝榴石为 4.05g/cm³，锰铝榴石为 4.15g/cm³，钙铝榴石为 3.61g/cm³，钙铁榴石（含翠榴石、黑榴石）为 3.84g/cm³，钙铬榴石为 3.75g/cm³。

（3）硬度 摩氏硬度为 6.5～7.5。

二、石榴石的品种

石榴石宝石是根据成分划分品种的。市场上流行的石榴石宝石品种主要是镁铝榴石、镁铁榴石、铁铝榴石、桂榴石。绿色钙铝榴石、铬钒钙铝榴石、锰铝榴石、镁锰榴石、钙铁榴石，尤其是翠榴石罕见。其他石榴石或因色彩平淡无奇（如黑榴石、钛榴石），或因颗粒过小（如黄榴石、钙铬榴石），市面上更难见到。

宝石学中，石榴石品种判别需综合考虑折射率、密度、颜色和吸收光谱特征，个别品种还涉及其包裹体特征。

（1）镁铝榴石 折射率 1.722～1.742，并有镁铝榴石光谱（不含铬的亚种，没有红区中窄的铬线），颜色为红色、紫色。

（2）镁铁榴石 又称玫瑰榴石、红榴石，折射率 1.74～1.77，颜色为红色、紫色。

（3）铁铝榴石 带紫红的红色者又称贵榴石。折射率 1.75～1.83，必有 505nm 吸收线。

（4）钙铝榴石 折射率 1.73～1.75 的以黄、绿、粉色为主，罕见无色的。橙（橘）红或带红的褐色到褐红色的已向钙铁榴石过渡，因含 Fe^{3+}，折射率增高，有人称之为肉桂榴石，黄色的则称桂榴石。含水的变种水钙铝榴石（hydrogrosslar）折射率可低到 1.67，有人将它划归宝石，实质是多矿物集合体，应归入玉石。

（5）锰铝榴石　可为黄橙到火红色，多为褐和橙色，折射率和铁铝榴石套叠，无 505nm 吸收带而有 430nm 线。

（6）钙铁榴石　折射率 1.856～1.895，高色散。翠榴石常有马尾丝状包裹体。其变种黄榴石与色调相似的桂榴石需借密度、折射率判别。

有人还将星光石榴子石（多为贵榴石）、翠榴石猫眼、变石石榴子石（镁铝榴石或镁锰榴石）单列为特殊品种。

三、石榴石的质量评价

石榴石宝石总体来说属中低档宝石，但其中翠榴石因产地稀少、产量很低等原因，质优的翠榴石具有很高的价值，可跻身于高档宝石之列。

评价石榴石通常以其颜色、透明度、净度、质量以及切工等方面为依据，颜色浓艳、纯正，内部洁净、透明度高、颗粒大、切工完美者，具有较高的价值。

颜色是决定石榴石价值的首要因素，翠榴石或具翠绿色的其他石榴子石品种在价格上要高于其他颜色的石榴石，优质的翠榴石的价格可接近甚至超过同样颜色祖母绿的价格。除绿色之外，橙黄色的锰铝榴石、红色的镁铝榴石和暗红色的铁铝榴石其总价格是依次降低的。

此外，石榴石的质量大小、内部净度以及切工也是决定石榴石价格的重要因素。

四、石榴石的鉴定方法

对于石榴石来说，常规的宝石学鉴定方法主要是测定折射率值、密度值，观察其吸收光谱和内部的特征包裹体等，表 3-17 中列出的主要石榴石品种的上述鉴定特征。

表 3-17　石榴子石宝石鉴定特征

品　种	n	$\rho/(g/cm^3)$	吸　收　光　谱	包裹体特征
镁铝榴石	1.714～1.742	3.78	564nm、505nm、440nm、445nm	针状包裹体、结果包裹体
铁铝榴石	1.790	4.05	504nm、520nm、573nm	粗针状包裹体、锆石晶体包裹体等
锰铝榴石	1.810	4.15	450nm、420nm、430nm、460nm、480nm、520nm	波浪状、不规则状和浑圆状晶体包裹体
翠榴石	1.888	3.84（±0.03）	440nm	马尾状包裹体
水钙铝榴石	1.720	3.47	460nm	黑色点状包裹体

对于已镶嵌的石榴石，精确测定折射率值，准确观察其特征吸收谱及内部包裹体更是鉴定石榴石的关键。

石榴石的常规宝石学鉴定并不难，而比较困难的是品种的鉴定。由于石榴子石存在广泛的类质同象替代，在实际测试当中，一些关键的数值并非理想的理论值，而是介于几个品种之间的过渡值，很难判断其具体的品种归属。针对这种情况在实际鉴定中一般采取两种方法。

（1）对于满足一般要求的鉴定，可以不具体确定其品种而统归为石榴石。

（2）如果一定要确定其品种，通常是采用红外光谱及成分分析等无损检测手段，进行详细的矿物学鉴定。

✤ 五、石榴石与相似的宝石鉴别

1. 红色系列

与红色色调的石榴石相似的宝石有：粉红尖晶石、红色碧玺、红宝石、红色锆石等。其中，红色-紫红色的镁铝榴石易与红尖晶石、红碧玺、红锆石相混，区别它们的主要方法是测定折射率。当镁铝榴石的折射率在 1.72 左右时，可以通过观察其在长波下有无荧光来与红色尖晶石区分。红色的镁铝榴石无荧光而红色尖晶石可具弱红色荧光。此外，红色镁铝榴石和红色尖晶石还可以利用红外光谱或成分分析等方法来区分。红色的铁铝榴石易与红宝石相混，区分两者的方法主要为观察二色性、特征吸收谱及紫外荧光等特征，以及测定其折射率值等。红色铁铝榴石为均质体，不具二色性，具有特征 Fe^{2+} 的吸收。紫外灯下无荧光，折射仪上只能测到一个折射率值，而红宝石为非均质体，具明显的二色性和特征 Cr^{3+} 吸收谱，紫外灯下常具有荧光，可在折射仪上读出两个折射率值来。

2. 黄色系列

与黄色色调的石榴石相混的天然宝石品种有黄色锆石、黄色托帕石、黄色蓝宝石、黄色榍石、金绿宝石等。

黄色的锰铝榴石易与黄色锆石、黄色蓝宝石、黄色金绿宝石相混，主要区别是折射率值、密度值及多色性。石榴子石为均质体，没有多色性，只可测到一个折射率，而上述易混宝石均属非均质体，具明显的多色性及两个或两个以上不同的折射率值。

黄色的钙铝榴石还与黄色的托帕石和黄色绿柱石等相混，一般只需精确测定其折射率值即可加以区分。

3. 绿色系列

与绿色色调的石榴石相混的天然宝石品种有绿色锆石、绿色榍石、铬透辉石、祖母绿、绿碧玺等。此外，绿色水钙铝榴石集合体还极易与翡翠相混。

与翠榴石相似的宝石主要是绿色锆石、榍石、铬透辉石及祖母绿。尽管它们在颜色上十分相似，但彼此之间的折射率、双折射率及其他光性特征却完全不同。绿色锆石和榍石的折射率比翠榴石高，具有明显的双折射现象。此外，翠榴石特有的"马尾状"包裹体以及在查尔斯滤色镜下的红色也是区别于上述宝石的重要特征。

易与绿色的钙铝榴石、铁铝榴石等相混的宝石品种还有橄榄石、绿碧玺、绿色绿柱石、绿色透辉石等。主要区别是钙铝榴石、铁铝榴石为均质体宝石，余下品种均为非均质体宝石。

水钙铝榴石常常被作为翡翠的仿制品，在我国水钙铝榴石还有如"青海翠玉"等许多易与翡翠相混淆的商品名称。特别是优质的水钙铝榴石呈鲜绿色，半透明状与上等翡翠外观极为相似，稍不留意即会出差。水钙铝榴石与翡翠的区别在折射率、密度、吸收谱等方面。前者的折射率常为 1.73（点测法），密度为 $3.47g/cm^3$ 左右，红区无特征吸收线，在查尔斯滤色镜下呈红色，而翡翠的折射率值常为 1.66（点测法），密度为 $3.33g/cm^3$ 左右，红区可见三条特征吸收线，天然翡翠在查尔斯滤色镜下不变红（部分染色翡翠可为红色）。

✤ 六、石榴石的主要产地

石榴石是多成因矿物，在岩浆岩和变质岩中都可形成，分布较为广泛。不同的种属成因和产状也不相同。镁铝榴石产于金伯利岩、榴辉岩、橄榄岩及由橄榄岩变来的蛇纹石中。铁铝榴石产于花岗岩的内接触带及结晶片岩、片麻岩、榴辉岩、变粒岩和某些角闪岩中。锰铝榴石产于花岗岩的内接触带及伟晶岩、结晶片岩、石英岩中，这种石榴石较少见。钙铝榴石产于矽卡岩，在区域变质的钙质岩石中也有产出。钙铁榴石产于矽卡岩，黑榴石主要产于碱性岩。钙铬榴石常与铬铁矿共生于蛇纹石中，也产于接触变质的石灰岩（大理岩），是一种罕见的石榴石。

含有石榴石的各种岩石风化后，石榴石可转入砂矿中。

世界上产石榴石的国家很多，如巴西、美国、墨西哥、加拿大、俄罗斯、中国、斯里兰卡、缅甸、印度、巴基斯坦、澳大利亚、南非、坦桑尼亚、马达加斯加、肯尼亚和津巴布韦等。

任务十一
橄榄石的鉴定

一、橄榄石的基本性质

橄榄石（peridot）在西方是一个古老的宝石品种。公元前 1500 年已在红海一个岛上开采并用为宝石，橄榄石的名字也按岛名曾被称为 Zabargad；在阿拉伯文该词即橄榄石，世界上最大的一粒橄榄石（310ct）即来自该岛。几千年来，橄榄石柔和、美丽的色泽深受人们的喜爱，一直作为 8 月诞生石，象征着"和平"与"友谊"以及家庭"幸福"与"和谐"。

1. 化学成分

$(Mg，Fe)_2SiO_4$，主要是镁铁类质同象系列；按其中铁含量高低可分成六个亚种，但是用作宝石材料的橄榄石只有镁橄榄石（含铁橄榄石 0～10%）和贵橄榄石（含铁橄榄石 10%～30%）。橄榄石还含微量元素 Mn、Ni、Ca、Al、Ti 等。

2. 结晶学特征

属斜方晶系，为柱状、扁平的板柱状、粒柱状或浑圆、不规则粒状（图 3-8）。

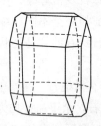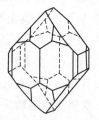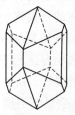

图 3-8　橄榄石的理想晶形

3. 光学性质

（1）颜色　橄榄石的颜色是中到深的草绿色（略带黄的绿色，亦称橄榄绿），部分偏黄色（绿黄色），少量的有褐绿色，甚至绿褐色。色调主要随含铁量多少而变化，含铁量越高，颜色越深；褐色色调可能是轻度水化引起的，也可能是微量成分 Mn 引起的。橄榄石的致色因素就是其本身所含的铁等化学成分，因而是一种自色矿物，颜色相对稳定。

（2）透明度与光泽　橄榄石大部分透明，部分因含固、液、气态包裹体或因密集的裂隙而呈半透明玻璃光泽。

（3）光性　二轴晶，正光性或负光性。

（4）折射率与双折射率　折射率变化范围为 1.654～1.690，其大小随成分中铁的含量增加而增大。双折射率高达 0.036（褐色品种为 0.038），所以通过台面可以非常清楚地看到对面小棱边的观影。色散：橄榄石具中等色散，为 0.020，切磨质量高时，可见火彩。

（5）多色性　橄榄石多色性总体来说较弱，对深绿色品种来说，只有在借助二色镜的条件下才能见到微弱的三色性，黄绿色-弱黄绿色-绿色，浅色品种几乎看不到多色性。褐色品种可显示褐-淡褐-深褐多色性。

（6）发光性　在长、短波紫外线照射下无荧光、磷光反应。

（7）吸收光谱　在可见光蓝区和蓝绿区有三个等距离的铁的吸收带，分别在 453nm、477nm 和 497nm 处。

4. 力学性质

（1）解理　解理不完全，性脆而易碎。

（2）硬度　摩氏硬度 $H_M=6.5～7$，随含铁量的增加而略有增大。

（3）密度　密度为 3.28～3.51g/cm³，其大小随含铁量增加而相应增大。我国河北张家口橄榄石从浅绿色品种到深褐绿色品种，其密度从 3.293g/cm³ 增加到 3.360g/cm³；美国桑德拉州所产橄榄石的密度也随其颜色从浅到深，密度由 3.28g/cm³ 过渡到 3.38g/cm³。

二、橄榄石的品种

橄榄石品种有不同的划分法。一般是依颜色分为两类，以黄绿到绿黄为主色的为一类，褐色为主色的另分一类。也有不再划分而笼统归为一类的，因为褐色橄榄石罕见，很少有宝石级的上市。

下述品种划分，虽然从名称上看是套用了矿物学橄榄石种和亚种的名称，却完全不是矿物学中这两个术语的含义了，只是商业上的品种名称，国际上也不通用。

（1）橄榄石　主要指中到深的绿黄色宝石级橄榄石。

（2）贵橄榄石　主要指黄绿色及淡的绿黄色宝石级橄榄石。

三、橄榄石的质量评价

（1）颜色：橄榄石的颜色要求纯正，以中-深绿色为佳品，色泽均匀，有一种温和绒绒的感觉为好；越纯的绿色价值越高。

（2）橄榄石中往往含有较多的黑色固体包裹体和气液包裹体，这些包裹体都直接影响橄榄石的质量评价。当然没有任何包裹体和裂隙的为佳品，含有无色或浅绿色透明固体包裹体的质量较次，而含有黑色不透明固体包裹体和大量裂隙的橄榄石则几乎无法利用。

（3）大颗粒的橄榄石并不多见（当然比钻石、红宝石、蓝宝石、祖母绿等高档宝石多见），半成品橄榄石多在 3ct 以下，3～10ct 的橄榄石少见，因而价格较高；而超过 10ct 的橄榄石则属罕见。据记载，产自红海的一粒橄榄石质量达 310ct，缅甸产的一粒绿色刻面宝石质量达 289ct，最漂亮的一粒绿黄色宝石质量达 192.75ct。

四、橄榄石的鉴定特征

橄榄石因为其独特的物理性质而比较容易鉴定。首先是其特征的橄榄绿色（略带黄的绿色），它与几乎所有的绿色矿物的特征都不同，而且橄榄石多色性微弱，这在中-深颜色的非均质矿物晶体中是很少见的现象。其次是其较强的双折射率，用放大镜很容易透过一个面看到另一个面上棱的双影。最后，橄榄石的折射率为1.65～1.69，在折光仪上很容易测定。

五、橄榄石与相似宝石的鉴别

与橄榄石类似的矿物有绿色碧玺、锆石、透辉石、硼铝镁石、金绿宝石和钙铝榴石等，区别如下。

（1）与绿色碧玺的区别在于后者有较强的多色性（往往用肉眼即觉察颜色差异），而且折射率（1.624～1.644）和密度（3.06g/cm³）均较低。

（2）与绿色钻石的区别在于后者：①具亚金刚光泽和很强的色散，看起来比橄榄石明亮；②具高得多的折射率（1.925～1.984）和密度（4.7g/cm³）；③绿色锆石与橄榄石吸收谱线不同。

（3）与绿色透辉石最易混淆，透辉石的折射率在1.67～1.70范围内，颜色也与橄榄石十分近似，但透辉石双折射率较小（0.02～0.03），密度较低（3.29g/cm³），在二碘甲烷溶液中透辉石上浮，而橄榄石缓慢下沉。

（4）与硼铝镁石（又称褐色锡兰石）在颜色上极易混淆，以至于多年来常将褐色色调的硼铝镁石看作一种橄榄石。而实际上硼铝镁石是一种含镁铝的硼酸盐，两者有质的不同。主要区别在于硼铝镁石多色性较明显，密度较大（3.48g/cm³），在蓝区和蓝绿区有4条吸收带（而橄榄石只有3条吸收带）。

（5）与金绿宝石的区别在于后者折射率（1.746～1.751）和密度（3.73g/cm³）明显较高。

（6）与钙铝榴石的区别是后者折射率（1.74）和密度（3.61g/cm³）明显较高，而且属均质体而无双折射现象和多色性。

六、橄榄石的主要产地

宝石级橄榄石大多产于玄武岩的橄榄岩（称地幔岩）包体中。我国东部大陆地区广泛分布新生代玄武岩，橄榄岩包裹体即存在于碱性玄武岩中，见于火山口附近。我国河北张家口、吉林蛟河均有这类橄榄石矿床，且是世界优质橄榄石产地，黑龙江、山西、新疆等地也有发现。此外，美国亚利桑那州、夏威夷，前苏联，巴西，澳大利亚，捷克和肯尼亚等地均有橄榄石矿。

任务十二
长石的鉴定

一、长石的基本性质

长石（feldspar）是地壳上分布最广、数量最多的矿物，它是包含众多种、亚种的一个矿物族。

长石的英文名称"feldspar"一词综合了"feld"原野（德文）和"spar"闪光的石头（英文）。长石用作宝石也主要由于它有美丽、柔和、诱人产生遐想的闪光。其中的日光长石可能就包括在古代人们所说的太阳石之内，长石月光石也有几百年用作宝石的历史；有人称"和氏璧"是拉长石，若真如此，长石在我国玉文化中的历史就上溯到春秋战国时期了。至今，人们把有晕光或变色效应的宝石作为富裕、健康长寿的象征而定为6月诞生石时，月光石即其中之一。有些长石质宝石主要用为玉石，如天河石（微斜长石的变种之一）。

1. 化学成分

长石可分为钾长石和斜长石，钾长石的化学成分为 $KAlSi_3O_8$，又可分为正长石、透长石和微斜长石；斜长石为 $NaAlSi_3O_8$ 和 $CaAlSi_3O_8$ 两种端元组分的完全类质同象系列，又可分为钠长石、奥长石、中长石、拉长石、培长石、钙长石。

2. 结晶学特征

正长石、透长石为单斜晶系，其他为三斜晶系；长石通常呈板状、棱柱状，双晶普遍发育，斜长石发育聚片双晶，钾长石发育卡氏双晶和格子状双晶，（图3-9）。

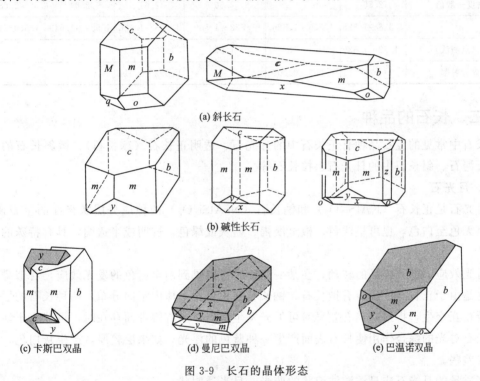

(a) 斜长石

(b) 碱性长石

(c) 卡斯巴双晶　　(d) 曼尼巴双晶　　(e) 巴温诺双晶

图3-9 长石的晶体形态

3. 光学性质

（1）**颜色** 长石通常呈无色、白色、淡褐色、绿色和蓝绿色等；长石的颜色与其中所含有的微量杂质（如Rb）、矿物包裹体及特殊光学现象有关。

（2）**光泽及透明度** 透明至不透明；抛光面呈玻璃光泽；断口：玻璃至珍珠光泽。

（3）**光性特征** 非均质体，二轴晶，负光性。钠长石和拉长石：二轴晶，正光性。

（4）**折射率与双折射率** 常见正长石为1.518～1.526，微斜长石为1.522～1.530，钠长石、奥长石1.525～1.548，点测法约1.54；拉长石1.554～1.573，点测法约为1.56。双折射率：0.008～0.010。色散：0.012。

（5）**多色性** 一般不明显，黄色正长石及带色的斜长石可显示不同的多色性。

（6）**发光性** 无至弱粉红色、黄绿色、橙红色。

（7）吸收光谱　无特征。黄色正长石具 420nm、448nm 宽吸收带。

4. 力学性质

（1）解理及断口　长石具以 90°或近 90°相交的两组解理完全，第三组解理不完全。长石断口多为不平坦状、阶梯状、裂片状。

（2）硬度　摩氏硬度为 6～6.5。

（3）密度　密度为 2.55～2.68g/cm³（详见表 3-18）。

表 3-18　不同类型长石宝石的密度、折射率、双折射率

性质 ＼ 类型	正 长 石	透 长 石	微 斜 长 石	钠 长 石	奥 长 石	中 长 石
$\rho/$（g/cm³）	2.55～2.57	2.57～2.58	2.55～2.57	2.60～2.63	2.63～2.67	
密度一般值	2.56		2.56	2.61	2.64	2.68
n	1.518～1.526	1.516～1.526	1.522～1.530	1.525～1.536	1.539～1.549	1.550～1.557
n（点测法）	1.52～1.53		1.53	1.53～1.54		
双折射率	0.006	0.005～0.007		0.007～0.011		

二、长石的品种

长石中常见的宝石品种有正长石中的月光石、透明正长石（冰长石）、微斜长石的绿色变种天河石、斜长石中的日光石、拉长石等。

1. 月光石

月光石是正长石（$KAlSi_3O_8$）和钠长石（$NaAlSi_3O_8$）两种成分层状交互的宝石矿物。通常呈无色至白色，也可呈浅黄、橙至淡褐、蓝灰或绿色，透明或半透明，具有特殊的月光效应。

月光效应：随着样品的转动，在某一角度，可以见到白至蓝色的发光效应，看似朦胧月光。这是由于正长石中出溶有钠长石，钠长石在正长石晶体内定向分布，两种长石的层状隐晶平行相互交生，折射率稍有差异对可见光发生散射，当有解理面存在时，可伴有干涉或衍射，长石对光的综合作用使长石表面产生一种蓝色的浮光。如果层较厚，产生灰白色，浮光效果要差些。

高质量的月光石应具漂游波浪状的蓝光，呈半透明状。

月光石可具猫眼效应或星光效应，但很少见，星光效应更是罕见。

2. 正长石

正长石常见颜色为浅黄色至金黄色，富含铁元素而致色。刻面宝石质量最大可达两千多克拉。主要产于马达加斯加的伟晶岩中，缅甸产的正长石还可具猫眼效应。

3. 透长石

透长石为钾长石中稀有品种，常见颜色有无色、粉褐色，呈透明或半透明。

4. 天河石

天河石是微斜长石中呈绿色至蓝绿色的变种，成分和微斜长石一样为钾铝硅酸盐，其颜色是因含铷致色。透明至半透明，常含有斜长石的聚片双晶或穿插双晶，而呈绿色和白色格子状、条纹状或斑纹状，并可见解理面的闪光。

5. 日光石

日光石是钠奥长石中最重要的品种，有时也称为砂金效应长石。钠奥长石中因含有大致定向排列的金属矿物薄片，如赤铁矿和针铁矿，随着宝石的转动，能反射出红色或金色的反光，即砂金效应。常见颜色为金红色至红褐色，一般呈半透明。

6. 拉长石

拉长石最重要的宝石品种有晕彩拉长石。其特征是当把宝石样品转动到某一定角度时，可见整块样品亮起来，即晕彩效应。最常见的是灰白色的拉长石显示蓝色和绿色晕彩，还可见橙色、黄色、金黄色、紫色和红色晕彩。晕彩产生的原因是拉长石聚片双晶薄层之间的光相互干涉形成的，或由于拉长石内部包含的片状磁铁矿包裹体及一些针状包裹体，使拉长石内部的光产生干涉。有的拉长石因内部含有针状包裹体，可呈暗黑色，产生蓝色晕彩。如果切磨方向正确，有时还可以产生猫眼效应。这种拉长石还被称为黑色月光石。

芬兰产的一种拉长石具有鲜艳的晕彩效应，有的著作中称为"光谱石"。

拉长石的透明品种也可作为宝石。美国 Millary 县发现一种近于无色至浅黄色的拉长石，无晕彩效应，其密度为 $2.68g/cm^3$，折射率为 $1.565\sim1.572$。墨西哥和澳大利亚也发现有类似的拉长石材料。马达加斯加产的一种透明的拉长石显蓝色的晕彩，并含有黑色月光石中的针状包裹体。这些透明的拉长石在紫外光下只呈弱的荧光，而在 X 射线下发亮绿色的光。

在美国俄里岗发现拉长石的新品种，拉长石日光石，颜色呈浅黄色、浅粉色、中橙色、深红色，少量呈绿色。透明或半透明，无或很少有多色性，具砂金效应。为一种高钙斜长石，因内部含有熔融的铜片，反射光下产生砂金效应，而且不随光的强弱而变化。

7. 培长石

在美国俄里岗 Plush 发现有浅黄色、红色的培长石，密度为 2.739，折射率为 1.56、1.57，在 573nm 处具吸收带。

三、长石的质量评价

长石的质量评价主要从长石的特殊光学效应及其颜色、透明度、净度几个方面来进行。长石的特殊光学效应决定了长石的各个商业品种，同时对长石的价值评价起着重要作用。透明的长石品种一般商业价值不高，但具收藏价值，而且要求晶莹透明，洁净无瑕。

具特殊光学效应的长石，其所具的光学效应越明显，其价值越高。如月光石中以无色透明至半透明的月光石，具漂游状蓝色月光为最好，白色的月光石其价值则差多了。晕彩拉长石中以蓝色波浪状的晕彩最佳，其次是黄色、粉红色、红色和黄绿色。日光石则以金黄色强砂金效应为最好，颜色偏浅或偏暗，均会影响价格，且以透明度好，砂金效应强者为好。天河石的颜色以纯正蓝色为最佳，其次为稍带绿色的蓝，色正透明，且净度高（包括解理、色斑无或不明显等），款式好的天河石价值最高。

对具特殊光学效应的长石来说，内部包裹体对价值影响程度比其他宝石品种轻得多，轻至中度的瑕疵不影响价值，只有严重的裂隙等明显瑕疵会使价格变低。

此外切工直接影响着特殊光学效应的体现，要求较严。如月光石以椭圆弧面形切磨，其弧面长轴应平行晶体的长轴，且弧面宽、厚度适中，使月光效应的蓝色月光处于弧面正中，才能充分体现月光效应，体现月光石的美。

四、主要长石品种的鉴定

1. 月光石

密度 $2.56\sim2.59g/cm^3$，印度月光石的密度比其他产地的高，为 $2.58\sim2.59g/cm^3$，而斯里兰卡月光石的密度较低，接近于 $2.56g/cm^3$。摩氏硬度为6。折射率为 $1.520\sim1.525$，双折射率为 0.005，点测法折射率约为 1.52；无特征吸收光谱；在长波紫外光下呈弱蓝色的荧光，短波下呈弱橙红色的荧光；X射线下呈白色至紫色。

月光石的内部包裹体一般比较特征。特别是在斯里兰卡的样品中，具平行于晶体垂直轴的平直裂理，大多裂理沿 b 轴方向，以成对或多个一组短距离地排列，在垂直方向扭曲，形成"蜈蚣状"包体。另一种裂理是以空洞或负晶形式出现的裂理。

缅甸有些月光石内含有针状包裹体，这些针状包裹体有可能形成猫眼效应。

2. 正长石

密度 $2.56g/cm^3$，折射率偏高，为 $1.522\sim1.527$，双折射率为 0.005，在蓝区和紫区具铁吸收光谱，在 $420nm$ 处强吸收带，$448nm$ 处为弱吸收带。依据紫外-可见光分光光度计，可以看到近紫外区具 $375nm$ 强吸收带。长、短波紫外光下均呈弱橙红色荧光，在X射线下发强的橙红色。

3. 天河石

密度为 $2.56\sim2.58g/cm^3$，二轴晶负光性，折射率为 $1.522\sim1.530$（比正长石的稍高），双折射率为 0.008。无特征吸收光谱，长波紫外线下呈黄绿色荧光，短波下无反应，X射线长时间照射后呈弱绿色。

4. 斜长石

为钠钙长石成分系列，共同的特征有：均为三斜晶系，常呈块状，常发育有聚片双晶等，在底面解理面上可见重复的双晶纹，密度和折射率、光性符号都随着成分的变化而有所改变。密度从钠长石的 2.605，到钙长石的 2.765，折射率可从钠长石的 $1.525\sim1.536$，到钙长石的 $1.576\sim1.585$。

日光石的密度为 $2.62\sim2.65g/cm^3$，常见的密度值为 $2.64g/cm^3$，折射率为 $1.54\sim1.55$，在紫外线下无反应，但在X射线下发白光。

拉长石的密度为 $2.69g/cm^3$，折射率为 $1.568\sim1.560$，双折射率为 0.008，无特征的吸收谱线，美国、墨西哥和澳大利亚发现的某些透明拉长石密度为 $2.68g/cm^3$，折射率为 $1.565\sim1.572$。内部可有暗色针状矿物包裹体、片状磁铁矿包裹体等。

五、长石与相似宝石的鉴别

1. 与月光石相似的宝石

与月光石相似的宝石可有无色水晶、浅黄色水晶、无色绿柱石、玉髓等。

（1）月光石与水晶的鉴别　在水晶宝石中叙述，在此略。

（2）月光石与无色绿柱石的鉴别

① 绿柱石的折射率、密度略高于月光石。

② 绿柱石常含有平行排列的管状包裹体、气液包裹体，而月长石具有典型的蜈蚣状包

裹体。

（3）月光石与玉髓的鉴别

① 月光石为单晶非均质体宝石，在正交偏光下转动具四明四暗的消光现象，而玉髓为多晶隐晶质集合体，在正交偏光下无消光位。

② 月光石的月光效应显示一种蓝白色浮光，而玉髓则仅能显示一种乳白色的辉光。

2. 与日光石相似的宝石

由于日光石的特殊现象，天然的宝石品种中，与日光石相似的品种不多，其中东陵石与日光石具相同的砂金效应，两者的鉴别在于以下几点。

① 东陵石内部含的是铬云母片，而日光石内部含的是片状金属氧化物赤铁矿、针铁矿，而且日光石呈现金黄色至橙黄色的闪光，而东陵石只是绿色的片状闪光。

② 拉长日光石中有少量呈绿色，但东陵石的折射率、密度比日光石的稍高，折射率点测为 1.54，密度为 $2.65g/cm^3$。

3. 与晕彩拉长石相似的宝石品种

与晕彩拉长石相似的宝石有变彩较强的欧泊，特别是一些黑欧泊。两者的鉴别在于下面两点。

① 拉长石的密度和折射率比欧泊的高，欧泊的密度只有 $2g/cm^3$，折射率为 1.51 左右。

② 镜下放大检查，欧泊内部为彩色斑块状，不同斑块具不同的颜色，界线较清晰，而且随着样品的转动，每块彩色斑块的颜色会随之发生变化，即具变彩效应。而拉长石的内部具片状或针状磁铁矿包裹体，没有明显的斑块界线，而且样品转动时，颜色依光谱的色彩变化，而不是一块块地变。

4. 与天河石相似的宝石品种

主要有玉髓、绿柱石、绿松石、翡翠、钠长硬玉、染色大理岩、硅孔雀石等。

（1）与玉髓的鉴别 除在折射率和密度方面的差异之外，尚有如下方面。

① 绿色玉髓的颜色是均匀的，而天河石颜色不均匀，由于钠长石在里面呈蠕状出溶形成一些白色色斑。

② 天河石内可见到两组双晶带交织成的网状，还可见到两组平直的解理而玉髓中则无上述现象。

（2）与劣质绿柱石（包括祖母绿）的鉴别 天河石与劣质绿柱石的鉴别主要有以下几点。

① 绿柱石的折射率（1.57～1.58）、密度（2.73～2.78g/cm³）均高于天河石。

② 绿柱石内常有气液两相或三相包裹体，而天河石则缺乏此类包裹体。

③ 绿柱石常见一组解理，而天河石常见两组近于垂直的解理。

（3）与翡翠的鉴别 绿蓝色至蓝色的翡翠有时与质地较好的天河石相混。两者的鉴别在于以下 3 点。

① 翡翠的折射率为 1.65～1.68，密度为 3.2～3.4g/cm³，均高于天河石。

② 翡翠为晶质集合体，肉眼观察可见细小的硬玉矿物解理，呈不规则的细微反光，内部为纤维交织结构。而天河石是规则的近于垂直的两组解理，而且内部可有针状或片状的暗色矿物包裹体，沿解理方向排列。

③ 绿色至蓝绿色的翡翠常具 690nm、660nm、630nm 吸收线和 437nm 铁吸收带；而天河石则无特征吸收谱线。

六、长石的主要产地

（1）月光石的重要产地是斯里兰卡，位于南部省份的 Ambalangoda 和中央省份的 Dumbara 和 Kandy 区域，产于冲积砾石中。印度也产有月光石，产出的月光石有体色变化（颜色从白色、红棕色到蓝色）；印度还出产一种绿色的月光石。其他产地有马达加斯加、缅甸、坦桑尼亚、南美的加罗里多、印第安纳、新墨西哥、纽约、北卡罗来纳、宾夕法尼亚等地。

（2）透明正长石的主要产地为马达加斯加、缅甸，在德国的 Rhineland 也发现有一种玻璃状的正长石变种，具无色、粉褐色。

（3）天河石目前主要产于印度的科斯米尔和巴西，美国的优质天河石曾一度开采于弗吉尼亚，但现在已采空。北美最重要的产地在科罗拉多州，产于伟晶岩中。另外，还有加拿大的 Ontario、俄罗斯的米斯克和乌拉尔山脉、马达加斯加、坦桑尼亚和南非等地均有很好的绿色或蓝绿色的天河石。我国新疆、云南等地也产有质地很好的天河石。

（4）最好的日光石产于挪威南部的 Tvedestrand 和 Hitero，日光石产于穿插于片麻岩中的石英脉中，呈块状产出；另一个产地是俄罗斯贝加尔湖地区。此外在加拿大、印度南部、美国的 Maine 和新墨西哥、纽约等地都有日光石产出，但相对来说不太重要。

任务十三
锆石的鉴定

一、锆石的基本性质

锆石（zircon）又称锆英石，宝石界又称为"风信子石"。"风信子石"一词是由 hyacinth（许多种植物表现的紫蓝等色）转化来的，可指橙褐色锆石，也可指桂榴石，所以，锆石不宜再称为风信子石。古希腊时代人们就喜爱红锆石的色泽，相传犹太主教法衣上的 12 粒宝石中就有红锆石；在欧洲，红锆石是 12 个使徒石之一，被一些西班牙人、俄罗斯人等用为 1 月份诞生石。100 多年前无色钻石与锆石并列为 4 月诞生石，直到近年才结束，也说明人们对锆石的喜爱不限于红锆石。热处理改善锆石颜色、净度的成功，使锆石的各色宝石品种稳定且数量大增。目前市场上的彩色锆石多数是经热处理的。

1. 化学成分

$ZrSiO_4$，可含有微量 Mn、Ca、Fe 以及放射性微量元素铀、钍等。放射性物质的辐射，会使锆石的结晶程度降低，造成锆石有不同的结晶程度，其物理光学性质也有不同。根据结晶程度可将锆石分为高、中、低三种类型，其中中型、高型为结晶态；低型接近于非晶态。

2. 结晶学特征

四方晶系，四方柱与四方双锥，可以不同倾斜角度结合。晶体可呈假八面体状，但四方柱常较发育（图 3-10）。

3. 光学性质

（1）颜色　常见有无色、天蓝色、绿色、黄绿色、黄色、棕色、橙色、红色等。其中无色、天蓝色和金黄色的颜色是由热处理产生的，也是锆石中最为重要的品种。

（2）光泽、透明度　抛光面为金刚光泽至玻璃光泽，断口为油脂光泽；透明度为透明至半透明。

（3）光性特征　一轴晶，正光性。

（4）折射率和双折射率　折射率从高型至低型逐渐变小，高型：1.90～2.01，低型：1.78～1.815，中型的介于高型与低型之间。双折射率0.00～0.60，低型为无至很小，中型为0.10～0.40，高型常见为0.4～0.6。色散强（0.038）。

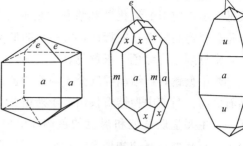

图3-10　锆石的理想形态

（5）多色性　锆石的双折射率虽然很大但其多色性表现一般不明显，在此热处理产生的蓝色锆石除外。蓝色锆石，多色性强，蓝和棕黄至无色；绿色锆石，多色性很弱，绿色和黄绿色；橙色和棕黄色锆石，多色性弱至中，紫褐色至褐黄色；红色锆石，中、紫红至紫褐色。

（6）发光性　紫外灯下一般无荧光，但有些具很强荧光，荧光颜色总带有不同程度的黄色。蓝色锆石可有无至中等，浅蓝色荧光。绿色锆石一般无荧光，有些可有很弱的绿、黄绿色荧光；橙至褐色锆石可有弱至中等强度的紫棕至棕黄色荧光；红色锆石可有中等紫红到紫褐色荧光。

X荧光：在X射线下，不同颜色和不同类型的锆石具有不同的荧光色和荧光强度。多数锆石具白或蓝紫色X荧光。也有些可具绿色、黄色X荧光。

查尔斯滤色镜检查：一般无反应。

（7）吸收光谱　锆石的可见光吸收谱中可具2～40多条吸收线，常见的有691nm、683nm、662.5nm、660nm、653.5nm、621nm、615nm、589.5nm、562.5nm、537.5nm、516nm、484nm、460nm、432.7nm吸收线。其中653.5nm、660nm两处的吸收线为锆石的特征吸收，可作为锆石的标志。蓝色和无色的锆石只有653.5nm吸收线；绿色锆石可多达40条吸收线；红色和橙至棕色锆石无特征吸收线。低型锆石一般只有中心位于653.5nm处的宽吸收带，比较模糊，热处理后较清晰，并产生其他吸收线。

4. 力学性质

（1）解理　无解理。断口呈贝壳状，锆石较脆，常见边角有破损。

（2）硬度　摩氏硬度HM＝6～7.5，高型7～7.5，低型可低至6。

（3）密度　从高型至低型逐渐变小，范围为3.90～4.73g/cm³，高型为4.6～4.8g/cm³，中型为4.1～4.6g/cm³，低型为3.95～4.20g/cm³。大多锆石为4.00g/cm³左右。

5. 特殊光学效应

可具猫眼效应、星光效应。

二、锆石的品种

锆石根据其结晶程度分为高型、中型和低型三种。

（1）高型锆石　为受辐射少，晶格没有或很少发生变化的锆石，属四方晶系，具较高的折射率、双折射率、密度和硬度，适于做宝石。也是锆石中最重要的宝石品种。常呈四方柱状晶形，颜色多呈深黄色、褐色、深红褐色，经热处理变成无色、蓝色或金黄色的锆石。主要产于柬埔寨、泰国等地。

（2）低型锆石　即指结晶程度低，晶格变化大的锆石，折射率、双折射率、密度和硬度均较低。由不定形的氧化硅和氧化锆的非晶质混合物组成，低型锆石经一段时间的高温加热，重新获得高型锆石的特征，宝石级的低型锆石只产于斯里兰卡，内部有大量的云雾状包裹体，常见颜色有绿色、灰黄色、褐色等。

（3）中型锆石　结晶程度介于高型和低型之间的锆石，其物理光学性质也介于高型和低型锆石之间。目前中型锆石仅出产于斯里兰卡，常呈黄绿色、绿黄色、褐绿色、绿褐色，深浅不一，主要呈现黄色和褐色的色调。中型锆石在加热至1450℃时，可向高型锆石转化，部分可具有高型锆石的物理光学特征，但处理后的中型锆石，常呈浑浊、不透明状，不太美观，所以市场上很少出现这类锆石，仅供收藏而已。

商贸中常根据锆石的颜色划分品种。

（1）无色锆石　锆石中常见品种，为高型锆石，可带一些灰色色调，主要产于泰国、越南和斯里兰卡。有天然产出的，也有经热处理转变的。无色锆石主要采用圆钻型切磨，但一般在亭部多出8个面，常称为锆石型切工，可得到很好的火彩效果。因而曾一度被作为钻石的天然仿制品，流行一时。

（2）蓝色锆石　常是经热处理而成，可有铁蓝色、天蓝色、浅蓝色、稍带绿的浅蓝色。以铁蓝色为最好，这是其他宝石中所没有的颜色，但不常见，常见的有纯蓝色、浅蓝色、蓝绿色等。热处理的主要原料来源于柬埔寨与越南的交界处。

（3）红色锆石　主要呈红色、橙红、褐红等不同色调的红色。其中以纯正的红色为最佳。红色锆石称为"风信子石"，常是碱性玄武岩中的深源矿物包裹体或片麻岩中的变质矿物，主要产出于斯里兰卡、泰国、柬埔寨、法国等，中国海南文昌也有红色锆石产出，具高型锆石的特征。

（4）金黄色锆石　与蓝色锆石一样，同属于热处理产生的颜色。其他色调的黄色可有浅黄、绿黄等。常切成圆形、椭圆形或混合形。具高型锆石的特征。

（5）绿色锆石　常为结晶程度较低的锆石，低型锆石常见有绿色，中型锆石可具绿黄、黄色、褐绿、绿褐等不同色调的绿色。有些热处理锆石，由于技术上控制不当，可以产生带绿色色调的样品。

三、锆石的质量评价

评价锆石一般从颜色、净度、切工和质量四个方面进行。

1. 颜色

评价锆石的颜色最主要是观察锆石颜色的纯度、透明度、亮度和均匀度。色纯、透明又均匀的最好，色调发暗、亮度差、颜色不均匀的锆石价值就不会太高。

锆石中最流行的颜色是无色和蓝色，其中以蓝色的价值最高。蓝色锆石常带有绿色色调，比较接近海蓝宝石。鲜艳纯正的蓝锆石，在其他宝石中还不常见。只有辐照处理的蓝色钻石有类似的颜色。

无色锆石应是不带任何杂色的，它能与钻石一样透明。除无色和蓝色外，纯正明亮的绿色、黄绿色、黄色等锆石，由于其高折射率，比橄榄石、金绿宝石、黄晶等更具有光泽，更受人们的喜爱。

颜色评价中应注意热处理产生颜色的稳定性。有些锆石在热处理后的短时间内，有较强

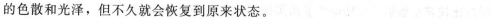

的色散和光泽，但不久就会恢复到原来状态。

2. 净度

由于无瑕疵的锆石供应量较大，所以对锆石内部净度的要求也很高。无色和蓝色的锆石评价要求是：肉眼观察样品无瑕疵。特别要观察样品刻面棱线有无磨损，有磨损的锆石因为要重新抛光价值要下降很多。

3. 切工

锆石的切工评价应考虑其切磨比例和切割方向。

（1）锆石之所以显得漂亮，主要因素是锆石具有高折射率、高色散，还在于切磨的比例、抛光程度和本身的光泽。切磨时应注意整体的明亮效果，稍有任何一点偏离，都会影响其价值。如斯里兰卡的锆石有时颜色和质地都非常好，但由于切工差，购买时一定要重新计算重切后的质量，再算出其应有的价格。

（2）由于锆石的高折射率和高双折射率，光轴平行或近于平行台面时，很容易产生双折射造成的重影，而使样品出现模糊感觉。因此切割时光轴应垂直台面，观察时应从台面看下去，如果在这个方向上无双折射现象，就比较理想。

（3）锆石的切割方向还影响着蓝色锆石的蓝色效果。蓝色锆石的多色性比较强，通常呈蓝，灰黄-无色，最纯正的蓝色只有从平行光轴的方向，才能观察到。因此切磨时光轴垂直台面，才能获得最佳效果。

4. 质量

市场上供应的蓝色和无色锆石，常见从几分到 9～10ct，超过 10ct 的不多见，特别是颜色好的大颗粒不多见。

四、锆石的鉴定

锆石的鉴定依据主要是锆石的高折射率、高双折射率、高密度、高色散及众多的吸收谱线等特征。

（1）锆石因其高折射率和高色散，而具较强光泽（金刚光泽至亚金刚光泽），火彩也较强。

（2）锆石通过顶刻面可以看到清晰的底刻面重影。

（3）锆石的密度在常见宝石品种中可以说是比较高的，用手掂可以明显感到。

（4）锆石的折射率高（>1.81），无法用常规折射仪测量，双折射率也无法测定，但可以用反射型的折射仪来进行测试。

（5）锆石众多的吸收线（由内部所含放射性元素 U 而产生），是锆石鉴定的一个重要特征。其中 653.5nm 强吸收带是其特征吸收，而且不同颜色、不同产地的锆石的吸收线数量也不同。如在缅甸产的一种绿褐色的锆石吸收线数量最多，一个样品上可多达 40 多条吸收线；斯里兰卡锆石吸收线的数量要少些，一般有 14 条吸收线；新南威尔士 Uralla 的橙色锆石吸收只有几条；法国 Auvergne 产的红色锆石只显示几条模糊的带。热处理无色、天蓝色和金黄色的锆石吸收极弱，常只有 653.5nm 的强吸收带和几条细线。

五、锆石与相似宝石的鉴别

因为锆石的色彩较为丰富，而且颜色深浅程度较宽，锆石几乎可以与任何颜色、透明到半透明的宝石相混。但一般宝石不具有锆石的高折射率、高双折射率、多条吸收谱线和较高的密度，所以比较容易鉴别。在斯里兰卡购买的"杂宝"中，常有一包是锆石、金绿宝石、蓝宝石、尖晶石等，如何将锆石与上述混杂样品区分开来，具体方法如下。

（1）首先在偏光镜下分出样品里的均质体的尖晶石和石榴子石，尖晶石和石榴子石可用折射率、可见光的吸收光谱和密度来进一步区分。

（2）测折射率，可以区分出金绿宝石、橄榄石、碧玺、绿柱石等一些折射率相对偏小的宝石品种。这些宝石在折射仪上可以读出相应的折射率值，而锆石则无法读出折射率值。

（3）或直接用手持分光镜，对着阳光观察吸收光谱，一般锆石都有多条吸收线，可以说是与众不同的。即使热处理的锆石，其常见的吸收线也在 653.5nm，可与蓝宝石等折射率较高的宝石品种区别开。

（4）肉眼感觉，可据锆石的强光泽和高色散将它与其他品种区别开来；另外有来自斯里兰卡的锆石，为了保重，冠部很薄，亭部却大而胖，比例失调。

在鉴定中还会遇到像榍石、透辉石等宝石与锆石相混，鉴别方法如下。

（1）榍石：榍石密度接近于 3.52g/cm^3，低于任何一种锆石；榍石为二轴晶，而锆石为一轴晶；榍石三色性明显，常呈微绿黄-微红黄-无色。

（2）硼铝镁石：常与褐黄色的锆石相混，放大检查时均可出现重影线，但折射率为 $1.668\sim1.707$，比锆石低得多。

（3）绿色蓝宝石：易与绿色低型锆石相混，但从折射率上也较容易区别。蓝宝石的折射率较低（$1.762\sim1.770$），很少高于 1.780。而低型锆石的折射率很少低于 1.780。而且吸收有不同，蓝宝石的吸收是 450nm 的吸收带，而低型锆石的吸收只是以 653.5nm 为中心的模糊吸收带。

（4）透辉石、钙铁榴石、橄榄石等可与低型锆石相混，可通过偏光镜和折射仪区分。低型锆石近似于非晶质，在偏光镜下呈不完全消光或呈全亮，而透辉石为非均质体，在偏光镜下呈明显的四明四暗。钙铁榴石虽是均质体，单用偏光镜不能直接区别于低型锆石，但钙铁榴石的内部总含有细而弯曲的石棉纤维，可呈典型的"马尾状"包裹体，而在低型锆石中，仅能见一些平直或带交角的色带、骨架状包裹体等，无石棉纤维。

六、锆石的主要产地

锆石产于伟晶岩和碱性岩中，高温形成的锆石晶体多为柱面发育，碱性岩中锆石多以四方双锥形为特征。宝石级锆石大多呈碎屑沙砾状矿物产于各种沙砾层中。

泰国、斯里兰卡为锆石的主要产出国。斯里兰卡以产各种颜色的锆石而著称，泰国为宝石级锆石的主要来源地。其他产出国还有缅甸、法国、澳大利亚和坦桑尼亚等。

我国宝石级锆石也有产出。产于海南的红色锆石是碱性玄武岩中的深源巨晶矿物，同蓝宝石共生，并呈嵌晶存在。福建明溪碱性玄武岩中可见无色锆石巨晶产出。

任务十四
方柱石的鉴定

一、方柱石的基本性质

10 世纪初，方柱石（scapolite）还仅仅是一种矿物，然而 1913 年缅甸产出了宝石级方柱石，从此不断发现宝石级方柱石的新产地，至今对于宝石界人士而言已不再是一种陌生的宝石了。

1. 化学成分

$(Na，Ca)_4[Al(Al，Si)Si_2O_8]_3(Cl，F，OH，CO_3，SO_4)$，方柱石为一固熔体系列，随着成分中 Ca 的含量增多，折射率、双折射率和密度也增大。

2. 结晶学特征

四方晶系，柱状晶形，沿 c 轴延长，常带有丝状或纤维状外观。

3. 光学性质

（1）颜色　主要有紫色，粉色，其中有无色、黄色、绿色、蓝色。

（2）透明度及光泽　透明至半透明，玻璃光泽。

（3）光性　一轴晶，负光性。

（4）折射率和双折射率　$n_o=1.56$，$n_e=1.555\pm0.014$。双折射率：$0.004\sim0.037$。色散：0.017。

（5）多色性　粉、紫色者具中-强多色性，黄色者具弱至中多色性。

（6）荧光　与产地和颜色有关，无色和黄色者可有粉色到橙色的荧光色。

（7）光谱特征　某些粉色者在 652nm 和 663nm 有吸收线。

4. 力学性质

（1）解理　柱面解理不完全。

（2）硬度　摩氏 $H_M=6\sim6.5$。

（3）密度　$\rho=(2.67\pm0.06)g/cm^3$。

二、方柱石的品种

方柱石是一系列矿物的总称。一般根据钠柱石相对分子质量和钙柱石相对分子质量的不同比例，可分为钠柱石、钙钠柱石、钠钙柱石、钙柱石。自然界尚未发现纯的钠柱石、钙柱石，多为中间成分的钙钠或钠钙柱石。因此按化学及矿物成分可分为富钠方柱石（富 Cl^-）和富钙方柱石（富 CO_3^{2-}、SO_4^{2-}）。方柱石的光学、力学性质与化学成分关系密切有一定影响。

三、方柱石的评价

方柱石的评价主要依据有如下几点。

（1）透明度　透明度越高越好，反之差；

（2）色彩鲜艳程度　以粉红色、紫罗兰色为佳，次为无色、棕黄色；

（3）具猫眼效应者则价高，反之则低；

（4）瑕疵、裂纹、解理不发育，越少越佳，明显者则差。

四、方柱石的鉴定

根据其四方柱状晶形、中等解理、中等硬度，且能溶于 HCl 中则易于识别。对透明的紫蓝色晶体或戒面具有强的多色性及测其物性参数。

五、方柱石与相似宝石的鉴别

方柱石易于与石英、绿柱石类宝石相混。石英为一轴晶（＋），而方柱石为一轴晶

（一），紫色方柱石与紫晶很相似，但紫色方柱石的折射率和双折射率都较低，折射率为 l.536～1.541，双折射率为 0.015。方柱石的折射率值与绿柱石宝石折射率重叠时，方柱石的双折射率明显较大。

六、方柱石的主要产地

方柱石大多产于变质岩中，也有产于伟晶岩中的。产于区域变质岩中者质量较差，最好者产于火山岩与灰岩的接触变质带。产地有缅甸、马达加斯加、巴西、印度、坦桑尼亚、中国和莫桑比克。猫眼品种主要产于缅甸和中国。

任务十五
红柱石的鉴定

一、红柱石的基本性质

红柱石（andalusite）具有宝石所要求的硬度、透明度以及美丽的外观，常作为收藏品。

1. 化学成分

红柱石是一种铝硅酸盐，化学成分为 Al_2SiO_5。其中 Al 常被 Fe^{3+}、Mn^{2+} 替代，一些红柱石在生长过程中还可以捕获细小石墨及黏土矿物的颗粒，并可在红柱石内部呈定向排列，在其横断面上形成黑十字。

2. 结晶学特征

红柱石为斜方晶系。通常为柱状晶体，晶体的横断面几乎呈正方形，红柱石的柱状集合体还常呈放射状，形似菊花，又称为菊花石。

3. 光学性质

（1）颜色　红柱石从褐绿色到褐红色皆有，少量呈褐色、粉红色或紫色。

（2）光泽及透明度　红柱石为玻璃光泽至亚玻璃光泽。宝石级红柱石透明至半透明，影响透明度的主要因素是内部的包裹体。

（3）光性　红柱石为二轴晶，负光性。

（4）折射率与双折射率　红柱石的折射率值在 1.628～1.650 之间变化，近无色的红柱石折射率较低，靠近上述范围的低值，绿色的红柱石折射率值则靠近高值。锰红柱石的折射率值受 Mn^{2+} 类质同象替代的影响，可高达 1.66～1.69。红柱石的双折射率为 0.007～0.013，锰红柱石的双折射率为 0.029。

（5）多色性　红柱石的多色性很强，肉眼可见，一些样品还可见三色性。通常黄绿色的红柱石多色性为黄色、绿色至红色，巴西产的深绿色红柱石多色性为橄榄绿色、肉红色，比利时产的蓝色红柱石多色性为蓝色、无色。

（6）发光性　通常红柱石在长波紫外光下无荧光。马塞诸塞州产的红柱石在短波紫外光下可有褐色的荧光，巴西产的褐绿色红柱石在短波紫外光下呈深绿色或黄绿色荧光。

（7）吸收光谱　绿色、淡红褐色的红柱石显铁的吸收谱，在 436nm 和 445nm 处吸收，由 Mn 致色的深绿色红柱石可在黄-绿区 555.3nm、550.5nm，绿区 547.5nm 和蓝-绿区 518nm、595nm，紫区 455nm 有吸收带。

（8）其他　红柱石不受酸的腐蚀，在酒精喷灯或吹管火焰中不熔。

4. 力学性质

（1）解理　红柱石可见两组解理，中等解理、不完全解理，断口呈参差状。

（2）硬度　红柱石摩氏硬度为 6.5～7.5。

（3）密度　红柱石密度随成分不同也有一个变化范围，一般为 3.13～3.60g/cm³，宝石级红柱石常见的密度实测值为 (3.17±0.04) g/cm³。

二、红柱石的品种

空晶石或短空晶石是红柱石的一个变种，为不透明矿物，在白色、灰色、微红色或浅褐色底色的中心，有十字形的暗色条带。这种十字形条带由碳杂质聚集而成，从晶体的一端伸向另一端，条带的大小和形态各不相同，在截面上可以看得很清楚。

红柱石猫眼是肉红柱石内部平行排列的管状包裹体所致。

三、红柱石与相似宝石的鉴别

（1）电气石　电气石的密度和折射率变化范围与红柱石大致相同，但双折射率高，红柱石折射率极具可变性，而电气石有 1.644 的固定值。电气石密度明显低于红柱石。

（2）变石　变石折射率 1.746～1.755，密度为 3.73g/cm³，均高于红柱石，变石在日光下可呈黄褐、灰、蓝绿色，在白炽灯下可呈橙、褐红至紫红色，可根据变石在日光和白炽灯光下颜色的变化来区分变石和红柱石。

（3）托帕石　托帕石密度为 3.53g/cm³，高于红柱石，且无特征吸收光谱。

（4）赛黄晶　赛黄晶可能与不常见的粉红色红柱石相混淆，赛黄晶双折射率较低，为 0.006，相当稳定。

四、红柱石的主要产地

红柱石为富铝的岩石在低温高压变质作用下的产物，主要产于板岩、片岩或片麻岩当中。与矽线石、菫青石、石榴石等矿物共生，也有少量红柱石作为碎屑矿物产于伟晶岩和花岗岩中。红柱石产于河床及山坡下的砂矿之中，是由含红柱石的变质岩经风化搬运而富集成的矿床，巴西产的红柱石绝大部分为深绿色富锰的品种。除巴西之外，红柱石的其他产地还有美国的加利福尼亚州、科罗拉多州、新墨西哥州、宾夕法尼亚州、缅因州和马塞诸塞州，东非，西班牙，斯里兰卡，缅甸，比利时还有由铁致色的蓝色红柱石产出。

任务十六
菫青石的鉴定

一、菫青石的基本性质

菫青石（iolite）英文名称 lolite 来自希腊文中的 Violet，寓意其呈紫罗兰色，它的另一个矿物名称是 Cordierite，是为了纪念法国地质学家科尔迪埃（P. L. A. Cordier，1777～1861 年），这个字仅用在矿物学中。由于菫青石有像蓝宝石一样的蓝色，有人称之为"水蓝宝石"（water sapphire），容易使人产生误解。

1. 化学成分

董青石的成分为 $(Mg, Fe)_2Al_3AlSi_5O_{18}$。其中，Mg 和 Fe 可形成完全的类质同象代替。自然界中，绝大多数董青石是富镁的，因为 Mg^{2+} 更容易进入董青石的晶格，此外董青石中还含有一定量的自由水，存在于董青石的平行 c 轴的结构通道之中。

2. 结晶学特征

董青石属斜方晶系，常呈短柱状晶体产出。

3. 光学特征

（1）颜色　董青石的颜色很丰富，最吸引人的颜色为蓝色和蓝紫色，一般只有这两种颜色的董青石可以用作宝石。董青石也可呈无色、微黄白色、绿色、褐色和灰色等。

（2）光泽及透明度　董青石具有玻璃光泽，透明至半透明。

（3）光性　二轴晶，正光性，有时为负光性。

（4）折射率与双折射率　董青石的折射率与其成分中 Mg 和 Fe 的比例有关，当富 Mg 时，折射率偏低，而富铁时折射率则偏高，在宝石鉴定中经常测到的折射率值为 1.542～1.551。董青石的双折射率为 0.008～0.012。

（5）多色性　董青石的色散微弱（0.017），但多色性很强。肉眼可见，如果从不同方向观察，可看到不同的颜色。

富铁的董青石多色性为一个方向呈现紫色，另一个方向则为无色，富镁的英青石多色性表现为一个方向为蓝紫色，另一个方向可以是黄绿色或灰蓝色。

董青石的颜色和多色性足以防止把它与任何其他在此折射率范围内的宝石相混淆。

（6）发光性　无。

（7）吸收光谱　董青石的吸收光谱因其结晶方向不同而略有变化。董青石的吸收光谱为铁的吸收谱，在 645nm、593nm、585nm、535nm、492nm、456nm、436nm 以及 426nm 处有一系列的弱的吸收带。

4. 力学性质

（1）解理　董青石可具有三组解理，为中等解理、不完全解理、断口为参差状。

（2）硬度　董青石的摩氏硬度为 7～7.5，具有中等坚韧度。

（3）密度　董青石的密度为 2.57～2.66g/cm³，密度值随 Fe 的含量增多而逐渐变大。

二、董青石的品种

董青石类型　按颜色可分为：①紫蓝色董青石（又称水蓝宝石）；②浅红色董青石（又称血点董青石）。

三、董青石与相似宝石的鉴别

与董青石相似的宝石可有蓝宝石、紫晶、方柱石、碧玺、坦桑石等。

1. 蓝宝石

蓝宝石的折射率为 1.762～1.770，密度 4.00g/cm³ 左右，都高于董青石。

2. 紫晶

紫晶只有蓝紫、红紫和浅紫色，密度略高于董青石为 2.66g/cm³，且紫晶为一轴晶正光性，有"牛眼"干涉图。

3. 方柱石

方柱石有无至强粉红、橙色或黄色的紫外荧光，多色性比堇青石弱。

4. 碧玺

碧玺折射率高于堇青石，为 $1.62\sim1.64$，密度也高于堇青石，为 $3.06g/cm^3$。

5. 坦桑石

坦桑石折射率为 $1.691\sim1.700$，密度为 $3.35g/cm^3$，均高于堇青石。

四、堇青石的主要产地

堇青石是典型的变质矿物，主要产于片麻岩、片岩及蚀变火成岩中，宝石级堇青石主要赋存于富镁的蚀变岩中。

宝石级堇青石的主要产地有：美国的加利福尼亚、爱达荷州、怀俄明州，加拿大，格陵兰，苏格兰，英格兰，挪威，德国，芬兰，以及坦桑尼亚、纳米比亚、马达加斯加等地。

任务十七
葡萄石的鉴定

一、葡萄石的基本性质

葡萄石（prehnite）是一种硅酸盐矿物，通常它们出现在火成岩的空洞中，有时在钟乳石上也可以见到。葡萄石的颜色从浅绿到灰色，还有白、黄、红等色调的，但常见的为绿色，透明和半透明都有。质量好的葡萄石可作宝石，这种宝石被称为好望角祖母绿。

1. 化学成分

葡萄石的化学成分 $Ca_2Al(AlSi_3O_{10})(OH)_2$，可含 Fe、Mg、Mn、Na、K 等元素。

2. 结晶学特征

呈板状、片状、葡萄状、肾状、放射状或块状集合体。

3. 光学性质

（1）颜色　白色、浅黄色、肉红色、绿色。

（2）光泽及透明度　玻璃光泽、半透明者为主。

（3）光性　二轴晶，正光性。常呈集合体出现，在正交偏光下具集合偏光。

（4）折射率　$n=1.616\sim1.649$（$+0.016$，-0.031），点测法测得近似值为 1.63。

（5）多色性　集合体不显示多色性。

（6）荧光　紫外线下荧光惰性。

4. 力学性质

（1）解理　单晶体可具完全至中等解理，集合体中不显示解理。

（2）硬度　摩氏硬度为 $H_M=6\sim6.5$。

（3）密度　$2.80\sim2.95g/cm^3$。

（4）放大检查　放大检查时常可观察到纤维结构、放射状结构。

（5）其他　偶见猫眼效应。

❖ 二、葡萄石的品种

（1）泸州葡萄石 又叫绿粒石，产于泸州长江河段。属玄武岩，石质致密，细腻光滑，硬；多为次圆、椭圆形；呈灰、灰绿、淡绿及灰黑色。卵石表面的葡萄颗粒有浮雕状和平面状两种，一般颗粒色浅，底色深，构图清晰，颗粒稀密有致。尤其是绿色葡萄石，被称为绿珍珠，极具观赏价值。

（2）乐山葡萄石 主要产于大渡河和岷江流域，在乐山市境内的大渡河中和在乐山交汇的三江激流中也有分布，属一种高品位的含铜翠绿页岩。乐山葡萄石为颗粒状的石镶小圆石，是岩浆岩气孔被小块铜矿石充填而成，因颗粒的硬度高于包裹石质，水冲沙磨后颗粒凸现。其葡萄颗粒坚硬圆润，富含铜质，透着深浅不一的青绿颜色，格调优雅。

❖ 三、葡萄石的质量评价

葡萄石圆润光洁、晶莹可爱，以颗粒与底色对比明显、粒大形圆，呈浮雕状亦能构成图形者为佳。有的葡萄石上有一些构造纹理或裂缝穿插于葡萄颗粒间，状似朵朵梅花附生枝上的则被称为梅花石为上上品。对于葡萄石的评价可从色泽、水润、质地、切工几个方面来进行。

（1）色泽 色即颜色和光泽度，从葡萄石的颜色来说。这其中又以绿色为上，但是不可太老，葡萄石是一中比较柔和的中档宝石。从光泽上看，葡萄石圆润光洁、晶莹可爱，是以柔和圆润为最好。

（2）水润 水就是它的水头足不足、看它透不透，也不是越透就越好，而是那种显得凝重，有内涵和底蕴的为上好的。

（3）质地 是指葡萄石的内部结构，如果有很多的棉絮和杂质会严重地影响到它的价值，甚至是废料。这其中内部少裂、纯净无暇者为上上品。

（4）切工 工是指它的雕工和做工以及修饰，"好的料子总是有好的雕工"这句话是不变的真理，雕刻大师对它寄予了自己的灵感和思维，好的雕工一定要十分的耐看和有内涵底蕴。

❖ 四、葡萄石与相似玉石的鉴别

1. 葡萄石与翡翠的区分

葡萄石的绿色中会有比翡翠强的黄色调，且葡萄石的绿色也较翡翠更柔和。翡翠的折射率和密度较葡萄石都高，为 1.66 和 $3.33g/cm^3$。

翡翠会有"翠性"，而葡萄石中可见放射状纤维结构。翡翠在红区可见特征的铬吸收线，而葡萄石没有特征的吸收光谱。

2. 葡萄石与岫玉的区分

岫玉的绿色和葡萄石最常见的黄绿色极为相似，但是岫玉没有葡萄石看起来细腻。岫玉的折射率（1.56）较葡萄石低。密度也较葡萄石低一些。但是岫玉中常会出现黑色的斑点，呈点状或片状分布。

3. 葡萄石与玉髓的区分

玉髓也被称为澳洲玉。绿色中黄色调较少，为较纯的果绿色。为隐晶质的集合体，质地较葡萄石更细腻，折射率（1.53）明显比葡萄石低。

4. 葡萄石与东陵石的区分

东陵石属于石英质玉中的一种。东陵石的绿色主要是由于其中含有绿色的铬云母片造成的,且可以产生片状闪光。东陵石在查尔斯滤色镜下会变红,可与葡萄石明显区别。

5. 葡萄石与祖母绿的区分

祖母绿为非均质体宝石,偏光镜下会显示四明四暗的现象。祖母绿的折射率为 $1.577\sim$ 1.583,高于葡萄石。且祖母绿裂隙发育,内部包裹体丰富,可见三相包体。在滤色镜下可能变红。

6. 葡萄石与玻璃、塑料的区分

玻璃为均质体,滤色镜下有可能变红。放大观察可加气泡、旋涡纹,收缩凹陷。不透明的玻璃在强光下观察亦可见气泡,有时可见颜色的分布不均匀现象。

塑料质地轻,其密度远远低于葡萄石。有时可见模具的痕迹。热针实验会产生异味,且塑料有可切性,手触有温感。

🐘 五、葡萄石的主要产地

葡萄石是经热液蚀变后所形成的一种次生矿物,主要产在玄武岩和其他基性喷出岩的气孔和裂隙中,常与沸石类矿物、硅硼钙石、方解石和针钠钙石等矿物共生。此外,部分火成岩发生变化时,其内的钙斜长石也可转变形成葡萄石。

国内葡萄石主要产于四川省泸州、乐山等地;国外葡萄石主要产于法国、瑞士、南非、美国的新泽西州等地。

模块 四

常见玉石的鉴定

任务一
翡翠的鉴定

一、翡翠的基本性质

在中国古代，"翡翠"本来是鸟名，它的羽毛美丽，一般雄鸟红色称之"翡鸟"，雌鸟绿色称之"翠鸟"。在古代，用翡翠的羽毛贴镶拼嵌妇女首饰，制成的首饰名称都有"翠"字，如钿翠、珠翠等。因硬玉是十分美丽的玉，随着时光前进，人们就以美丽的鸟名"翡翠"代表美丽的玉，即把主要由硬玉、钠铬辉石或绿辉石组成的达到玉石级的多晶集合体称为翡翠了。翡翠是以硬玉为主的、由多种细小矿物组成的矿物集合体。它的主要组成矿物是硬玉（jadeite），次要矿物有钠铬辉石、透闪石、透辉石、霓石、霓辉石、钠长石，以及铬铁矿、磁铁矿、赤铁矿和褐铁矿等，其中钠铬辉石在有些情况下会成为主要组成矿物。翡翠常见品种有以下几种。

（1）以硬玉为主的翡翠　以硬玉矿物为主，含微量的 Cr^{3+}、Fe^{3+} 等杂质，高档翡翠多属于此类。

（2）闪石化的翡翠　闪石化的翡翠是以硬玉为主的翡翠经后期热液蚀变而成的。由于富含 Ca^{2+}、Fe^{2+}、Mg^{2+} 的热液的烛变作用，部分硬玉矿物转变成阳起石或透闪石。透闪石或阳起石以分散状或脉状出现。

（3）钠铬辉石"翡翠"　以钠铬辉石为主（质量分数 $60\% \sim 90\%$），次要矿物为硬玉、角闪石、钠长石和铬铁矿等。这类"翡翠"多为深翠绿色、深绿色到黑绿色，不透明。对此类以钠铬辉石为主的玉石列入翡翠，有人持有异议，认为钠铬辉石不同于硬玉，不能形成硬玉集合体的结构特征，因而不具备翡翠的特性。

1. 化学成分

作为翡翠的主要构成矿物，硬玉的化学成分为 $NaAlSi_2O_6$，并可含有少量 Ca、Mg、Fe、Cr、Mn、Ti、S、Cl 等，其中 Cr、Mn、Fe、Ti、S、Cl 等元素对翡翠成分具有重要意义。有些情况下，Cr^{3+} 可大部分甚至全部地替代硬玉分子中的 Al^{3+}。

2. 结晶学特征

翡翠本身是晶质矿物集合体，但其主要的组成矿物硬玉及钠铬辉石等属单斜晶系，常呈柱状、纤维状或粒状集合体。

3. 结构

结构是指组成矿物的颗粒大小、形态及相互关系。在宝石学中翡翠的结构统称交织结构，这是因为：在肉眼观察、手持放大镜观察或宝石显微镜的观察中，可以发现翡翠组成矿物全呈柱状或略具拉长的柱粒状，近乎走向排列或交织排列。翡翠的"交织结构"在鉴定中具有重要意义，这一结构特征明显有别于岫玉等玉石的结构特征。如果有条件对翡翠作薄片鉴定，附以发现翡翠的"交织结构"可包含以下几种类型的结构特点。

（1）粒状纤维交织结构　通常主要由硬玉矿物组成，颗粒较粗，边界平直，没有遭受明显的动力变质和蚀变作用。这种翡翠透明度较差。

（2）纤维交织结构　由于剪切变形作用的影响，较大颗粒碎裂成细小颗粒，形成核幔结构；当剪切变形作用足够强烈时，则发展成糜棱-超糜棱结构，矿物颗粒通常高度亚颗粒化，并普遍发生晶界活动、波状消光和动态重结晶等现象。这种翡翠矿物颗粒极细（$d < 0.05mm$），因而透明度高，致密而细腻。高档翡翠多属于此类。

（3）交代结构　长柱状和纤维状的角闪石、阳起石、透闪石等常可交代翡翠中的硬玉矿物而形成纤维粒状变晶结构，交代强烈的变成纤维状变晶结构，交代作用常降低翡翠的价值。

翡翠的结构决定了翡翠的质地、透明度和光泽。一般来讲，矿物颗粒粗，翡翠质地就规松散，透明度和光泽也差；相反，矿物颗粒细者，则翡翠质地细腻致密，透明度好，光泽也强。纤维交织结构者韧性好，而粒状结构者韧性差。

4. 光学性质

（1）颜色　翡翠的颜色归纳起来有五类，即白色、绿色、紫色、黄红色和黑色。

① 白色　不含任何杂质的硬玉（成分为纯 $NaAlSi_2O_6$），应是纯净的白色。但自然界没有绝对纯的硬玉，所以常见的白色翡翠是略带灰、略带绿和略带黄的白色，有些白色翡翠还带有褐色，显得很脏。白色翡翠主要用来作雕件。

② 绿色　绿色是翡翠的常见颜色，所说的"翠"就是指绿色翡翠。绿色翡翠由浅至深分为：浅绿、绿、深绿和墨绿。其中以绿为最佳，深绿次之。大多数绿色翡翠都或多或少的

含有杂色，若杂色明显，则影响翡翠的价格，常见带杂色的绿色有黄绿、灰绿、蓝绿，其中黄绿如果黄色调很浅，仍不失翡翠的艳丽。

翡翠的绿色主要由硬玉分子（$NaAlSi_2O_6$）中微量的 Cr、Fe 等杂质引起的，杂质含量越高，颜色越深。类质同象替代有三种情况。

a. 当硬玉分子中 Al^{3+} 被适量的 Cr^{3+}（以及 Ti^{4+}）替代时，则翡翠呈诱人的翠绿色（研究表明这种高档绿色还与翡翠中微量的 S^{2-} 和 Cl^- 有联系）；但若 Cr^{3+} 的含量很高时（钠铬辉石质量分数超过 50%），则翡翠变成不透明的黑绿色，即钠铬辉石翡翠。

b. 当硬玉分子中 Al^{3+} 主要被 Fe^{3+} 替代时，翡翠呈发暗的绿色，不如含 Cr^{3+} 翡翠的颜色那么鲜艳、明快，油青种属于此类。

c. 当硬玉分子中 Al^{3+} 同时被 Fe^{3+} 和 Cr^{3+} 替代时，则翡翠颜色介于前两者之间，视 Fe^{3+} 和 Cr^{3+} 的比例而定。

③ 紫色　紫色翡翠也称紫翠，按其深浅变化可有浅紫、粉紫、紫、蓝紫，甚至于近乎蓝色。过去传统观念认为由微量的 Mn 致色。香港欧阳秋眉教授（1993 年）和美国 Rossman（1974 年）认为紫色翡翠是因为 Fe^{2+} 和 Fe^{3+} 跃迁而致色。

④ 黄红色　黄红色是次生颜色。白色、紫色或绿色翡翠形成后，由于某些原因使其暴露于地表，遭受风化淋滤，使 Fe^{2+} 变为 Fe^{3+} 形成赤铁矿或褐铁矿，沿翡翠颗粒之间的显微缝隙慢慢渗入而成。鲜艳的红色也称"翡"或"红翡"。

⑤ 黑色　翡翠的黑色外表看来有两种。一种为深墨绿色，主要是由于铬、铁含量高造成的，强光源照射呈绿色，此种翡翠的折射率和密度比一般翡翠高，折射率一般为 1.67～1.68，密度为 3.4g/cm³ 左右。另一种是呈深灰至灰黑色的翡翠，这种黑色是由于含有暗色矿物的杂质造成的，看上去很脏，是较为低档的翡翠。

在珠宝界，对翡翠的一些颜色组合给予了一些特定的名称，如春花、福禄寿。春花：紫色、绿色、白色相接，紫、绿无形，有着花怒放之意。福禄寿：绿色、红色、紫色同时存在于一块翡翠上，象征吉祥如意，代表福、禄、寿三喜。

翡翠的颜色丰富多彩，千变万化。其色的形状与组合、色的深浅与分布都有差别。有时同一块料上可有五种颜色。

（2）光泽、透明度　翡翠为玻璃光泽。半透明-不透明，极少为透明。一般来说，翡翠矿物颗粒越细，则透明度（即"水头"）越好，光泽越强；颗粒越粗，则透明度、光泽越差。另外翡翠中 Fe、Cr 等杂质元素含量太高时，透明度变差（甚至不透明）。

（3）光学特性　硬玉为单斜晶系，二轴晶，正光性，$Z_V=72°$。翡翠为非均质集合体。

（4）折射率　翡翠的折射率为 1.666～1.680（±0.008），点测法为 1.65～1.67，一般为 1.66。

（5）发光性　天然翡翠绝大多数无荧光，少数绿色翡翠有弱绿色荧光。白色翡翠中若长石经高岭石化后可显弱蓝色荧光。

漂白、注油翡翠有橙黄色荧光。充填处理翡翠早期（早期 B 货）有弱至中等的黄绿、蓝绿色荧光，近期充填处理翡翠无至弱绿色荧光。染色的红色翡翠有橙红色荧光。

（6）吸收光谱　437nm 线是翡翠的特征吸收谱线，是铁的吸收。630nm、660nm、690nm 带或线是铬致色的绿色翡翠的特征线，绿色越浓艳铬线越清晰，如果绿色很浅，则630nm 就不易观察到。染色的绿色在 650nm 处都有一条非常明显的宽带，无 630nm、

690nm 吸收带。

5. 力学性质

（1）解理（翠性）　硬玉具两组完全解理，在翡翠表面上表现为星点状闪光，也称"翠性"，是翡翠与相似玉石的重要鉴别特征。翠性的"大小"与硬玉颗粒大小有关。翠性小时即使借助放大镜或显微镜也不易发现，说明颗粒细小致密，韧性好；反之，翠性明显易见则说明颗粒较粗大，结构不够紧密，韧性差。

（2）硬度　摩氏硬度为 $H_M=6.5\sim7$。

（3）密度　$\rho=3.30\sim3.36\text{g/cm}^3$，几乎等于二碘甲烷（$3.32\text{g/cm}^3$）的密度，翡翠密度随其中 Fe、Cr 等元素含量的增加而增加。

二、翡翠的品种

翡翠种的划分，目前还没公认的标准，张仁山（1983 年）认为，种分是翡翠的绿色与透明度的总称，按其不同特点分为老种、老新种和新种。本书根据主要矿物、颜色、透明度和结构等特征把翡翠分为 20 个品种（据崔文元等，1998 年，略加修改）。

（1）老坑种　老坑种主要用来形容翡翠的颜色，颜色符合正、浓、阳、均的翡翠就称之为老坑种。老坑玻璃种的特点是颜色正、浓、阳、均，质地细而透明，老坑玻璃种可以说是最高档的翡翠的称呼，当然老坑玻璃种本身也相对有质量高低之分。本品种多用来做高档戒面及各种首饰。

（2）天（铁）龙生种　天龙生种是 1999 年大量上市的新品种。其优质者主要矿物组成 75% 以上为富铬硬玉集合体，与之共生或伴生矿物为铬硬玉、硬玉钠铬辉石和铬铁矿等（亓利剑等，1999 年）。其特点是几乎全部较鲜的绿色，差的部分含有白花和黑点；较松散的中等的粒状结构，可见定向排列的构造。水头差，密度为 $3.30\sim3.33\text{g/cm}^3$，折射率为 1.66 左右。质量好的用来做各种薄的雕件，质量差的多用来做 B 货翡翠。

（3）白地青种　白地青种是缅甸翡翠中分布较广的一种，其特征是质地较细，往往是纤维结构，底色较白，其绿色因含铬高而很鲜艳明亮，其底色较白，更显绿白分明，绿色部分大多数呈团块状出现，这与花青种不同。多用来做手镯、挂件、雕件等。

（4）花青种　花青种的翡翠，其特点是绿色分布极不规则，其底色可能为淡绿色或其他颜色，质地可粗可细。例如，豆地花青，其结构较粗大，称为豆地，它不规则的颜色，有时分布较密集，也可较疏落，可深可浅。花青种较多见，可进一步细分为玻璃地花青、冰地花青、豆地花青和油地花青等。多用来做手镯、挂件、雕件等。

（5）芙蓉种　芙蓉种颜色一般为淡绿色，但不带黄，绿得较纯正、清澈。芙蓉种的质地比豆种细，使人能感到颗粒状，但看不到颗粒界限。一般透明度也可以。颜色不够浓。但清澈。价钱不高，较易被一般人接受。颜色深一些的会贵些，浅一些会便宜些。若其中分布有不规则深的绿色时叫作花青芙蓉种。多用来做手镯等。

（6）金丝种　一般把绿色成一丝丝状平行排列分布的翡翠称为金丝种。人们可以看到绿色是沿一定方向间断出现的，绿色条带可粗可细。金丝种翡翠的质量要看绿色条带的色泽和绿色所占比例多少以及质地粗细情况而定，颜色条带粗、占面积比例大，颜色又鲜艳的，价格自然高；相反，颜色带稀落，色又浅的就便宜多了。金丝种可细分玻璃地金丝、冰地金丝、芙蓉地金丝、豆地金丝等。根据颜色不同可做手镯和挂件等。

（7）豆种　一般把肉眼可见晶体较粗颗粒的翡翠称为豆种。这是一种很形象的称呼，翡翠是一种多晶集合体，如果组成翡翠晶体大于1mm就会容易被肉眼见到，因其晶体为短柱状，看起来很像一粒绿豆，所以叫豆种。共同特点是颜色浅、颗粒粗、一般透明度差、产量多及价钱便宜，是一种常见品种，行话说"十有九豆"。豆种可细分为细豆种、豆青种、冰豆种、彩豆种和粗豆种。多用来做手镯、花件首饰及一些雕刻品。

（8）蓝花冰种　质地细透，如冰中飘蓝色絮。质地为冰地，十分细腻，主体部分无色或颜色十分浅淡其中蓝花为闪石矿物，呈分散状不规则形态分布。此品种做成手镯，虽无翠色，却很珍贵，一副好的蓝花冰种手镯在市场上可值数万元。

（9）透水白种（或玻璃种、冰种）　质地细透，为玻璃地或冰地。颜色无色，透明或半透明，肉眼很难见到翠性，其成分为很纯的硬玉，其含量可达97％，不含铁和铬元素，此品种适合做手镯和雕件。

（10）干白品种　质地干而不润的白色系列。此品种无色或色浅，质地很粗，肉眼晶体界限可见，透明度，其为玉与石过渡品种，使用价值低。

（11）广片品种　此品种在透射光下为高绿，反射光下为黑绿，当切成很薄的片时，绿得十分浓艳，早年在南方盛行而得名，内部常有苍蝇屎或黑斑（即铬铁矿或钠铬辉石），其Cr_2O_3的含量大于1％，有的可大于3％，是翡翠与钠铬辉石玉的过渡品种。此品种与新发现的天龙生种相似。

（12）"八三"种　因此种翡翠原料于1983年大量出现在市场上而得名。该品种有四大特点，即色多（黑色多且块大，含绿色、紫色、白色）；中至粗粒，结构松散；多作B货；B货手镯击之声闷。未做优化时颜色发灰，另有黑色团块。其硬度较低，摩氏硬度为6左右，密度介于$3.287\sim3.315g/cm^3$之间，主要组成矿物80％～90％为硬玉，硬玉中Cr_2O_3的含量很低，一般不超过0.2％，另有闪石和钠长石，闪石为铝钠闪石，呈黑色脉状或团块分布。作B货后，透明度好。多做手镯和挂件。

（13）紫罗兰种　紫罗兰是一种紫色翡翠，紫色一般都轻淡，好似紫罗兰花的紫色，因而命名。一般情况下紫罗兰按其色调不同，可细分为粉紫、茄紫和蓝紫。粉紫质地较细，透明度好的比较难得，茄紫较次，蓝紫一般。质地一般为中至粗的粒状结构，细粒者少见。在黄光下紫色翡翠会显得紫色较深，选购时要当心。深紫的、质地细的、透明度高的紫罗兰翡翠很难找到，欧美人很喜爱。多用来做手镯和雕件。

（14）红翡种　颜色鲜红到红棕的翡。红翡的颜色是次生形成的一种颜色，分布于原石风化表层之下或原石裂隙或晶隙之中，可为亮红色和深红色，它是由于赤铁矿浸染所致。中至细粒结构，其透明度可从半透明-透明。其中亮红翡色鲜质细，十分美丽，是翡中精品。多用来做雕件和首饰。

（15）黄翡种　黄到褐黄色，黄翡也是次生作用而形成的颜色，它是由于褐铁矿浸染所致。为细、中、粗粒结构均有，透明至不透明，为原生翡翠之雾的部分。多用来做雕件和首饰。

（16）油青种　一般把翡翠绿色较暗的品种称为油青种，颜色不是纯的绿色，掺有一些灰色或带一些蓝色，因此不够鲜艳，可以由浅至深，显得很沉闷，透明度一般较好。结构是纤维状，可以比较细。由于它表面光泽似油脂光泽，因此称为油青种，如果颜色较深，有人又称之为瓜皮油青。用来做大雕件和手镯效果较好。

(17) 蓝水种 质地细透且通体浅灰蓝的绿辉石翡翠。其矿物成分主要为绿辉石，次要矿物为硬玉。具细粒-纤维变晶结构，同时叠加有超强应力作用形成的超糜棱岩化结构。与油青种比较，它的颜色灰蓝，较活泼，适于做雕件，有的可泛浅绿，为较多人所喜爱。

(18) 干青种 主要由钠铬辉石组成，另外含有铝钠闪石。硬度为 5.5～6，密度 3.50g/cm^3 左右。折射率为 1.722～1.745，颗粒粗，透明度差。镜下为显微粒状变晶结构。

(19) 摩奇石种 又名莫子石、摩西西，除了含钠辉石外，还含有硬玉、铝钠闪石、蓝闪石、冻蓝闪石和钠长石等矿物。在本品种中，可以清楚地看到钠铬辉石交代铬铁矿或铬尖晶石，钠铬辉石被后期应力改造成球粒状。

(20) "九一" 种 因 1991 年出现在市场上而得名。除了含钠铬辉石外，还含有硬玉、铝钠闪石等矿物。钠铬辉石与铝钠闪石呈细纤维状交织变晶结构。强玻璃光泽，反射光下为黑色，透射光下为墨绿色。

以上论述的是缅甸产常见翡翠品种，由于篇幅所限，有些少见品种未介绍。

三、翡翠的质量评价

翡翠的质量评价可以从颜色、结构、透明度、净度、切工、重量六个方面进行。

(1) 颜色 颜色评价是翡翠质量评价的关键。传统珠宝界对翡翠颜色评价有许多说法，如浓、阳、俏、匀等。综合前人的提法，我们认为翡翠颜色质量的评价可有以下几方面的考虑：纯正、浓艳、均匀、协调。

纯正：高档翡翠具有纯正的绿色。按照传统习惯及市场需求，高档翡翠（绿色品种）应具有纯正的绿色，或略具黄色色调的绿色、灰色、褐色、棕色、黑色、蓝色等色调均被视为杂色色调，这些杂色色调越浓，翡翠颜色质量越低。

浓艳：高档翡翠要求颜色浓艳，即要求颜色饱和度和明亮程度的适中搭配，过浅的绿色给人以明亮感但不艳丽，过浓的绿色使样品透明度降低，给人以沉重感。

均匀、协调：天然翡翠的颜色多呈丝状、片状分布，很难达到均匀，一般来说如果某块翡翠制品的颜色达到通绿，被视为高档品。另一方面翡翠的绿色多集中在丝状、片状的集合体中，而其周围常为浅色、无色或其他颜色的基调，当翡翠中的绿色与其周围的基调颜色能达到一种协调和互为映衬的关系时，颜色质量也将被视为上乘。

(2) 结构 极细的纤维交织结构是高档翡翠的必备条件，具这种结构的翡翠油润、细腻；反之，颗粒粗大，结合松散，质量将明显下降。

(3) 透明度 翡翠是多晶质矿物集合体，透明者极为罕见。传统玉器行业称之为"水"、"水头"，受自身组成矿物粒度大小、结合方式、裂纹多少、颜色深浅等多种因素的影响，绝大部分翡翠都是不透明至半透明。当一块翡翠制品有艳丽的颜色，再有一定的透明度时，该翡翠的质量可为上乘。

(4) 净度 净度系指翡翠内部包含的其他矿物包裹体和裂纹，天然翡翠中可有白色、黑色团块状矿物或矿物集合体。这些包裹体的存在将影响颜色和美观。由于这些白、黑色包裹体的硬度与翡翠有差异，也放将明显地影响抛光质量。

(5) 切工 翡翠的切工包括首饰（戒面、耳钉等）、挂件、摆件等几种类型，对于戒面、耳钉等的切工，要求突出颜色、切工规整、抛光优良；而对于挂件、摆件的质量评价来说，工匠们的巧妙构思、娴熟技艺将起到决定性的作用。

（6）重量　翡翠制品的价值不受重量的严格限制，但是在颜色、质地、透明度等质量相同或相近的情况下，尺寸大的也就是重量大的制品价值高。

四、翡翠的鉴定特征

翡翠的鉴定在这里仅指成品的鉴定。

1. 肉眼鉴定

翡翠的肉眼鉴定十分重要，是鉴定翡翠的基础。

（1）"翠性"和结构　翠性是硬玉的解理面在翡翠的表面表现出的星点状、线状及片状闪光。稍微转动翡翠样品，借助阳光或灯光在翡翠的表面寻找"翠性"星点状、线状、片状的闪光。线状、片状闪光多出现在粒状纤维交织结构的翡翠中，较易观察。颗粒越细越不易寻找，这时可用10倍放大镜观察。在翡翠中常可见白色团块状的"石花"或"石脑"，翠性在这附近较易观察。

纤维交织结构是由无数个细小硬玉晶体交织在一起而成，可见星点状和线状的闪光。粒状纤维交织结构是由纤维状和粒状硬玉混合交织而成，除星点状、线状闪光外，还可见到片状闪光。

粒状结构是由结晶较粗的硬玉颗粒组成的，极易看到翠性，且以片状闪光为主。

（2）颜色　翡翠的颜色丰富多彩，是其他玉石所不具备的，所以看颜色不仅要看色彩与色调，也要注意到颜色的组合和分布。

另外，看颜色不是为了分级评价翡翠，而是鉴别真伪，这里主要需观察颜色是否正、是否是翡翠经常出现的颜色，以区别于相似玉石；还要观察颜色的分布，是否呈丝网状、沿微裂隙分布，以此来判断颜色为原生还是次生或人工所致。

（3）光泽　翡翠的光泽是玻璃光泽、油脂光泽或者是带油脂的玻璃光泽，透明水头好的翡翠清润透澈，为其他玉石所没有。

（4）滑感　翡翠结构致密而细腻，硬度较高，抛光后表面很光滑，其戒面和澳洲玉的戒面相比，翡翠戒面手感非常光滑，而澳洲玉则较涩黏。

（5）凉感　将翡翠光滑表面贴于脸上或唇边有凉凉的感觉。

（6）密度　翡翠的密度为 $3.33g/cm^3$，大于多数绿色玉石。用手掂量，翡翠较重，有打手的感觉，而澳洲玉等则较轻，用以鉴别外观相似的玉种。

2. 仪器鉴定

鉴定翡翠常用的仪器有折射仪、偏光镜、显微镜、紫外荧光、分光镜、密度天平、查尔斯滤色镜、红外光谱、X荧光光谱等。可以分成以下几个方面。

（1）确定是否为翡翠　测定翡翠的密度（$3.33g/cm^3$）、折射率（1.66）、偏光性（非均质集合体）、吸收光谱（437nm吸收线）等几个项目，如果所测样品均符合以上数据则可定为翡翠。

（2）确定翡翠的颜色　翡翠的颜色是翡翠的价值所在，有些看上去很美的绿色、红色或紫色，却是人工染色而成的。此时需借助显微镜观察颜色的形状及颜色的分布形式，并结合分光镜观察及查尔斯滤色镜下的观察以确定颜色是天然成因还是人工原因。

（3）确定翡翠是否经过优化处理　翡翠的人工处理方法很多，其中主要的有染色处理、浸油、浸蜡处理、漂白处理、充填处理。这几种处理可单独存在也可同时出现。鉴定人工

（优化）处理的翡翠主要通过显微镜观察和红外光谱测试。

此外还可以用 X 荧光分析法测定其染料、充填物或清洗剂中的 Cr 等。

五、翡翠的优化处理及其鉴别

（一）加热处理

1. 加热目的

加热是为了使黄色、棕色、褐色的翡翠转变成鲜艳的红色，因为黄色棕色和褐色翡翠的颜色都是次生的。由于风化淋滤作用使铁的氧化物褐铁矿、赤铁矿等沿翡翠颗粒之间的缝隙渗入而成，加热的目的是促进氧化作用的发生。

2. 选料

不是所有的翡翠都能加热生成红色，只有黄色、棕色、褐色的翡翠才能进行热处理产生红色，并且应使大小相近的翡翠同炉加热。

3. 加热方法

将选好的翡翠清洗干净后放在加热炉中加温。温度不需太高，样品最好包上，悬空吊在炉中。升温速度要缓慢，当升到一定温度时，翡翠颜色转变为猪肝色时，开始缓慢降温，冷却之后翡翠就呈现红色。为获得较鲜艳的红色，可进一步将翡翠浸泡在漂白水中，数小时进行氯化，以增加它的艳丽程度。

4. 耐久性

具有与天然红色翡翠同样的耐久性。

5. 鉴定特征

因为与天然红色翡翠的形成基本相同，所不同的是通过加热加速了褐铁矿失水的过程，使其在炉中转变成了赤铁矿，一般不必区别，也不易区别。如果一定找出某些不同的话，天然红色翡翠稍微透明一些，而加热的红色翡翠则有干的感觉。

（二）浸油浸蜡处理

1. 目的

掩盖翡翠的裂纹，增加透明度。

2. 选料

选择裂纹较多、质地较差的翡翠原石或成品。

3. 处理方法

将选择好的翡翠放入油或蜡的液体中，稍稍加温，浸泡，使油或蜡的液体沿裂隙和微小缝隙渗入，经过再抛光可增加透明度，使原有的缝隙变得不明显。

4. 耐久性

这种处理方法不可能耐久，只是暂时掩盖了较为明显的裂纹，增加了光的折射和反射能力，同时使透明度有所提高，当这样的样品遇到酸性溶液就会溶解，如果遇到高温也会使油或蜡质溢出。

5. 鉴定特征

（1）酸洗 在盐酸中浸泡，裂纹得以恢复。

（2）加热 缓慢地在酒精灯上加热可使油或蜡出熔。

（3）红外光谱 有机物峰明显，浸蜡者具明显的 $2854cm^{-1}$、$2920cm^{-1}$特征谱。

（4）紫外荧光　浸油者可有黄色荧光，浸蜡者可有蓝白色荧光。

（5）光泽　光泽暗淡，呈明显的油脂光泽或蜡状光泽。

（三）漂白处理

1. 目的

翡翠的颗粒常因存在着一些铁、锰等元素的杂质，而产生黑、灰、褐、黄等杂色，影响了翡翠的美观程度，降低翡翠的价值。为了去掉这些杂色，人们采用化学的方法给翡翠"洗澡"或"冲凉"，可使很脏的翡翠变得干净。这种处理方法古来有之，在传统的玉器加工中称此为"洗澡"或"过酸梅"。

2. 选料

要选择结构不太紧密，且又基底泛黄、泛灰、泛褐等脏色调的翡翠成品或小块的原石，块大者可切成片状。

3. 处理方法

早期的漂白处理主要是在酸梅汁或漂白液里浸泡，根据样品情况确定时间，一般需 2～3 周，并不时查看，直至变干净为止。

近期的漂白是将样品浸到盐酸中，不断查看，直至脏色去掉，这种经过酸性溶液清洗的翡翠还要放在弱碱性溶液中进行中和反应，使进入缝隙中的酸液不再继续起作用。

4. 耐久性

轻度的酸洗没有使翡翠的整体结构发生改变，只是将样品表面的杂色去掉了；会轻微破坏翡翠表面的结构，因此不会影响翡翠的耐久性，而严重的漂白就会使翡翠的结构破坏到一定深度，但还没有达到需要固结的程度。

5. 鉴定特征

轻度的漂白，不易发现，只在抛光样品的表面留下极细的裂纹。较为明显的漂白则在翡翠的表面留下明显的裂纹，纵横交错，因为没有浸蜡和注胶，所以看上去发白、较平，虽然杂色去掉了，但表面的结构遭到破坏，实际上这种方法并没有使价值提高很多。因为没有充填物的表面裂纹是一目了然的。

（四）漂白加充填处理

这里讲的是漂白处理加上充填处理就是翡翠行内俗称的"B 货"。

"B 货"的来源有两种说法。其一是英文漂白一词"Bleach"正好是"B"开头，而所说的"B"货将脏色调的翡翠漂白了。所以这是很恰当的描述，因此取英文"B"代替这种处理方法，实为简称。另一种说法是有一商人正销售这种经过漂白加充填的翡翠。有人询问他为什么这种看上去较为美丽的翡翠价格又很便宜？情急之中，他说这种翡翠是 B 类的，不同于那种未经任何处理的 A 类翡翠，所以就这样叫开了，这是按翡翠是否经过处理而划分的类别。无论如何解释，宝石界的人都习惯将这种先经漂白处理，又经充填的翡翠称为"B"货。

1. 目的

充填处理是指对经过严重酸洗的翡翠进行充填固结的一种处理。从结构破坏程度上看，在溶解翡翠中的杂色、脏色的同时，也溶解掉部分翡翠颗粒，将翡翠特有的较为致密的结构破坏，因此在颗粒之间出现较多较大的缝隙，有的甚至呈疏松的面包渣状，这样的翡翠不可能直接使用，所以必须用一些能够起固结作用的有机聚合物（如树脂或塑料）充填于缝隙之间，即固结了翡翠又加强了透明度。这就是充填处理的主要目的。

2. 选料

漂白加充填处理的选料与漂白处理选料类似，结构不能太致密，可有些绿色，底色很脏有杂色。如油青种的翡翠就不能进行漂白充填处理。

3. 优化处理翡翠（即 B 货翡翠）制作的主要步骤

早期的翡翠 B 货做法很简单，先挑选好料或成品，然后用酸浸泡，直到腐蚀掉表层的杂色和污点后，涂上一层蜡，填平缝隙。这种表层涂蜡的早期翡翠 B 货，肉眼极易识别，因为蜡的光泽明显低于翡翠的玻璃光泽；蜡遇热后会变软、脱落；用普通的针尖也可轻试。这种粗糙的早期翡翠 B 货即使不经加热，过几个月就会出现许多微小裂隙，裂隙中常析出（氧化）褐色粉末。这种早期翡翠 B 货市场上已不多见。

近期的翡翠优化处理技术有了很大提高，通常经过选料、强酸浸泡、弱碱中和、烘干、填充、抛光 6 个步骤来完成处理的全过程。

4. 耐久性

早期的漂白加充填处理的翡翠耐久性很差，大多已氧化析出褐色物质，变得比没处理前还要差。近期的漂白加充填处理翡翠耐久性较好，看上去光润油亮，有人做过老化实验，在紫外线较长时间照射下，未发生明显变化，但不能接触酸性介质。

5. 鉴定特征

（1）肉眼观察

① 光泽　由于加入充填物为树脂或塑料等有机聚合物，所以影响了翡翠的光泽，这种漂白加充填处理的翡翠常有树脂光泽、蜡状光泽或者是玻璃光泽与树脂光泽、蜡状光泽混合。

② 颜色　虽然这种方法处理的翡翠的绿色仍为原生颜色，但经过酸性溶液的浸泡，基底变白了，绿色也变得发黄，看起来很不自然，绿色分布较浮，原本丝状、带状的颜色被渐渐扩展开来，原来颜色的定向性也被破坏了。

③ 表面特征　这种方法处理的翡翠由于充填物与翡翠本身的硬度差别较大，所以表面易产生"橘皮效应"，即表面凹凸不平，在原生的裂隙处呈较明显的凹沟，充填物明显低于两边，许多给裂组成了纵横交错的"沟渠"。近期加工技术较好的漂白加充填处理的翡翠表面非常光滑，无上述现象，需更加仔细的观察和测定。

（2）仪器测定

① 密度　这种方法处理的翡翠多数密度较低，为 $3.0 \sim 3.3 \text{g/cm}^3$，少数达 3.33g/cm^3。

② 折射率　漂白加充填处理翡翠的折射率略低，为 1.65（点测）；有些则为 1.66，与未处理的翡翠相同，所以折射率的测定只能作为参考数据。

③ 荧光性　紫外荧光检查，早期制作的漂白加充填处理的翡翠绝大多数有荧光。即短波：弱，黄绿或蓝绿（蓝白）；长波：中至强，黄绿或蓝白色。但近期这种方法处理的翡翠通常长短波均无荧光，即使有也为极弱绿色，所以如果看到较强的黄绿、蓝白色荧光，则可确定为早期的"B"货，因为未经任何处理的翡翠也无此荧光。

④ 放大检查　放大检查是鉴定这种处理翡翠的有效方法。分为表面观察和内部观察。

首先用反射光观察样品的表面，通常可见到三种情况：a. 表面呈核桃皮状，凹凸不平，伴随有交叉的缓裂凹沟，这是确定无疑的漂白加充填的翡翠，也就是翡翠"B"货。注意，要把抛光不良造成的表面不平，与这种由于充填物硬度变低造成的不平区分开，前者在凹坑处可见颗粒状晶体，解理面翠性闪光，裂缝隙边缘较尖锐，而漂白加充填处理的翡翠的凹坑处不见硬玉晶体及解理，翠性不明显，在结裂的缝隙边缘圆滑因为缝隙已被浸蚀和充填。

b. 表面抛光较好，但局部可见细小裂纹相对集中。这是因为翡翠经漂白加充填处理后又经过较为细致认真的再抛光，使得表面较光滑，局部细小裂纹是被破坏的翡翠颗粒间的极细小缝隙未被充填的表现。c. 表面极为光滑，细小的裂纹很少，但在表面出现很多类似翠性反光的亮点，亮点往往是在较粗大颗粒的表面或内部，沿解理方向有许多亮点，重叠分布，而不是解理整体的片状闪光。如将显微镜放大到最大倍（70倍或140倍），可见这许多小亮点为小的气泡，由此分析，这是由于在充填处理时未能把缝隙里面的空气全部抽空而保留下来的气泡。

观察翡翠的内部结构需要用透射光。经过漂白加充填处理的翡翠结构松散、颗粒边缘界限模糊、颗粒破碎、解理不连贯。

⑤ 红外光谱　红外光谱分析是测定有无充填物的有效方法，目前所用的充填物是有固结作用的聚合物，特点是成分中含有羟基，而且不同的充填物羟基的结构不同，呈现不同的吸收谱带。

（五）染色处理

1. 染色目的

使颜色浅、甚至无色的翡翠变成绿色、红色或紫色，以劣充优达到获得较多经济利益的目的，是最原始、最易制作的处理方法。

2. 选料

用于染色的翡翠要有一定的缝隙，也就是颗粒较粗者比较适宜。

3. 染色方法

染色的方法很多，但基本上大同小异。首先将选好的待染色的翡翠用稀酸清洗，干燥后放入准备好的染料（如氨基染料）或颜料（如铬酸盐）的溶液中，稍微加热，浸泡的时间视翡翠的大小和质地而定。

已染上颜色的翡翠需再次烘干上蜡，为的是增加透明度，掩盖缝隙。

染色是先将翡翠加热，使细小的翡翠颗粒之间产生微裂隙，然后迅速放入有色的染料或颜料溶液中，这种方法可以减少浸泡时间，但颜色沿裂隙分布会更加明显。

4. 耐久性

染色翡翠的耐久性较差。因为着色剂没有进入晶体结构，而是在颗粒之间的缝隙中或在绺裂中，当遇到紫外线的照射或接触酸性、碱性溶液时，甚至经过空气的氧化作用时，染料就会发生变化或被溶解掉，使本来染的鲜艳的颜色变为褐色或浅色，甚至成为无色。

5. 鉴定特征

（1）放大检查　利用放大镜或显微镜观察颜色的分布，由于染料沿颗粒或裂隙进入翡翠，所以看到的颜色呈丝网状分布，在较大的结裂中可见染料的沉淀或聚集。而他色翡翠可以看到清晰的人工炸裂纹。

（2）光谱特征　天然绿色翡翠中690nm、660nm、630nm吸收线近于等距而且强度由高到低逐渐变弱。而人工染色的绿色翡翠无690nm、630nm吸收线，仅在650nm处出现一宽带。人工染色的其他玉石（如石英岩、方解石等）也一样。

（3）查尔斯滤色镜　多数染色翡翠在查尔斯滤色镜下显棕红色或浅棕红色。但近期有些染色翡翠由于常规的着色剂的改变，在滤色镜下不显红色。染成红色的翡翠在滤色镜下也为红色，染成紫色的翡翠有人认为是 Cr 致色，在滤色镜下呈红色。

（4）红外光谱　经染料染色的翡翠在红外光谱中出现 $2854cm^{-1}$ 和 $2920cm^{-1}$ 的反映有机物存在的振动。

（5）其他方法　有些染色翡翠在紫外线的照射下，会发黄绿色或橙红色（染红色翡翠）荧光；若将染色翡翠放在盐酸中浸泡，会将染上去的颜色溶解；还可用加热的方法确定翡翠的颜色是否为染色，因为染色的翡翠易炭化。

六、翡翠与相似玉石的鉴别

主要是与相似的绿色天然玉石的鉴别。常见的有十几种，大致可分为软玉类、蛇纹石玉石类、石英质玉石类、石榴子石质玉石、长石质玉石及其他玉石等，详见表 4-1。

表 4-1　翡翠与其相似天然玉石的识别特征

商品名称	矿物名称	颜色	H_M	$\rho/(g/cm^3)$	n	外观特征	著名产地
翡翠	硬玉	绿、红、紫、黄、白等	6.5～7	3.30～3.40 (3.33)	1.66±	纤维交织结构，粒状纤维交织结构，有翠性	缅甸北部
软玉	软玉	白、绿、黄、墨绿等	6～6.5	2.90～3.10 (3.00)	1.62	细小纤维交织结构，质地细腻，无翠性闪光	新疆，加拿大
独山玉（南阳翡翠）	蚀变斜长石	白、绿、黄、褐、紫等	5～6	2.73～3.18	1.56～1.70	色杂不均，粒状结构	河南南阳的独山
特兰斯瓦尔玉	钙铝榴石	白、翠绿、暗绿	7～7.5	3.57～3.73	1.74	颜色不均，绿色呈点状嵌在白纸上，具粒状结构	南非特兰斯瓦尔，中国贵、青海
特萨沃石	水钙铝榴石	浅黄、绿	6.5～7	3.15～3.55 (3.48)	1.72	颜色均一，有较多黑色斑点和斑块，粒状结构	肯尼亚
绿葡萄石	葡萄石	深绿、黄、黄绿、白	6～6.5	2.80～2.95 (2.87)	1.63	颜色均一，具放射状纤维结构，细粒状结构	美国，云南宣威、祥云
加州玉	符山石	绿、黄绿	6.5～7	3.25～3.50 (3.32)	1.72	颜色均匀，具放射状纤维结构	美国加利福尼亚州
亚马逊玉	天河石	淡黄至天蓝色	6～6.5	2.54～2.57 (2.56)	1.53～1.55	颜色均一，具细晶结构	南美，新疆哈密
密玉	石英	绿、黄绿	7	2.65	1.54	粒状结构	台湾，河南密县
岫玉（蛇纹石玉）	蛇纹石	黄、绿、白、红、黄绿	2.5～5.5	2.44～2.80 (2.60)	1.55	颜色均匀，粒状结构	美国，朝鲜，辽宁岫岩、广东信宜等

续表

商品名称	矿物名称	颜色	H_M	$\rho/(g/cm^3)$	n	外观特征	著名产地
澳洲玉	绿玉髓	苹果绿、蓝绿	7	2.65	1.535	颜色均一，隐晶质，质地细腻，肉眼见不到粒状结构	澳大利亚
东陵石	绿石英	绿、白	7	2.66	1.54	色绿似冻，又称"绿冻石"蜡状光泽，质地细腻	印度
石英岩	石英	白、浅绿	7	2.65	1.54	色绿似冻，又称"绿冻石"蜡状光泽，质地细腻	东欧，山东掖县
不倒翁	硬钠玉	鲜绿	6.5～7	2.46～3.15	1.52～1.54	鲜绿色，不透明或微透明	缅甸

1. 软玉类

软玉类的玉石，具典型的纤维交织结构，与翡翠比较，颗粒更为细小，外观更为细腻，所以尽管这类（角闪石类）矿物也具两组极完全的解理，但在软玉的成品或原石上却见不到星点状或线状闪光，更无片状闪光。软玉的绿色为暗绿色，颜色较均匀。此外密度、折射率、吸收光谱也与翡翠完全不同，如果用红外光谱测定，软玉属透闪石的结构，并在 $3000～4000cm^{-1}$ 处有水的吸收。

2. 蛇纹石玉类

蛇纹石玉的绿色趋于黄绿色，色较浅淡，均匀，明显的油脂光泽，硬度、密度、折射率均低于翡翠，无星点状闪光，极易与翡翠区分，红外光谱测试为蛇纹石矿物。

3. 石英质玉石类

（1）石英岩、染色石英岩　常见的石英岩为无色，也有些石英岩为浅绿色，而冒充翡翠的多是染成艳绿色的石英岩（有人称为马来西亚玉）。这种玉石的特点是粒状结构，无翠性闪光。密度、折射率和吸收光谱与翡翠完全不同。染色石英岩的绿色沿颗粒之间的缝隙进入，所以绿色呈网状分布，粒间见染料，滤色镜下可呈红色，也可不变色，具明显的650nm 宽吸收带。

（2）东陵石　东陵石是含铬云母的石英岩。其特点是在石英颗粒之间有片状绿色的铬云母，在粒状石英颗粒间隙中呈片状闪光。有些东陵石因颜色较浅，经过人工的染色处理，处理过的东陵石在滤色镜下呈红色，颗粒之间见染料，具650nm 宽吸收带。

（3）澳洲玉　简称澳玉，是指产在澳大利亚的绿玉髓。玉髓是隐晶质的石英，颗粒极为细小，即使在高倍显微镜下隐晶质的石英粒也极为细小。密度、折射率与翡翠截然不同，油脂光泽，因此较易区分。

（4）密玉　密玉是产于河南密县的绿色石英，因而得名。它呈玻璃光泽至油脂光泽，密度 $2.63～2.70g/cm^3$，折射率1.54，低于翡翠 $3.33g/cm^3$ 的密度值和1.66的折射率。粒状结构，无翠性，常可见染成绿色的密玉用于模仿翡翠，这种染色的密玉颜色呈网状沿石英颗粒边缘分布，具650nm 吸收带。

4. 石榴子石玉石类

产自南非的一种绿色钙铝榴石，有人称之为南非玉或特兰斯瓦尔玉。特点是粒状结构，颜色不均，常见暗绿色或黑色斑点，密度和折射率平均高于翡翠。滤色镜下显红色。均质集合体，所以正交偏光镜下仍为全黑。

产于肯尼亚的含水钙铝榴石，也称为特萨沃石，粒状结构，颜色不均，密度可与翡翠相当，折射率偏高于翡翠。

产于我国青海的含水钙铝榴石，粒状结构，有暗绿或黑色斑点，滤色镜下呈红色，折射率与密度均高于翡翠。

5. 长石质玉石

（1）独山玉　独山玉是一种黝帘石化的斜长石，因产自河南独山而得名。颜色以白、绿为主，很不均匀，绿色常为蓝绿色，粒状结构，绿色在滤色下镜下为红色，密度、折射率均低于翡翠。

（2）天河石　天河石是含钾、铷的绿色、蓝绿色微斜长石，具微斜长石的格子状构造，密度与折射率均低于翡翠。

6. 其他与翡翠相似的玉石

（1）"加州玉"　加州玉产于美国加利福尼亚的符山石岩，具纤维状或放射状纤维结构，颜色主要为绿和黄绿色，密度与翡翠极为相近，折射率高于翡翠。

（2）葡萄石　葡萄石具放射状纤维结构，纤维构成球形的集合体，状如葡萄，密度、折射率都低于翡翠。

（3）钠长硬玉　钠长硬玉呈暗绿色至黑色，含钠长石及铬透辉石，密度低，折射率低。

七、翡翠仿制品的鉴定

翡翠的仿制品主要是人造玻璃。按照仿翡翠玻璃的外部特征及市场出现的先后次序，大致分为以下四种："料器"、仿玉玻璃、脱玻化玻璃、现代仿翠玻璃。

（1）"料器"（人造玻璃）　玉器行业把早期仿翡翠的人造玻璃称为"料器"。从 19 世纪至 20 世纪 60 年代均有出现，特点是半透明绿色，具大小不等的圆形气泡，肉眼即可辨别。颜色不均，见旋涡状构造；贝壳状断口；有些密度较高，是加铅的人造玻璃；折射率 1.4～1.7；荧光可有可无。在许多先辈留下的遗物中的绿色仿玉的戒面、帽扣、箸针等都属于此类。

（2）仿玉玻璃　大致出现在 20 世纪 50～70 年代，主要是半透明至透明的绿色人造玻璃，颜色鲜艳，均匀，一般无旋涡状构造，偶见气泡，贝壳状断口，折射率 1.51～1.55，密度 2.4～2.5g/cm^3，一般无荧光。

（3）脱玻化玻璃　大约出现在 20 世纪 70 年代后期至 80 年代，在国外把这种仿玉的玻璃称为依莫利宝石（lmoristone）或准玉（meta jade）。这是经过人工的脱玻化作用，使非晶质的玻璃部分"重结晶"很像"重结晶"。在正交偏光镜下如翡翠的晶质集合体，肉眼看上去也类似绵状物。但这种脱玻化玻璃的折射率仅为 1.50～1.52，密度为 2.40～2.50g/cm^3，硬度为 5，贝壳状断口。

（4）现代仿翡翠玻璃　现代仿翡翠玻璃常呈半透明至不透明，具特殊的流状、叶片状结构，密度 2.4～2.5g/cm^3，折射率 1.52，贝壳状断口。

八、翡翠的主要产地

缅甸是世界上翡翠的主要供应国，著名的优质翡翠矿床就位于缅甸北部乌龙河流域。大约在 13 世纪就开始在这一带开采冲积砂矿和冰川砂矿，直到 1871 年才发现原生的翡翠矿床。翡翠矿床主要分布在缅甸的度冒、缅冒、潘冒和奈冒四个矿区。

前苏联已知的翡翠矿床中有哈萨克斯坦的伊特穆隆达和列沃-克奇佩利矿床。在美国的加利福尼亚州中部的海岸山脉区，有几个质量不高的翡翠矿床，其中最大的是克列尔克里克矿床，位于圣别尼托县境内，还有门多西诺县的利奇湖矿床和一些小型的翡翠冲积砂矿。在中美洲地区的危地马拉，1952 年发现了麦塔高翡翠矿床，该矿床位于埃尔普罗格诺索省曼济纳尔村附近。日本也有几个翡翠矿床点，分布在本州地区。

我国至今未发现真正的翡翠矿床。历史上曾有"翡翠产于云南永昌府"之说，实际上是指缅甸密支那地区，因为在明万历年间该地区属云南省永昌府管辖。不过也有资料报道过，中国西部地区曾发现翡翠矿点，可否成为矿床还需后人开发研究。

任务二
软玉的鉴定

❋ 一、软玉的基本性质

世界软玉产地较多，而和田玉以产于新疆和田县一带而得名，已具有 7000 多年开采历史，是中国为世界四大文明古国标志之一，以透闪石玉中的精品羊脂玉扬名于天下。中国是世界上用玉最早和最著名的国家，软玉是中国历史悠久的玉料。如曾发掘出距今 20000～30000 年的岫岩透闪石玉制品而被定为我国最早开发利用的软玉而名贯神州大地（傅仁义等，2000 年）。又如，浙江河姆渡出土的玉器就是 7000 年前新石器时期的产品。湖北屈家岭青玉质玉鱼也有 5000 年的历史。到明清时代，各种软玉制品琳琅满目，玉雕技术日益高超，形成我国完整而独特的艺术风格。现在中国老艺人，在历代风格基础上，又研究出许多新的造型艺术，其玉雕技术精湛绝美，名扬中外，称为"东方之瑰宝"。所以说，中国软玉制品是中国人的骄傲，是中华民族灿烂文化组成部分，是中华民族的象征，也是人类艺术史上的辉煌成就。

软玉，英文名称为 Nephrite。世界产出软玉的地方较多，其中以中国新疆和田地区产的玉质量最佳，产玉历史最悠久，故前苏联地球化学家费尔斯曼称软玉为中国玉。软玉的主要矿物组成为透闪石-阳起石类质同象系列，有时会有少量透辉石、滑石、蛇纹石、绿泥石、黝帘石、钙铝榴石、铬尖晶石等伴生矿物。

1. 化学成分

软玉的化学成分为 $Ca_2Mg_5(Si_4O_{11})_2(OH)_2$-$CaFe_5(Si_4O_{11})_2(OH)_2$，两种组分的类质同象系列，在多数情况下软玉是这两种端元组分的中间产物（表 4-2）。

表 4-2　世界软玉化学成分一览表

产地 成分 $w/\%$	0 透闪石理论值	1 中国新疆	2 前苏联	3 美国阿拉斯加	4 新西兰	5 巴西	6 澳大利亚	7 波兰	8 美国怀俄明
SiO_2	55.16	57.31	57.00	58.11	55.00	59.79	6.00	57.58	54.10
TiO_2	—	—	—	—	0.04	0.23	—	0.10	0.10

续表

成分 $w/\%$ ＼ 产地	0 透闪石理论值	1 中国新疆	2 前苏联	3 美国阿拉斯加	4 新西兰	5 巴西	6 澳大利亚	7 波兰	8 美国怀俄明
Al_2O_3	—	0.56	1.42	0.24	0.90	0.88	0.78	1.35	3.30
MnO	—	—	—	痕量	0.19	0.10	—	0.15	0.20
MgO	13.805	13.30	13.19	12.01	11.80	12.52	12.40	0.10	10.30
FeO	—	0.73	0.89	0.38	3.80	0.96	(7.91)	4.02	(12.30)
Fe_2O_3	—	0.11	1.76	5.44	1.60	0.33	—	0.15	—
Na_2O	—	0.42	0.75	—	0.20	0.35	0.07	0.12	—
K_2O	—	0.12	0.27	—	0.20	0.06	0.16	痕量	0.20
H_2O^+	2.218	3.56	2.72	—	3.16	2.10	—	2.61	—
H_2O^-	—	0.18	—	1.78	1.66	0.32	1.89	—	—
CO_2^-	0.19	—	—	—	—	—	—	—	—

注：据邓燕华，1988 年。

2. 结晶学特征

软玉的主要组成矿物为阳起石和透闪石，都属单斜晶系；这两种矿物的常见晶形为长柱状和纤维状，软玉本身则是这些纤维状矿物的集合体。软玉的典型结构为纤维交织结构，块状构造，质地致密、细腻。软玉韧性好，其原因是因为细小纤维的相互交织使颗粒之间的结合能力强，产生了非常好的韧性，不易碎裂，特别是经过风化、搬运作用形成的卵石，这种特性尤为突出。

3. 光学性质

（1）颜色　软玉的颜色有白色、灰白色、黄色、黄绿色、灰绿色、深绿色、墨绿色、黑色等。当主要组成矿物为白色透闪石时，则软玉呈白色，随着 Fe 对透闪石分子中 Mg 的类质同象替代，软玉可呈深浅不同的绿色，Fe 含量越高，绿色越深。主要由铁阳起石组成的软玉几乎呈黑绿-黑色。

（2）光泽及透明度　软玉呈玻璃光泽和蜡状光泽；绝大多数为半透明至不透明，以不透明为多，极少数为透明。

（3）折射率和光性　软玉的折射率为 1.606～1.632（＋0.009，－0.006），点测法；1.60～1.61。软玉是多矿物集合体，在正交偏光下没有消光。

（4）发光性　紫外线下软玉为荧光惰性。

（5）吸收光谱　软玉在 498nm 和 460nm 有两条模糊的吸收带；在 509nm 有一条吸收线；某些软玉在 689nm 有双吸收线。

4. 力学性质

（1）硬度　软玉的硬度为 6～6.5。

（2）密度　软玉的密度为 2.90～3.10g/cm³，常见值为 2.95g/cm³。

二、软玉的品种

1. 按产状划分

（1）山料　又名山玉、碴子玉，或称宝盖玉，指产于山上的原生矿。山料的特点是开采下来的玉石呈棱角状，块度大小不同，且质地良莠混杂不分。

（2）山流水　由采玉和琢玉艺人命名，指原生矿石经风化崩落，并由冰川或洪水搬运过的玉石。山流水的特点是距原生矿近，块度较大，棱角稍有磨圆，表面较光滑。

（3）仔玉　呈卵状，大小皆有，但小块多，大块少。这种玉质地好，水头足，色泽洁净。仔玉是由山料风化崩落，经大气、流水风化、分选、剥蚀沉积下来的优质部分。

2. 按颜色及花纹划分

（1）白玉　指呈白色的软玉，优质者称"羊脂玉"，洁白细腻如同羊脂，组成矿物主要是透闪石，呈纤维状集合体。

（2）青玉　颜色呈淡青色至深青色，与白玉相比，只有颜色略呈青绿或绿带灰。

（3）青白玉　指颜色介于白玉与青玉之间，似白非白、似青非青的软玉。与白玉相比，青玉、青白玉中的透闪石量略有减少，阳起石、绿帘石量稍有增加，因古人曾用青玉、青白玉名称，故现今仍然沿用之。

（4）碧玉　指绿、鲜绿、深绿色或暗绿色的软玉，含较多的绿帘石和磁铁矿等杂质，颜色不均，多用作器皿。

（5）黄玉　指呈黄、蜜蜡黄、栗黄、秋葵黄、鸡蛋黄、米黄、黄杨黄等颜色的软玉，但它绝非宝石中的托帕石（其矿物学名称为黄玉），也不是黄色的水晶（有人将其称为黄晶）。

（6）墨玉　指呈纯黑、墨黑、深灰色，有时呈"青黑"色的软玉。往往与青玉相伴，其光泽比其他玉石暗淡。因内含碳质或石墨而显墨绿色，常有黑白相间条带。

（7）糖玉　指呈血红、棕红、紫红、褐红色的软玉，其中以血红色糖玉为最佳，多在白玉和青玉中居从属地位。

（8）花玉　指在一块玉石上具有多种颜色，且分布得当，构成具有一定形态的"花纹"的玉石，如"虎皮玉"、"花斑玉"等。

三、软玉的质量评价

软玉主要用于雕刻，做成各种雕件、挂牌或项串、手镯等饰品，所以对原料的要求要从以下几个方面考虑。

（1）质地　质地致密、细腻、坚韧、光洁，油润，无绺无裂。如软玉中含有变斑晶或其他矿物颗粒，则会有粗糙感，不利于工艺上的应用。裂纹对软玉的质量影响很大。古时常将裂纹称为"玉病"。裂纹的存在直接影响软玉的价值。

（2）颜色　颜色鲜艳，纯正均匀，其中以白色为主，若白如羊脂者可称为羊脂玉，是极为稀少的软玉品种。

（3）光泽　软玉大多为油脂光泽，如油脂中透着清亮，则光泽为佳。

（4）块度　应有一定的块度。按软玉的产出环境分为山料、仔料和介于两者之间的流水料。其质地以仔料为最佳，这种料呈卵石状，是原生矿（山料）经风化、搬运、冲积，最后成为冲积砂矿，而山料是原生矿，山料呈棱角状的外形，一般润性及韧性稍差。

（5）硬度和韧性　软玉硬度 6～6.5，其韧性是所有宝玉石中最好的。经测定各种软玉的抗压强度为：青玉平均强度为 361.7MPa，粗白玉平均强度为 112.3MPa，碧玉平均强度为 412.9MPa。韧性大对玉雕制作中精雕细琢起着重要作用。

四、软玉与相似玉石的鉴别

软玉有其独特的矿物组成，通过硬度、颜色、结构、构造、光泽、密度等特征可以将其与翡翠、蛇纹石玉、石英岩玉、钙铝榴石玉（含水钙铝榴石）和大理岩玉等分开。

（1）硬度　在玉雕制品不显眼的地方，用标准矿物硬度计小心刻划。利用它们硬度的不同加以鉴别。软玉的硬度比翡翠和石英岩玉稍低，但比碳酸盐岩玉及蛇纹石玉高。

（2）密度　对于小件玉雕制品可用测密度的办法进行鉴别。但大件玉雕制品不适用该法。软玉的密度比翡翠低，但比蛇纹石玉偏高，比碳酸盐岩玉及石英岩玉明显高。

（3）折射率　对于小件玉雕制品也可利用光滑的平面，用折射仪测折射率。软玉的折射率（点测 1.60～1.61）比翡翠低，但比石英岩玉、碳酸盐岩玉和蛇纹石玉高。

（4）结构　组成软玉的矿物颗粒比翡翠更加细小，因而软玉的结构更加细腻。在翡翠中利用显微镜或放大镜有时能够看到纤维状、柱状或粒状结构，而软玉由于结构细腻，一般看不见这种结构。石英岩玉和碳酸盐岩玉为粒状结构，不见翡翠中的纤维状嵌晶结构。蛇纹石玉的纤维交织结构，分布不均匀，可见"云朵"状的白色斑块，并含黑斑。

（5）颜色及光泽　软玉的颜色种类与翡翠不同。翡翠常具条带状绿色，很少为单一的白色，光泽较强，透明度较高，表面有像涂了植物油那样的透明感。而软玉有油脂光泽，表面像涂了动物油脂，光泽柔和滋润，透明度一般比翡翠要差，多为微透明至不透明。蛇纹石玉常为黄绿色，与软玉的颜色差异较明显。石英岩玉和碳酸盐岩玉具玻璃光泽。

（6）可见吸收光谱和红外吸收光谱特征　软玉在 509nm 处有吸收线，与其他玉石的吸收光谱明显不同。在 3600～3700cm^{-1} 红外光谱区内，可见透闪石及阳起石类中的 OH^- 引起的吸收峰。而翡翠中不含 OH^-，因而不见该吸收峰。

五、软玉的仿制品及其鉴别

（1）玉髓　绿色玉髓外观上与绿色软玉相似，这是因为玉髓本身为隐晶质石英，颗粒极细小。肉眼鉴定软玉与玉髓的区别为：玉髓制品多具玻璃光泽；玉髓制品有较高的透明度；玉髓制品手掂有轻感。另外，玉髓的折射率、密度低于软玉，而硬度却大于软玉。

（2）玻璃　玻璃常用来仿制软玉。常见为白色仿玉玻璃，在玉器市场上极为常见。仿玉玻璃的特点是乳白色、半透明至不透明，常含有大小不等的气泡。贝壳状断口，折射率 1.51 左右，密度 2.50g/cm^3 左右，均明显低于软玉。

六、软玉的主要产地

软玉经常发现于河卵石或砾石中。新西兰产的软玉呈暗绿色至黑色，称为"毛利绿色石"，产于卵石层中。俄罗斯贝加尔湖软玉呈菠菜绿色，并与因含石墨而呈黑色或有黑色斑点的品种共生，优质者似翡翠。澳大利亚产的软玉也呈菠菜绿色。软玉的其他产地有加拿大、津巴布韦（罗得西亚）、意大利、墨西哥和波兰，以及美国威斯康星、阿拉斯加、加利福尼亚和怀俄明州等地。我国软玉主要产于新疆维吾尔自治区和台湾省。新疆产的软玉广泛分布于塔什库尔干到且末一带、昆仑山和阿尔金山的北麓以及北天山一带，台湾的软玉产于花莲县丰田等地。

任务三
欧泊的鉴定

一、欧泊的基本性质

"欧泊"是矿物学中蛋白石英文名称"opal"的译音，是宝石行业中惯用的名称。在宝石行业中还把欧泊称为"闪山云"和"五彩石"等。

"欧泊"是在地质作用过程中形成的具有变彩或无变彩达到玉石级的蛋白石。在这个定义中，首先强调是在地质作用中形成的，与人工合成的欧泊相区别，其次强调了具有变彩或无变彩达到玉石级的蛋白石与普通蛋白石及其他玉石相区别。

欧泊是自古以来人们喜欢的珍贵宝石之一。人们用欧泊作玉石历史悠久，据文字记载，公元前200年至公元前100年间，人们开始用欧泊作宝石。公元50年意大利人托斯·帕里尼写道："欧泊的价值如同钻石"。20世纪70年代，世界上出现宝石热以来，欧泊价值也随着其他珍贵宝石猛涨；1977年，一颗重5ct的优质黑欧泊，售价达3万美元。

欧泊的组成矿物为贵蛋白石（opal），另有少量石英、黄铁矿等杂质矿物。

1. 化学成分

欧泊的化学成分是 $SiO_2 \cdot nH_2O$，SiO_2 的质量分数为 $80\% \sim 90\%$，H_2O 的质量分数最高可超过 10%。

2. 结晶学特征

欧泊为非晶质体，无一定外形。通常为肉冻状、葡萄状、钟乳状和皮壳状块体等。

3. 欧泊的光学性质

(1) 颜色　欧泊的体色可有黑色、白色、橙色、蓝色、绿色多种颜色。

(2) 光泽与透明度　玻璃光泽至树脂光泽，透明至不透明。

(3) 光性特征　均质体。

(4) 折射率　1.450（$+0.020$，-0.080），火欧泊可低达 1.37。

(5) 多色性　无多色性。

(6) 发光性　黑色或白色体色的欧泊可具中等强弱的白色、浅蓝色、浅绿色和黄色荧光，并可有磷光，有时磷光持续时间较长。火欧泊可有中等强度的绿褐色荧光，可有磷光。

(7) 吸收光谱　绿色欧泊的可见光光谱具 $660nm$、$470nm$ 吸收线，其他颜色的欧泊吸收不明显。

4. 欧泊的力学性质

(1) 解理　无解理，具贝壳状断口。

(2) 硬度　摩氏硬度为 $H_M = 5 \sim 6$。

(3) 密度　$\rho = 2.15$（$+0.08$，-0.90）g/cm^3。

5. 特殊光学效应

欧泊具典型的变彩效应，在光源下转动欧泊可以看到五颜六色的色斑。

二、欧泊的品种

　　欧泊是赋存于蛋白石中的变彩块体。一块欧泊含有无数彩片，其底色可能是无色、乳白色、暗灰色或黑色。每片彩片的颜色取决于球粒的大小，直径小的球粒衍射的光波短，呈现短波的紫蓝色。粒径大的球粒衍射的光波长，呈现橙红色。根据颜色特征和光学效应，欧泊可分为以下种类。

　　（1）黑欧泊　体色为黑色或深蓝色、深灰色、深绿色、褐色的品种，以黑色最理想，由于黑色体色的变彩更加鲜明、夺目，显得雍容华贵，最为著名的黑欧泊发现于澳大利亚新南威尔士。

　　（2）白欧泊　在白色或浅灰色基底上出现变彩的欧泊，它给人以清丽宜人之感。

　　（3）火欧泊　无变彩或少量变彩的半透明-透明品种，一般呈橙色、橙红色、红色，由于其色调热烈，有动感，所以被大多数美国人所喜爱。

　　（4）晶质欧泊　体色透明无色，变彩较弱。

三、欧泊的质量评价

　　欧泊是以"整颗粒"、二层石、三层石 3 种形式在市场上出售，以整颗粒的价值最高，三层石价值最低。对欧泊的经济评价考虑 3 个主要因素，即体色（底色）、变彩和坚固性。此外，兼顾切割和琢磨的完美性及粒度。

　　（1）体色　体色以黑色或深色欧泊为佳，通常的价格（在其他条件相同的情况下）较白色的高。

　　（2）变彩　变彩应遍布整个宝石，均匀而完整，不带无色的"死斑"或劣质欧泊。质量最好的欧泊应呈现光谱的七色，特别是显示红色及罕见的紫色和紫红色。变彩应具有较强的亮光度和透明度，外表应鲜明。

　　（3）坚固性　玉石必须没有裂纹，反之易破损。

　　总之，欧泊以变彩均匀、色美、红色和紫色成分多、亮度强、致密无破损者为佳品，尤其是黑色、彩片绚丽的欧泊价值最高。澳大利亚产的黑欧泊和白欧泊中，最受人们欢迎的变彩颜色是红色、紫色、橙色、黄色、绿色和蓝色。如果红、紫或橙色的彩片面积大，其价值就相当贵重。

四、欧泊的优化处理及鉴别

1. 拼合

　　有时欧泊石片太薄，不能用作宝石，那么可以用胶皮黏合剂把它和玉髓片，或劣质欧泊片粘接在一起，有的在这种二重拼合欧泊顶部加一个石英或玻璃顶帽来增强欧泊的坚固性。

　　拼合欧泊在强顶光下放大检查，可以在接缝中找到球形或扁平形状的气泡，如为三层拼合，从侧面看，其顶部不显变彩，折射率高于欧泊，如未镶嵌可看到接合痕迹。

2. 糖酸处理

　　该方法始于 1960 年，过程如下。

　　（1）预先清洗，在低于 100℃ 下烘干。

　　（2）将欧泊放在热糖溶液中浸泡几天。

　　（3）等欧泊慢慢冷却后快速擦净多余的表面糖汁，然后放入 100℃ 左右的浓硫酸中浸泡

1～2 天，再慢慢冷却。

（4）将欧泊仔细冲洗后，再在碳酸盐溶液中快速漂洗一下，然后冲干净，这样糖中的氢和氧被去掉，而第三种元素碳留在欧泊裂纹和孔隙中，从而产生暗色背景。

这种欧泊经放大观察，色斑呈破碎的小块并局限在欧泊的表面，结构为粒状，可见小黑点状碳质染剂在裂隙中聚集的现象。

3. 烟处理

用纸把欧泊裹好，然后加热，直到纸冒烟为止，这样可产生黑色背影，但这种黑色仅限于表面，另外用于烟处理的欧泊多孔，密度较低，其密度值仅在 $1.38～1.39g/cm^3$，用针头触碰，烟处理的欧泊可有黑色物质剥落，有黏感。

4. 注塑处理

在天然欧泊里注入塑料，使其呈现暗色的背影，注塑欧泊密度较低，约 $1.90g/cm^3$，可见黑色集中的小块，比天然欧泊透明度高。在红外光谱的鉴定中，注塑欧泊将显示有机质引起的吸收峰。

5. 注油处理

用汽油和上蜡的方法来掩饰欧泊的裂隙，这种材料可能显蜡状光泽，当用热针检查时有油或蜡球渗出。

✳ 五、欧泊与相似宝石及仿制品的鉴别

1. 变彩拉长石

变彩拉长石与欧泊易相混。但它常有解理纹，并含有钛铁矿、金红石和磁铁矿等矿物包裹体，以此可与天然欧泊相区分。

2. 塑料

欧泊的结构、折射率、密度、硬度等特征与塑料均有区别。欧泊的塑料仿制品在外表上与欧泊很相像，但它缺少天然欧泊的典型结构，在正交偏光下可见异常双折射现象，并可能存在气泡。天然欧泊的折射率为 1.45，塑料制品的折射率一般在 1.48～1.53。塑料仿制品的密度为 $1.20g/cm^3$，比欧泊低得多。塑料的硬度为 2.5，用针可以划动，而欧泊为 5～6，针尖划不动。

3. 玻璃

玻璃常用来仿制欧泊。依据天然欧泊变彩的形态特征以及玻璃欧泊具有高的折射率和密度可以区别。玻璃欧泊的折射率为 1.49～1.52，而天然欧泊只有 1.45；玻璃欧泊的密度为 $2.4～2.5g/cm^3$，而天然欧泊仅为 $2.15g/cm^3$。另外玻璃欧泊无孔隙，不会吸水。

4. 拼合石

二层石常用天然或合成的欧泊黏结劣质欧泊、黑玛瑙、脉石欧泊及其他类似的深色材料而成。用放大镜观察宝石顶层，可发现接合层内球形或扁平圆盘状气泡。三层石的顶层用无色透明的水晶、玻璃或塑料。底层可为劣质欧泊、脉石欧泊、黑玛瑙或其他黑色材料。中间为薄层的天然或合成欧泊，或带晕彩的非欧泊材料（珍珠母、蝴蝶翅等）。其他识别特征是：顶部玻璃或水晶的折射率高于欧泊，接合处见气泡，玻璃中含气泡及螺旋纹，天然欧泊具有特有的不同于合成欧泊的色斑结构。若三层石中产生晕彩的薄层不是欧泊，而是带晕彩的非欧泊物质时，可用天然（或合成）欧泊的特殊色斑结构来加以鉴别。

六、欧泊的主要产地

目前世界主要生产国是澳大利亚、墨西哥和美国。其中澳大利亚占世界总产量的90%～95%。欧泊矿床的工业成因类型有风化壳型和热液型两类（邓燕华，1992年）。

澳大利亚闪电岭、白崖、约为赫、库伯佩迪、海克斯等欧泊矿床属风化壳型。围岩为砂-泥质沉积岩，含有石膏、黏土岩等夹层。欧泊赋存于风化壳的下、中黏土沉积岩中，欧泊厚2～4cm，呈层状、细脉状及生物假象，有时出现在直径为0.6～20cm的硅质结核的核部；欧泊为透明至半透明，基底为深灰、绿和白色、具有蓝、红、绿等色的美丽的变彩。此类矿床所产欧泊占风化壳和火山热液型总量的95%，闪电岭的欧泊于1903年开采至今；白崖欧泊于1889年开采至今；约为赫是昆士兰州欧泊最富的矿山，库伯佩迪是澳大利亚产量最多的欧泊矿山之一。

前捷克斯洛伐克的利班卡和西蒙卡，洪都拉斯的格拉西亚斯阿迪奥斯，墨西哥的克雷塔罗等地，美国的哈特山，澳大利亚的斯普林休尔等欧泊矿床属于火山热液型矿床。围岩为玄武岩、安山岩、流纹岩和凝灰岩。欧泊充填在火山岩裂隙、孔洞和原生气孔中。厚1～10cm的普通蛋白石细脉中也有呈团块状和杏仁状形态产出的欧泊。大部分欧泊易裂开，多属小型矿床。

任务四
蛇纹石玉的鉴定

一、蛇纹石玉的基本性质

蛇纹石质玉，多以产地命名。我国产在辽宁岫岩县者，称为岫岩玉；产在广东信宜泗流的称"南方玉"或称"信宜玉"；产在甘肃酒泉的称"酒泉玉"，又称"祁连玉"；产在新疆昆仑山麓的称"昆仑玉"；产在四川会理的称"会理玉"；产在云南的称"云南玉"；产在山东莒南的称"莒南玉"；产在北京十三陵老君堂的称"京黄玉"。

据考证，我国在新石器时代已用这种玉料制作工具，在距今7000年以上的沈阳新乐遗址中出土蛇纹石质玉凿和辽东半岛新石器早期出土的岫岩蛇纹石质玉斧就是典型例子（闫建成，2000年）。距今2000年前西汉中山靖王和王后下葬所穿的金缕玉衣，就是蛇纹石质玉片和软玉片用金丝连缀而成。

2001年10月16日，中国宝玉石协会在京召开的推荐国石专家评定会上，将"两玉四石"的方案作为阶段性成果上报国家有关部门，岫玉与和田玉被评为"中国两玉"。

蛇纹石玉的重要组成矿物是蛇纹石，其英文名称为SerPentine。除此之外，蛇纹石玉中还可有白云石、菱镁矿、绿泥石、透闪石、滑石、透辉石、铬铁矿等伴生矿物。伴生矿物的含量变化很大，对蛇纹石玉的质量有着明显的影响，个别情况下伴生矿物的含量可超过半数而上升为主要组成矿物。

以我国辽宁岫岩县为例，其中纯蛇纹石玉的蛇纹石含量大于95%，伴生矿物有白云石、菱镁矿、水镁矿、绿泥石等共占5%，透闪石蛇纹石玉中蛇纹石含量大于70%，而伴生矿物透闪石含量可达20%～30%，另有少量碳酸盐矿物等；绿泥石蛇纹石玉，其中蛇纹石含量＞65％，伴生矿物绿泥石及少量碳酸盐矿物总含量达 35％左右。蛇纹石透闪石玉，其中透闪石含量＞75％，伴生矿物蛇纹石、透辉石约占 25％。

1. 化学成分

蛇纹石族矿物理论晶体化学式为：$Mg_6Si_4O_{10}(OH)_8$。主要混入元素有 Fe、Mn、Al、Ni 和 F，有时含有少量 Cu、Cr 和 Ca 等。其中除了 F 代替 OH^- 和 Ca 代替 Si 以外，其他元素主要为 Mg 的类质同象混入物。蛇纹石族矿物根据其结构特征分为叶蛇纹石（antigorite）、纤蛇纹石（chrysolite）和利蛇纹石（lizardite）。

2. 结晶学特征

蛇纹石属单斜晶系，常见晶形为细叶片状或纤维状。蛇纹石玉最常见的是均匀的致密块状构造，部分毛矿中可见脉状、片状、碎裂状构造。蛇纹石玉的组成矿物都十分细小，肉眼鉴定时很难分辨其颗粒，只有在毛矿的断口处可见一些片状、纤维状的定向生长特点。

3. 光学性质

（1）颜色　蛇纹石矿物本身为无色至淡黄色、黄绿色至绿色。而蛇纹石玉的颜色除受蛇纹石本身的颜色影响外，还受矿物共生组合的影响。常见的蛇纹石玉主要有深绿色、黑绿色、绿色、黄绿色、灰黄色，以及多种颜色聚集的杂色。

（2）光泽透明度　蜡状光泽至玻璃光泽，半透明至不透明。

（3）光性　蛇纹石玉为非均质矿物的集合体，在正交偏光下表现为无消光位。

（4）折射率和双折射率　在宝石实验室中，一般只能利用点测法测得一个近似的折射率值：1.56～1.570（+0.004，-0.070）。

（5）发光性　在紫外灯下蛇纹石表现为荧光惰性，有时在长波紫外线下可有微弱的绿色荧光。

（6）吸收光谱　不具特征吸收谱。

4. 力学性质

（1）解理　无解理，断口呈平坦状。

（2）硬度　受组成矿物的影响，摩氏硬度变化于 2～6 之间。纯蛇纹石玉的硬度较低，在 3～3.5，而当其中透闪石等混入物含量增高时，硬度加大。

（3）密度　$\rho = 2.57$（+0.23，-0.13）g/cm^3。

5. 其他

在放大检查时，可见到蛇纹石黄绿色基底中存在着少量黑色矿物包裹体，灰白色透明的矿物晶体，灰绿色绿泥石鳞片聚集成的丝状、细带状包裹体以及由颜色的不均匀而引起的白色、褐色条带或团块。

❀ 二、蛇纹石玉的品种

1. 国内主要品种

（1）岫岩玉　指辽宁省岫岩县产的蛇纹石质玉。主要由叶蛇纹石和少量纤蛇纹石组成的致密块体，镜下为纤维鳞片变晶结构，少数为束状或鳞片变晶结构。组成矿物除叶蛇纹石和纤蛇纹石外，有时含少量的白云石、菱镁矿、透闪石和橄榄石等。岫玉按颜色可分为绿色岫玉、黄色岫玉、白色岫玉、红色岫玉和花色岫玉，另外岫岩还产蛇纹石透闪石质玉和透闪石蛇纹石质玉（崔文元等，2001 年）。颜色随 Fe^{2+} 含量增高而加深。近透明、半透明至不透明。组成矿物如全部是蛇纹石时，其透明度高，若其他杂质矿物增多时，则透明度变低，甚至不透明。色深者透明度低，色浅者透明度高。密度2.54～2.84g/cm³。产在白云质大理岩中，是中温热液矿床。

（2）酒泉玉　亦称"酒泉岫玉"或"祁连玉"，黑绿色，黑色，颜色不均，多含有黑色斑点或黑色团块。半透明至微透明，产于蛇纹石化超基性岩中，产于甘肃酒泉地区。

（3）南方玉　亦称"南方岫玉"。黄绿色、绿色、不透明、颜色不均，有的呈浓艳的黄色和绿色斑块。蜡状光泽。产于透闪石化和蛇纹石化白云岩中。主要产地为广东省信宜县泗流村。

（4）昆仑玉　亦称"昆仑岫玉"。暗绿色、淡绿色、淡黄色、黄绿色、灰色、白色。质地细腻，蜡状光泽，硬度3.5，密度2.603g/cm³，玉石质量与岫玉相似。产于新疆昆仑山和阿尔金山白云石大理岩或白云质大理岩与闪长岩侵入体的接触带上。

（5）台湾玉　亦称"台湾岫玉"，产于台湾。草绿色、暗绿色，常有一些黑色斑和条纹；玉质细腻；半透明，蜡状光泽，硬度5.5，密度3.007g/cm³，玉的质量较好。矿体产于石灰岩和白云岩与侵入岩的接触带上。

（6）莒南玉　亦称"莒南岫玉"，是一种黑色或近于黑色的块状蛇纹岩，产地为山东省莒南县。

（7）京黄玉　亦称"京南玉"，是一种黄色、淡黄色或柠檬色的块状蛇纹岩，产于镁质碳酸盐和花岗岩接触带的蛇纹石化白云质大理岩中。产地在北京十三陵老君堂。

蛇纹石质玉，在中国各地还有许多品种，有的已开采，有的尚未利用。这种玉石在中国有较大的储量。

2. 国外主要品种

（1）鲍文玉　微绿白色、淡色绿色，硬度高（5～5.5），密度2.8g/cm³，光泽强，不透明，属优质品种。产在美国、新西兰和阿富汗。

（2）含镍蛇纹石　亦称"威廉斯玉"，是一种含镍蛇纹石组成的玉石，常含有由铬铁矿形成的斑点，半透明，颜色浓绿，硬度4，密度2.6g/cm³。

（3）雷科石　一种绿色并有纹带状构造的蛇纹岩。因产在墨西哥的雷科而得名。

（4）新西兰绿色石　一种浓绿色的蛇纹石岩。因产于新西兰而得名。

（5）蛇纹石猫眼石　一种具有纤维构造的蛇纹岩，纤维平行分布，具绿丝绢光泽，琢磨成弧面形后，出现猫眼或虎睛效应，因主要产在美国加利福尼亚州，故称加利福尼亚猫眼石或加利福尼亚虎睛石。

三、蛇纹石玉的质量评价

蛇纹石质玉料的质量一般从颜色、透明度、质地、块度等方面进行划分。色泽好、透明度高、质地细腻、无裂纹、块度大者质量优良。有人依据这四个方面将蛇纹石玉的质量划分为以下四个等级。

特级品：颜色呈碧绿色、黄绿色、浅绿色，无裂纹或稍有一些裂纹和杂质，半透明，块重在50kg以上者。

一级品：颜色呈碧绿色、浅绿色、黄绿色，稍有一些裂纹和杂质，半透明，块重在10kg以上者。

二级品：颜色呈碧绿色、浅绿色，无碎裂，稍有杂质，块重在 5kg 以上者。

三级品：色泽较好，微透明，无碎裂，块重在 2kg 以上。

四、蛇纹石玉的优化处理及鉴别

蛇纹石玉的优化处理主要有：染色、蜡充填。

（1）染色 染色蛇纹石玉是通过热处理，产生裂隙，然后浸泡于染料中。经染色而成的蛇纹石的颜色全部集中在裂隙中，放大检查很容易发现染料的存在。

（2）蜡充填 这种方法主要是将蜡充填于裂隙或缺口中，以改变样品的外观，充填的地方具有明显的蜡状光泽，用热针试验可以发现裂隙处有"出汗"现象，即蜡可从裂隙中渗出来，同时可以嗅到蜡的气味。

五、蛇纹石玉与相似玉石的鉴别

1. 软玉

黄绿色软玉外观上可能与岫玉（蛇纹石玉）相似，因为岫玉的结构也很细腻，肉眼鉴定软玉与黄绿色岫玉的区别如下。

（1）软玉主要呈油脂光泽，而岫玉则主要呈蜡状光泽。

（2）大部分情况下软玉的透明度低于岫玉的透明度。

（3）软玉的硬度明显高于岫玉，岫玉制品的棱角更趋于圆滑。

（4）软玉制品往往颜色单一，而大块的岫玉制品可出现灰、黑、黄绿等几种颜色间杂的现象。

在实验室条件下，岫玉与软玉是很易区别的。蛇纹石玉的折射率、密度、硬度与软玉比有很大差别，不难区分。

2. 葡萄石

葡萄石由纤维状葡萄石集合体组成。颜色为浅绿色至浅黄绿色，半透明，蜡状光泽。硬度 $6\sim6.5$，点测法折射率为 1.63，密度为 $2.88g/cm^3$，均比蛇纹石高。非均质体，放射状纤维状结构，有密集的白色云朵，因含少量方解石，所以遇盐酸起泡。

3. 水钙铝榴石

水钙铝榴石为浅绿色至浅黄绿色，半透明，蜡状光泽。硬度为 7，点测法折射率为 1.72，密度为 $3.47g/cm^3$，均比蛇纹石高。均质体，粒状结构，有较多的黑色小点。

4. 翡翠

某些翡翠有可能与蛇纹石玉相似，但翡翠折射率（1.65）和密度（$3.3\sim3.36g/cm^3$）都明显高于蛇纹石。放大检查中可以发现翡翠有解理面的反光（翠性），而蛇纹石没有，由于翡翠硬度（$H_M=7$）、软玉硬度（$H_M=6.5$）均大于蛇纹石，故仔细观察样品表面的磨蚀程度也可以区分它们。

有些品种的蛇纹石遇盐酸、硫酸分解，而软玉、翡翠无此情况。

5. 玉髓

玉髓的折射率低于蛇纹石。也可用硬度为 6 的尖刀在不显眼地方刻划，玉髓将不能刻划，而蛇纹石玉可被刻划。

6. 玻璃

玻璃在正交偏光下所有位置都是黑色的，而蛇纹石在所有位置上都是亮的；放大观察，玻璃内可具气泡，且断口为贝壳状，呈玻璃光泽。

六、蛇纹石玉的主要产地

我国的蛇纹石玉分布较广。辽宁、甘肃、青海、新疆、陕西、四川、云南、西藏、广西、湖北、河南、安徽、江西、福建、台湾、吉林等地都有蛇纹石玉产出或有矿化点。其中以辽宁岫岩产的蛇纹石玉产量最高、质量最好。

（1）岫岩位于辽宁南部，是我国重要的蛇纹石玉产地。产于岫岩的蛇纹石玉简称岫玉。实际上，现在岫玉已经不再特指产于岫岩的蛇纹石玉。按照现行国家标准，岫玉已经不再具有产地意义，而可以作为蛇纹石玉的玉石名称。产于岫岩的岫玉主要由叶蛇纹石组成，颜色多呈绿色，有时可见碧绿、红、黄、褐等颜色，半透明，质地细腻，蜡状光泽，硬度3.5～6。

（2）产于甘肃酒泉的蛇纹石玉也称为祁连玉或酒泉玉，呈墨绿色、黑色，颜色分布不均匀。由含黑色斑点和黑色团块的暗绿色致密块状蛇纹石组成，半透明至微透明。

（3）产于广东信宜县的蛇纹石玉也称为南方玉，呈黄绿色、暗绿色、绿色，颜色不均，不透明，有浓艳的黄色、绿色斑块，蜡状光泽。

（4）产于新疆昆仑山和阿尔金山的蛇纹石玉也称为昆仑山玉。呈暗绿、淡绿、浅黄、黄绿、灰白等颜色，质地细腻，蜡状光泽，硬度3.5，密度$2.60g/cm^3$，有些与软玉伴生，质量上乘，可与产于岫岩的岫玉相媲美。

（5）产于台湾花莲县的蛇纹石玉也称为台湾玉，呈草绿色、暗绿色，常见一些黑色斑点和条带纹，玉质细腻，半透明，蜡状光泽，硬度5.5，密度$3.01g/cm^3$，玉质较好。

按照现行国家标准，除了岫玉名称可以作为蛇纹石玉名称以外，其他以产地命名的蛇纹石玉名称已经不再采用，而应当命名为蛇纹石玉或岫玉。

蛇纹石玉是一种常见的玉石原料，在世界各地多个国家都有产出。世界上产出蛇纹石玉较多的国家有朝鲜、阿富汗、印度、新西兰、美国、俄罗斯、波兰、英国、意大利、安哥拉和纳米比亚等，其中以朝鲜的蛇纹石玉最好。

任务五
石英质玉的鉴定

一、石英质玉的基本性质

石英质玉石（quartzite jade）的基本性质与单晶石英大致相同，但由于结晶程度、颗粒排列方式等差异，两者物理性质有所不同。石英质玉石的组成矿物主要是隐晶质-显晶质石英，另可有少量云母、绿泥石、黏土矿物、褐铁矿等杂质。

1. 化学组成

石英质玉石的化学组成主要是SiO_2，另外可有少量Ca、Mg、Fe、Mn、Ni等元素的存在。

2. 结晶学特征

石英质玉石的主要组成矿物石英属三方晶系，呈显微隐晶质-多晶质集合体。外表形态多为团块的、皮壳状、钟乳状。

3. 光学性质

（1）颜色　石英质玉石纯净时为无色，当含有不同的杂质元素，如 Fe、Ni 等，或混入不同的有色矿物时，可呈现不同的颜色。

（2）光泽及透明度　抛光平面可呈玻璃光泽，断口一般呈油脂光泽，微透明-半透明。

（3）光性　表现为集合偏光，正交偏光镜下无消光位。

（4）折射率　本类玉石一般仅能用点测法测出一个折射率值，范围为 $1.53 \sim 1.54$，个别可测到 1.55。

（5）多色性　由于隐晶质或显晶质石英排列的非定向性，在集合体中一般见不到多色性。

（6）吸收光谱　一般无特征光谱，仅个别品种因含少量致色元素可产生特征的吸收光谱。

4. 力学性质

（1）密度　由于结晶程度和所含杂质的影响，密度会有一定的变化，一般在 (2.60 ± 0.1) g/cm^3 左右。

（2）硬度　略低于单晶石英，摩氏硬度为 6.5 左右。

🔷 二、石英质玉的品种

石英质玉石根据结构、构造和矿物组合特点可以划分出以下品种。

1. 隐晶质石英质玉石

根据结构、构造特点和杂质质量分数，隐晶石英质玉石可分为玉髓、玛瑙、碧玉三个品种。

（1）玉髓　超显微隐晶质石英集合体，单体呈纤维状，杂乱或略定向排列，粒间微孔内充填水分和气泡，多呈块状产出。可含 Fe、Al、Ca 等杂质，或其他矿物的细小颗粒。根据颜色和所含杂质，玉髓又可细分出一些品种，如：

白玉髓：灰白-灰色，微透明-半透明，较纯玉髓。

红玉髓：棕红-褐红色，微透明-半透明玉髓，由微量 Fe 致色。

绿玉髓：不同色调的绿色，微透明-半透明玉髓，由 Fe、Cr、Ni 等杂质元素致色，也可由细小的绿泥石、阳起石等绿色矿物的均匀分布引起颜色。

蓝玉髓：灰蓝-蓝绿色，不透明-微透明玉髓，由所含蓝色矿物产生颜色。

玉髓中质量较好的两个品种是澳大利亚产的绿玉髓（又名澳洲玉）和我国台湾产的蓝玉髓。

澳洲玉：一种含 Ni 的绿玉髓，绿色，常带黄色色调和灰色色调，颜色均匀，微透明-半透明，高品质者呈较鲜艳的苹果绿色。

台湾产的蓝玉髓：一种含 Cu 的硅酸盐的蓝玉髓，硬度接近于 7，密度 $2.58g/cm^3$ 左右，蓝色、蓝绿色，颜色均匀，无瑕疵，不透明-较透明。高质量的台湾蓝玉髓的颜色与高质量的天蓝色的绿松石颜色相近。

（2）玛瑙　具环带状结构的玉髓。按照颜色、环带、杂质或包裹体等特点可细分出许多品种。

① 颜色分类 按颜色玛瑙可分为白玛瑙、红玛瑙、绿玛瑙、黑玛瑙等品种。

白玛瑙：灰-灰白色，纯白色很少见，环带状结构由颜色或透明度细微差异的条带组成。白玛瑙除大块、色较均匀者作雕刻品外，绝大部分需染色后才可使用。

红玛瑙：天然产出的红玛瑙很少有颜色很深的，多呈较浅的褐红色、棕红色。块体内不同深浅、不同透明度的红色环带与不同色调、不同透明度的白色环带相间分布。红色由细小的氧化铁质点引起。

绿玛瑙：天然产出的绿玛瑙很少有颜色特别鲜艳的，多呈一种淡淡的绿色，其颜色由所含绿泥石等细小矿物产生。市场上出现的绿玛瑙多是由人工染色而成。

② 条带分类

缟玛瑙：亦称条带玛瑙，一种颜色相对简单、条带相对平直的玛瑙，常见的缟玛瑙可有黑白相间条带，或红白相间条带。当缟玛瑙的条带变得十分细窄时，又可称为缠丝玛瑙。较名贵的一种缠丝玛瑙由缠丝状红、白相间的条带组成。

③ 杂质或包裹体分类

苔纹玛瑙：为一种具苔藓状、树枝状图形的含杂质玛瑙，一般绿色苔纹状物由绿泥石的细小鳞片聚集而成。黑色枝状物由铁、锰的氧化物聚集而成。苔纹玛瑙在工艺上有较大的价值，那些"绿色苔藓"、黑色枝状物给工艺师以丰富的想象并提供了施展技艺的场所，因此苔纹玛瑙成为玛瑙中的贵重品种。

火玛瑙：为一种含深层"包裹体的玛瑙"，在玛瑙的微细层理之间含有薄层的液体或板状矿物等包裹体。在光的照射下可产生薄膜干涉效应，如果切工正确，火玛瑙将显示五颜六色的晕彩。

水胆玛瑙：为一种内部包裹有天然液体的玛瑙。玛瑙空腔中的水被玛瑙四壁（即由微粒石英组成的不透明薄壳）遮挡时，整个玛瑙在摇动时虽有响声，但并无工艺价值；只有当内壁透明，腔水不被遮挡时才有工艺价值。

（3）碧玉 为一种含杂质的玉髓，其中氧化铁、黏土矿物等杂质的质量分数可达 20%以上，不透明，颜色多呈暗红色、绿色或杂色。珠宝界常按颜色命名碧玉，如绿碧玉、红碧玉，有时也可按特殊花纹来命名碧玉。碧玉中较名贵的品种有风景碧玉和血滴石。

风景碧玉：是一种彩色碧玉，不同颜色的条带、色块交相辉映，犹如一幅美丽的自然风景画，故而得名。

血滴石：是一种暗绿色不透明-微透明的碧玉，其上散布着棕红色斑点，犹如滴滴鲜血，得名血滴石。血滴石最有名的产地是印度。

2. 多晶石英质玉石

多晶石英质玉石其实质是石英的单矿物岩石，其中石英为形粒状，粒度一般为 $0.01\sim0.6mm$，过于粗大的颗粒将失去玉石意义。集合体呈块状，微透明至半透明，密度与单晶石英相近，在 $2.63\sim2.65g/cm^3$ 之间。纯净者无色，常因含有细小的有色矿物包裹体而呈色。本类玉石常以产地命名，如密玉；也有的因有某种特殊的光学效应而具有固定的名称，如东陵石。

常见的品种有以下几种。

（1）东陵石 为一种具砂金石效应的石英岩，颜色因所包含杂质矿物的不同而不同。含铬云母者呈现绿色，称为绿色东陵石；含蓝线石者呈蓝色，亦称为蓝色东陵石；含理云母者呈现紫色，亦称紫色东陵石。我国新疆产的绿色东陵石内含绿色纤维状阳起石。总体来讲，东陵石的石英颗粒相对较粗，其内所含的片状矿物相对较大，在阳光下片状矿物可呈现一种闪闪发光的砂金石效应。

国内市场上最常见的是绿色东陵石，放大镜下可以看到粗大的铬云母鳞片，大致定向排列，滤色镜下略呈褐红色。

(2) 密玉　产自中国河南密县，因产地而得名，为一种含细小鳞片状绢云母的致密石英岩。矿物成分主要为石英，质量分数 97%～99%；其他成分为细小的绿色绢云母（水白云母），质量分数 1%～2%，还可有少量金红石、钻英石、电气石等杂质矿物。颜色以绿色系列为主，为浅绿、翠绿、豆绿，也可有肉红、黑、乳白等色。红色者可能与所含微量金红石、电气石等矿物有关。黑色者与所含有机质、碳质、沥青及微量锰、铁的高价氧化物有关。密玉与东陵石相比，较细腻，较致密，其内石英颗粒大小以 0.1～0.25mm 为主，没有明显的砂金石效应；放大检查时，在较高的倍数下可以看到细小的绿色云母较均匀地呈网状分布。摩氏硬度 7，密度在 $2.7g/cm^3$ 左右。

(3) "马来西亚玉"　严格地讲，"马来西亚玉"这一名称不允许出现在任何鉴定报告、商品标签上。这是一种曾经风行我国市场，并使许多人上当受骗的一种结构较细的染色石英岩。其内石英颗粒直径在 0.03～0.3mm 不等，摩氏硬度 6.5～7，密度 2.63～$2.65g/cm^3$，分光镜下具 660～680mm 的宽吸收带，短波荧光下可具暗绿色荧光，主要用来仿翡翠，其具体鉴定方法见翡翠一节。

3. 假晶石英质玉石（二氧化硅交代的玉石）

这是一种由于 SiO_2 交代作用，仅保留了原矿物晶形而成的石英质玉石，重要的品种有木变石和硅化木。

(1) 木变石　当蓝色钠闪石石棉被二氧化硅部分置换时，残余的钠闪石石棉及完全被置换的钠闪石称为木变石。

木变石原矿物为镁钠闪石棉。高倍显微镜下观察，闪石纤维细如发丝，定向排列，交代的二氧化硅已具脱玻化现象，呈非常细小的石英颗粒。由于置换程度的不同，木变石的物理性质略有差异。SiO_2 置换程度较高者，硬度接近于 7，密度相对较低，一般来讲密度变化于 2.64～$2.71g/cm^3$ 之间，颜色有黄褐色、褐色、蓝灰色、蓝绿色。蓝色是残余的钠闪石石棉的颜色，而黄褐色、褐色则是所含铁的氧化物——褐铁矿所致。根据颜色可将木变石分为虎睛石、鹰睛石等品种。

① 虎睛石　虎睛石为黄色、黄褐色的木变石，成品表面可具丝绢光泽。当组成虎睛石的纤维较细、排列较整齐时，弧面形宝石的表面可出现猫眼效应。

虎睛石的猫眼效应一般仅表现出一条不十分明显的眼线，左右摆动，其上无法见到像金绿宝石猫眼那样的眼线的开合现象。

② 鹰睛石　鹰睛石为以蓝色、灰蓝色为主的木变石。

③ 斑马虎睛石　斑马虎睛石是黄褐色、蓝色呈斑块状间杂分布的木变石。

(2) 硅化木　当 SiO_2 置换了数百万年前深入地下的树干，并保留了树干及其结构时的产物称为硅化木，化学成分以 SiO_2 为主，常含 Fe、Ca 等杂质。颜色为土黄、淡黄、黄褐、红褐、灰白、黑等，抛光后可具玻璃光泽，不透明。硬度 7，密度为 2.65～$2.91g/cm^3$。按物质成分及 SiO_2 存在的状态又可分为普通硅化木、玉髓硅化木、蛋白石硅化木。玉石业所用硅化木要求颜色鲜艳、光泽强、木质结构清晰、质地致密坚韧。

三、石英质玉的质量评价

石英质玉石主要用于制作小挂件、手镯、项串、雕件，很少一部分做成戒面。因此石英质玉石的质量要求和评价着重于以下几点。

（1）颜色　石英质玉石材料应有一定的颜色，或可以染成一定的颜色，如绿色、黄色、红色等，灰色、褐色杂色的材料，很难直接用于染色。另外颜色应相对均匀。

（2）特殊的颜色图案及包裹体　当石英质玉石材料的颜色能形成一定花纹、图案，如玛瑙内红白相间的色带有规律排列，形成缠丝玛瑙时，碧玉中的不均匀颜色能形成一种风景图案时，材料的价值将有所提高。

另外，当石英质玉石内的有色矿物包裹体能形成一定图案时，如绿泥石鳞片的排列形成的水草玛瑙，铁锰质杂质聚集形成的苦纹玛瑙的价值都要高于灰白色玛瑙。

（3）质地　当材料颗粒均匀，粒度相对细腻，结合致密时价值较高。

（4）透明度　要求材料有一定的透明度，完全不透明的材料较难应用。

（5）块度　要求有一定的块度。

（6）加工工艺　石英质玉石原材料价值一般都很低，但在加工中如果构思巧妙、俏色新异、加工精细，同样可具有很高的价值，如我国传统玉雕的"虾盘"、"龙盘"、"水漫金山"（水胆玛瑙摆件）都被誉为国家级雕件。

四、石英质玉的优化处理及鉴别

1. 石英质玉石的优化处理

石英质玉石的优化处理，主要采用热处理和染色两种方法，另外还有水胆玛瑙的注水处理。

（1）热处理　用于热处理的品种有玛瑙和虎睛石。

一种浅褐红色、不均匀的玛瑙在氧化条件下，即直接在空气中加热可以产生较均匀、较鲜艳的红色。这是因为原玛瑙中含有微量的褐铁矿，在高温氧化条件下褐铁矿中的 Fe^{2+} 转换为 Fe^{3+}，且水分被消除，即褐铁矿转换为磁铁矿，从而使玛瑙变成较鲜艳的红色。

虎睛石的热处理原理与玛瑙相同，黄褐色的虎睛石在氧化条件下，加热处理可转变成褐红色。当虎睛石在还原条件下加热处理可转变成灰黄色、灰白色，用于仿金绿宝石猫眼。

（2）染色处理　目前市场上的绝大部分玛瑙制品是经过染色处理的，这其中又可分为有机染料直接浸泡致色和无机染料渗入、反应沉淀致色。经染色处理的玛瑙表现为极其鲜艳的红色、绿色、蓝色等。

石英岩的染色处理是近些年才出现的，它是将石英岩先加热、淬火后再染色的，主要染成绿色，用于仿翡翠，市场上俗称马来西亚玉。

（3）水胆玛瑙的注水处理　当水胆玛瑙有较多裂隙时，或在加工过程中产生裂缝时，水胆水便会缓慢溢出，直至水胆水干涸，整个水肥玛瑙失去其工艺价值。处理的办法是将水胆玛瑙浸于水中，利用毛细作用，使水回填，或采用注入法使水回填，最后再用胶等将细小的缝堵住。

2. 石英质玉石的优化及其鉴别

石英质玉石是一种数量较大、但价值不很高的中低档玉石。它的优化处理具有悠久的历史，如玛瑙的热处理和染色均已被人们接受，加之染色后的玛瑙有着极其鲜艳的颜色，这一颜色是未经处理玛瑙所无法具有的。但值得一提的是，石英质玉石中的部分品种在优化处理后，用于仿其他高档宝石。最明显的例子是石英岩染色以"马来西亚玉"的名称出现用于仿翡翠，虎睛石褪色处理后用于仿金绿宝石猫眼，这在鉴定和定名中是需十分注意的。

五、石英质玉石与其仿制品的鉴别

石英质玉石的仿制品主要是玻璃，这些玻璃制品呈完全的玻璃质或半脱玻化，可有红、绿等颜色，有的还可具环带状结构。与玛瑙等石英质玉石相比，这些玻璃仿制品有着更低的密度和折射率，可含气泡，在正交偏光镜下多表现为完全消光。

六、石英质玉的主要产地

石英质玉石的产地多、产状各异，如玛瑙主要产于基性和中性岩中，有时也产于火山侵入体和凝灰岩中。而石英岩如中国河南的密玉则产于变质石英岩的裂隙中，属于后期热液交代型矿床。石英质玉石矿的产地很多，几乎世界各地都有产出，以我国为例，已知的玛瑙已有二十几处（据邓燕华 1991 年资料），比较著名的有辽宁省阜新的玛瑙矿、内蒙古的大型玛瑙矿。

任务六
钠长石玉的鉴定

一、钠长石玉的基本性质

钠长石玉（albite jade）在国家标准名称为钠长石玉，其矿物成分主要是钠长石占90％，次要矿物为硬玉、绿辉石、绿帘石、阳起石和绿泥石等。

1. 化学成分

钠长石玉的化学成分为 $NaAlSi_3O_8$。

2. 结晶学特征

钠长石玉属三斜晶系，单晶呈板状或板柱状。钠长石玉为纤维状或粒状变晶结构钠，块状构造。

3. 光学性质

（1）颜色　钠长石玉的常见颜色为白色、无色、灰白色以及灰绿白、灰绿等。

（2）光泽及透明度　钠长石玉的光泽为油脂光泽至玻璃光泽，半透明至透明。

（3）光性　二轴晶，非均质集合体。

（4）折射率　折射率为 1.52～1.54，点测法常为 1.52～1.53。

（5）多色性　无。

（6）发光性　紫外荧光：无。

（7）吸收光谱　未见特征吸收谱。

4. 力学性质

（1）解理　钠长石具两组完全解理。

（2）硬度　摩氏硬度为6。

（3）密度　$2.60 \sim 2.63g/cm^3$。

二、钠长石玉的品种

根据钠长石玉的物理性质，参照商贸中翡翠分类可将钠长石玉分为以下几种。

（1）冰种钠长石玉　冰种钠长石玉是一种透明度很好的无色钠长石玉。这种钠长石玉质地细腻，足以和冰种的翡翠相提并论。且出现了类似冰种翡翠中的"起荧"现象（起荧现象是由钠长石玉边缘的矿物颗粒对光的折射和散射与特殊的弧面切磨造成的）。可见，好的钠长石玉的品种较好。

（2）冰种飘蓝花钠长石玉　冰种飘蓝花钠长石玉是一种透明度较好的钠长石玉，基底上有墨绿色条带。这种钠长石玉与飘蓝花的翡翠极为相似。

（3）白底青钠长石玉　白底青钠长石玉俗称摩西西玉。鲜绿色呈色斑分布于白色暗色底子中，透明度较差，底子较干。

（4）芙蓉种钠长石玉　芙蓉种钠长石玉的样品，肉眼可见模糊的颗粒界线，颜色较浅。

（5）墨绿色钠长石玉　该钠长石玉透明度差，内部分布的墨黑色条带物仅在强光下可见，分布较均匀。

三、钠长石玉的质量评价

钠长石玉原料的质量评价主要从颜色、净度、重量、质地结构等几个方面进行。好的钠长石玉要求颜色纯正、艳丽，质地细腻，透明度高，块度大。钠长石玉中白色斑点或暗色、杂色团块的存在使其价值降低。

四、钠长石玉鉴定特征以及与相似玉石的鉴别

钠长石玉俗称"水沫子"，因在白色或者灰白色透明的底子上常分布有白色的"棉"、"白脑"，形似水中翻起的泡沫而得名。钠长石玉与同种颜色、透明度的翡翠相似，但钠长石玉的折射率、密度、硬度均明显低于翡翠，光泽较翡翠弱。另外"水沫子"手镯敲击后声音沉闷，而翡翠通常声音清脆。

1. 钠长石玉与石英质玉石的鉴别

石英质玉石的折射率、密度与钠长石玉相近（稍高），但石英质玉无解理，硬度明显高于钠长石玉。

2. 钠长石玉与翡翠的鉴别

水沫子是以钠长石为主的矿物组合，部分水沫子与翡翠相似，如呈透明或半透明的水沫子在种水上与某些翡翠相似，但两者在本质上还有很大的区别。

（1）成分　水沫子的主要矿物为钠长石，其矿物晶体为颗粒状，断口的架构与一般的石英岩相似，不会呈现翡翠特有的"翠性"。

（2）光泽　水沫子因为致密度差及晶体结构本身的原因，反射光泽显得柔弱，玻璃光泽

中带有一些胶状光泽的味道，而翡翠为玻璃光泽。

（3）颜色　水沫子也有各种颜色，但是颜色的色调都比较淡弱，达不到翡翠最好的颜色。

（4）硬度　水沫子的硬度比翡翠低，因此经常会因此而被其他物体划伤。

此外也可以通过测量折射率和相对密度来区别。

五、钠长石玉的主要产地

长石族矿物广泛存在于各种类型的岩石中，约占地球总量的50%，是岩浆岩与变质岩中较常见的造岩矿物。长石族矿物颜色较浅，常见为白色、灰白色、肉红色、长石族双晶极发育。虽然长石族矿物在地球上分布极广，长石族矿物中多见宝石、月光石、天河石、日光石等，但是作为玉石产出，仅见于缅甸翡翠矿区，足见其弥足珍贵，与翡翠共生，作为翡翠的围岩产出。

任务七
独山玉的鉴定

一、独山玉的基本性质

独山玉（dushan jade）是我国特有的玉石品种，因产于我国河南省独山而得名。独山玉是一种黝帘石斜长岩，其组成矿物较多，主要矿物是斜长石（20%～90%）和黝帘石（5%～70%），其次为翠绿色铬云母（5%～15%）、浅绿色透辉石（1%～5%）、黄绿色角闪石、黑云母，还有少量楣石、金红石、绿帘石、阳起石、白色沸石、葡萄石、绿色电气石、褐铁矿、绢云母等。

1. 化学组成

独山玉的化学组成变化较大，随其组成矿物含量的变化而变化。

2. 结构构造

独山玉具细粒（粒度<0.05mm）状结构，其中斜长石、黝帘石、绿帘石、黑云母、铬云母和透辉石等矿物呈他形-半自形晶紧密镶嵌，集合体为致密块状。

3. 光学性质

（1）颜色　独山玉颜色丰富，有30余种色调，主色有白、绿、紫、黄（青）红几种颜色，颜色变化取决于矿物组成。

（2）光泽及透明度　玻璃光泽至油脂光泽；微透明至半透明。

（3）光性　正交偏光镜下没有消光位。

（4）折射率　独山玉的折射率大小受组成矿物影响，在宝石实验室用点测法测到的折射率值变化为1.56～1.70。

（5）吸收光谱　未见特征吸收谱。

（6）发光性　在紫外灯下，独山玉表现为荧光惰性。有的品种可有微弱的蓝白、褐黄、褐红色荧光。

4. 力学性质

（1）解理　无解理。

（2）密度　$2.73\sim3.09\mathrm{g/cm^3}$。

（3）硬度　摩氏硬度 $H_M=6\sim7$。

二、独山玉的品种

工艺上独山玉主要依据颜色划分品种。

（1）白独玉　呈乳白色，主要由斜长石、黝帘石、少量绿帘石、透辉石和绢云母组成（斜长石质量分数 $90\%\sim100\%$，其中钙长石质量分数 $75\%\sim95\%$，培长石质量分数 $5\%\sim15\%$）。

（2）绿独玉　皇翠绿、绿和蓝绿色。主要由斜长石和铬云母组成（斜长石即钙长石质量分数 $90\%\sim95\%$，铬云母质量分数 $5\%\sim10\%$，黑云母质量分数 1%）。

（3）紫独玉　呈淡紫、紫和亮棕色，主要由斜长石、黝帘石和黑云母组成（斜长石质量分数 $90\%\sim100\%$，黝帘石质量分数 5%，黑云母质量分数 $1\%\sim5\%$）。

（4）黄独玉　呈黄绿色或橄榄绿色，主要由斜长石、黝帘石，少量绿帘石和金红石组成（斜长石质量分数 $90\%\sim100\%$，黝帘石质量分数 $1\%\sim25\%$，绿帘石质量分数 $5\%\sim10\%$）。

（5）红独玉　呈粉红色或芙蓉色，玉石为强黝帘石化斜长岩，其成分质量分数为：黝帘石 $50\%\sim80\%$，斜长石 $30\%\sim40\%$（钙长石 $15\%\sim35\%$，拉长石 $5\%\sim15\%$，绿帘石 5%，透辉石 1%）。

（6）青独玉　呈青色或深蓝色，玉石为辉石斜长岩（斜长石质量分数 85%，钙长石质量分数 80%，拉长石质量分数 5%，辉石质量分数 15%）。

（7）墨独玉　呈黑、墨绿色，为黝帘石化斜长岩，质量分数：斜长石 45%，黝帘石 45%，绿帘石 10%。

（8）杂色独玉　呈白、绿、黄、紫相间的条纹、条带以及绿豆花、菜花和黑花等。玉石为黑云母铬云母化斜长岩或绿帘石化黝帘石化斜长岩（质量分数：斜长石 $40\%\sim50\%$，黝帘石 $40\%\sim45\%$）。

三、独山玉的质量评价

独山玉的质量评价依据颜色、裂纹、杂质及块度大小。

优质独山玉为白色和绿色，白色玉为油脂光泽，绿色者为翠绿、微透明、质地细腻、无裂纹、无杂质。颜色杂、色调暗、不透明、有裂纹和杂质的独山玉为下等品。毛矿交易中，依据质量，独山玉可分特级、一级、二级、三级 4 个等级。

（1）特级料　颜色纯正，翠绿、蓝绿、淡蓝绿、白中带绿，结构致密，质地细腻，无白筋，无杂质，无裂纹，块度在 20kg 以上者。

（2）一级料　颜色均匀，白色，乳白色，绿白浸染，质地细腻，无杂质，无裂纹，块度在 20kg 以上者。

（3）二级料　颜色均匀，白色，绿中带杂色，质地细腻，无杂质，无裂纹，块度在 3kg 以上者。

（4）三级料　杂色，但色泽较鲜明，质地细腻，有杂质和裂纹，单色块度可达 1kg 以上，杂色部分块度在 2kg 以上者。

四、独山玉与相似玉石的鉴别

与独山玉相似的玉石有石英岩玉、软玉、翡翠、碳酸盐岩玉及蛇纹石玉等。

（1）与石英岩玉的区别　独山玉和石英岩玉都为粒状结构，但是独山玉的折射率和密度比石英岩玉高。石英岩玉主要呈绿色，颜色较均匀，其界线无明显突变。独山玉颜色杂，不同颜色之间的界线明显。

（2）与软玉的区别　独山玉与软玉的鉴别主要是靠结构、光泽、质地及颜色。独山玉为粒状结构，而软玉为纤维交织结构。独山玉质地不如软玉细腻，光泽不及软玉强。软玉为油脂光泽，而独山玉为玻璃光泽至油脂光泽。独山玉的颜色分布较软玉杂乱。

（3）与翡翠的区别　优质绿色独山玉的质地细腻，很像翡翠。但它们的结构明显不同，翡翠常为纤维状嵌晶结构，而独山玉为粒状变晶结构。翡翠的绿色呈带状、线状分布特征，这是由呈绿色的纤维状的硬玉矿物集合体定向排列造成的。独山玉的绿色部分由粒状的绿色绿帘石矿物集合体造成，独山玉的密度比翡翠低。

（4）与碳酸盐岩玉的区别　独山玉的硬度、密度、折射率比碳酸盐岩玉高。碳酸盐岩玉为白色和绿色，独山玉以绿色为主。碳酸盐岩玉遇酸起泡。

（5）与蛇纹石玉的区别　独山玉的硬度、密度、折射率比蛇纹石玉高。独山玉为白色和绿色，蛇纹石玉以绿色为主。独山玉为粒状结构，而蛇纹石玉为非常细腻的纤维交织结构。

五、独山玉的主要产地

独山玉矿体呈脉状、透镜状及不规则状，产出于蚀变辉长岩体中。围岩蚀变作用有透闪石-阳起石化，钠黝帘石化，蛇纹石化和绿泥石化，一般矿脉长 1～10m，宽 0.1～1m，个别宽 5m。独山玉是一种蚀变斜长岩，是我国特有的玉石矿种，主要产于河南省南阳市，也称"南阳玉"或"河南玉"，也有简称为"独玉"的。独山是距中国历史文化名城南阳最近的省级森林公园、国家矿山公园和旅游风景区，出产中国四大名玉之独玉。此外在新疆西准噶尔地区和四川雅安地区也有类似的玉种发现。

任务八
绿松石的鉴定

一、绿松石的基本性质

绿松石（turquoise）玉主要组成矿物是绿松石，另外，绿松石常与埃洛石、高岭石、石英、云母、褐铁矿、磷铝石等共生，高岭石、石英、褐铁矿等加入的比例将直接影响绿松石的质量。

1. 化学组成

绿松石矿物是一种含水的铜铝磷酸盐类矿物，其分子式为 $CuAl_6(PO_4)_4(OH)_8 \cdot 4H_2O$。绿松石的结构及 Cu^{2+} 决定了它的基本颜色为天蓝色，另外含 Fe、Zn 等杂质元素。

2. 结晶学特征

绿松石属三斜晶系，平行双面晶类，晶体极少见，偶见有短柱状单晶。通常见到的绿松石多为隐晶质-非晶质集合体。

3. 结构、构造

绿松石的原矿大致可分出结核状、浸染状、细脉状三种。

成品绿松石在结构、构造上常有一些典型特征。

① 绿松石在绿色、蓝色的基底上常可见一些细小的、不规则的白色纹理和斑块，它们是由高岭石、石英等白色矿物聚集而成。

② 绿松石中常有褐色、黑褐色的纹理和色斑，宝石界称为铁线，它是由褐铁矿和碳质等杂质聚集而成。

③ 个别样品中可以见到微小蓝色的圆形斑点，这是绿松石由沉积作用而成。

4. 光学性质

（1）颜色 绿松石的颜色可分为蓝色、绿色、杂色三大类。蓝色包括蔚蓝、蓝，色泽鲜艳；绿色包括深蓝绿、灰蓝绿、绿、浅绿以至黄绿，深蓝绿者仍然美丽；杂色包括黄色、土黄色、月白色、灰白色。在宝石业中，以蔚蓝、蓝、深蓝绿色为上品，绿色较为纯净的也可作首饰，而浅蓝绿色只有大块才能使用，可作雕刻用石。杂色绿松石则需人工优化后才能使用。

（2）光泽与透明度 蜡状光泽，抛光很好的平面可能具亚玻璃光泽。一些浅灰白色的绿松石可具土状光泽。

（3）折射率与双折射率 单晶绿松石的三个折射率分别为1.61、1.62、1.65，双折射率为0.040。

（4）发光性 在长波紫外线下，绿松石一般无荧光或荧光很弱，呈现一种黄绿色弱荧光，而短波紫外线下绿松石则无荧光。

（5）吸收光谱 在蓝区420nm处有一条不清晰的带，432nm处有一条可见的带，有时于460nm处有一条模糊的带。

5. 力学性质

（1）解理 绿松石多为块状集合体，无解理。

（2）硬度 摩氏硬度5～6，硬度与质量有一定的关系，高质量的绿松石硬度较高，而灰白色、灰黄色绿松石的硬度较低，最低为2.9左右。

（3）密度 绿松石的密度为2.76（+0.14，−0.36）g/cm^3。作为玉石的高质量的绿松石，其密度应在2.8～2.9g/cm^3之间。

6. 其他性质

① 绿松石是一种非耐热的玉石，在高温下绿松石会失水、爆裂，变成一些褐色的碎块。

② 在盐酸中绿松石可溶解，但速度很慢。

③ 绿松石孔隙发育，所以鉴定过程中，绿松石不宜与有色的溶液接触，以防有色溶液将其污染。

二、绿松石的品种

目前，珠宝界对于绿松石的品种划分没有严格的标准，本书按结构构造、质地将绿松原矿划分为以下品种。

（1）晶体绿松石　一种极为罕见的透明绿松石晶体，粒度很小，琢磨的成品宝石不足1ct，已知仅产于美国弗吉尼亚州。

（2）致密块状绿松石　一种致密的绿松石集合体，硬度在5～6之间，外表可呈团块状、结核状，外层常有灰褐色、黑褐色、黄褐色色壳，包壳内部可见到颜色鲜艳、均匀的高质量的绿松石。

（3）块状绿松石　一种受到不同程度风化的绿松石，硬度低于5，外表仍呈团块状，外层带有灰白色、灰黄色包壳，样品的颜色一般为浅灰蓝色、浅蓝绿色等，质地疏松。

（4）浸染状绿松石　一种呈浸染状充填于围岩角砾间的绿松石，绿松石本身常有压碎现象，呈斑状、角砾状。宝石加工中连同围岩一起切磨的情况非常少，但绿松石是个例外。浸染状绿松石常同围岩一起切磨。根据矿石中绿松石的含量、形态、成分，又可将绿松石划分成不同品种，如当绿松石与细脉状铁质共生时，常被称为铁线绿松石。我国湖北某矿区，根据矿石中绿松石的质量分数和形态的不同而命名为瀑水豆花绿松石，其中绿松石粒径2～3cm，质量分数80%；大雨豆花绿松石，其中绿松石粒径0.5～1cm，质量分数50%～70%；小雨豆花绿松石，粒径0.2～0.5cm，质量分数30%～40%。

三、绿松石的质量评价

绿松石的质量评价应从以下几方面综合考虑。

（1）颜色　高档绿松石即首饰用绿松石要求具标准的天蓝色，其次为深蓝色、蓝绿色，且要求颜色均匀，那些浅蓝色、灰蓝色的绿松石只能用作雕件，而黄褐色绿松石基本无工艺价值。

（2）密度及硬度　高档绿松石要求具有较高的密度和硬度，即密度在2.7g/cm^{3}左右，摩氏硬度在6左右。因为密度值直接反映出绿松石受风化的程度，随着风化程度的加深，绿松石密度降低，硬度降低，颜色质量也明显降低。相对密度低于2.4g/cm^3、摩氏硬度低于4的绿松石，一般要经稳定化处理才可使用。

（3）纯净度　绿松石内常含黏土矿物和方解石等杂质，这些杂质多呈白色，在玉器行里称为白脑，白脑发育的绿松石加工时易炸裂，质量明显降低。

（4）特殊花纹　绿松石是唯一一种可与围岩共同磨制的玉石，当围岩与绿松石构成的图案具有一定的象征意义时，产品将受到好评。

（5）块度　在绿松石原矿的销售中，对块度有一定的要求，总的原则是颜色质量高的绿松石，块度要求可以低些。如在美国，浅蓝色、浅绿色绿松石的原石块度不小于10mm，质量7～289ct；天蓝色绿松石可以薄些，但质量不应小于4g。

四、绿松石的优化处理及其鉴别

绿松石是一种古老的玉石，其人工优化处理方法，归纳起来大致有以下几种。

（1）浸泡　将绿松石浸泡在汽油等液体中，以改变颜色和光泽，但浸泡后的样品极易褪色，此为一传统的处理方法，目前已很少使用。

（2）上蜡　将绿松石成品在石蜡中煮一会儿，传统珠宝界称其为过蜡，过蜡可改变绿松石的颜色，使其颜色加深，目前过蜡已被广大珠宝界接受，成为绿松石加工中必不可少的也是最后一道工序。

（3）**染色**　将绿松石成品浸于无机或有机染料中，使其染色，经染色处理的绿松石可以从以下几方面进行鉴定。

① 染色绿松石颜色不自然。国内市场上的染色绿松石常呈深蓝绿色或深绿色，且过于均匀，这种颜色与天然的天蓝色绿松石有着明显的差别，给人以不真实感。

② 染色绿松石颜色深度很浅，一般在 1mm 左右，在样品表面的剥落处和样品背后的凹坑处，有可能露出浅色的核。

③ 部分染色绿松石在做氨水试验时可以掉色，蘸氨水的棉球上可有蓝绿色。

（4）**稳定化处理**　稳定化处理包括灌注无机盐（如氧化硅胶体）和注塑。注塑包括无色或染蓝塑料的注入，这种优化处理方法是目前最现代化、最成功的方法，通过以上方法可以改变绿松石的稳定性，提高透明度，改变颜色。

稳定化处理的绿松石可以通过以下几点进行鉴定。

① 密度　稳定化处理的绿松石密度较低，一般小于 $2.76g/cm^3$，常在 $2.4g/cm^3$ 左右，甚至低至 $2.1g/cm^3$，这种低密度与其漂亮的颜色是相互矛盾的，天然产出的高质量绿松石，即颜色艳丽的绿松石密度应高于 $2.6g/cm^3$。

② 摩氏硬度　稳定化后的绿松石摩氏硬度较低，一般仅为 3～4，而具有相同外观的天然绿松石摩氏硬度应在 5～6 之间。

③ 热针试验　在进行热针试验时，特别是当热针与一些裂隙或凹坑的距离接近时，可闻到塑料熔化时的刺鼻气味。

④ 扫描电镜检查　在扫描电镜的观察中，稳定化处理的绿松石、充填物胶或塑料呈不规则的片状，出现于绿松石鳞片状、纤维状集合体间，而未经稳定化处理的绿松石，仅表现出鳞片、纤维集合体之间的一些细小的空洞。

⑤ X 射线检验　稳定化的绿松石在 X 射线衍射图上会出现一些不属于绿松石的附加衍射线，这些附加衍射线的 d 值与化学式为 $AlPO_4$ 的块磷铝矿的最强衍射线的 d 值一致，对同一块稳定化绿松石的不同部位分几次取样做 X 射线粉末衍射分析时，可以发现磷铝矿的分布是不均匀的。

⑥ 红外光谱　在红外光谱的检查中，注塑绿松石可以出现一些特殊的由塑料引起的吸收谱线。早期稳定化绿松石中可见到 $1450cm^{-1}$ 和 $1500cm^{-1}$ 间的强吸收，而在较新的稳定化品种中，则出现 $1725cm^{-1}$ 的强吸收带，显示塑料的存在。

五、绿松石与仿制品及相似玉石的鉴别

（1）**再造绿松石**　这类仿制品是由塑料或树脂将绿松石或其他材料的碎粒黏结而成。用绿松石料黏结的产品特征是：在 10 倍放大镜（或显微镜）下可见粒状结构，在浅蓝色基质中有蓝色角砾状斑块。密度（2.20～2.55g/cm³）低于天然绿松石的密度。用非绿松石材料制成的仿制品的密度为 2.40～2.60g/cm³，个别达 2.75g/cm³，也比天然绿松石的密度低。

（2）**合成绿松石**　天蓝色，颜色均一，在 50 倍放大镜下观察可见球粒状结构。

（3）**玻璃**　玻璃不具有绿松石的结构。在 10 倍放大镜下，可看到气泡。检查宝石边棱和钻眼处的缺口上的光泽和断口，玻璃仿制品的缺口呈玻璃光泽，贝壳状断口。绿松石缺口表面呈暗淡的蜡状光泽，断口往往是平滑的。玻璃的密度可达 3.33g/cm³ 左右，相似的瓷的

密度为 $2.3 \sim 2.4 \mathrm{g/cm}^3$，都在绿松石的密度范围之外。

（4）染色菱镁矿　一种碳酸盐矿物集合体，粒状结构，玻璃光泽，有人工着色的痕迹，遇酸起泡。

（5）磷铝石　磷铝石的折射率（1.58）和密度（$2.40 \sim 2.60 \mathrm{g/cm}^3$）较绿松石低，红区中有两条吸收带。磷铝石的颜色通常不像绿松石那么蓝。

（6）天蓝石　天蓝石的折射率（1.62）与绿松石相近，其密度（$3.10 \mathrm{g/cm}^3$）明显大于绿松石。玻璃光泽，不具绿松石的结构，透明度比绿松石高。

（7）硅孔雀石　硅孔雀石与绿松石的物理性质有明显的不同。它的折射率（约1.50）和密度（$2.0 \sim 2.5 \mathrm{g/cm}^3$）都比绿松石的低。

（8）染色玉髓和碧玉　染色玉髓和碧玉呈玻璃光泽，透明度好，折射率1.54，有时见环带构造，在查尔斯滤色镜下显粉红色，均与绿松石不同。

据资料报道还有一些矿物及有机宝石，如染色的羟硅硼钙石、蓝铁染骨化石、天蓝石等可与绿松石相混，但只要仔细测定其物理常数或借助于红外光谱可将它们区分开来，见表4-3。

表 4-3　与绿松石相似的部分玉石品种的鉴定特点

品　种	$\rho/(\mathrm{g/cm}^3)$	n（点测）	吸 收 光 谱	其他鉴定特征
磷铝石	$2.4 \sim 2.6$	1.58	红区有两条吸收带	
天蓝石	3.1	1.62		
染色玉髓	2.6	1.53		查尔斯滤色镜下可能显红或浅颜色
蓝铁染骨化石	$3.0 \sim 3.25$	1.60		放大检查可显示骨的结构特点
染色羟硅硼钙石	$2.5 \sim 2.57$	1.59	绿区有宽吸收带	
玻璃	密度可变，可达3.3		玻璃光泽，可有气泡，贝壳状断口	
瓷	$2.3 \sim 2.4$		玻璃光泽	

💎 六、绿松石的主要产地

绿松石矿床属外生淋滤成因，与含磷和铜的硫化物矿化岩石有关。绿松石的主要产地有伊朗、埃及、美国、俄罗斯和中国等。

伊朗绿松石又称"波斯绿松石"，产于伊朗马什哈德以西的尼沙普尔区。该地的绿松石产于风化的斑状粗面岩角砾岩化带上部，是粗面岩中的长石、磷灰石和黄铜矿受热液作用而成，与高岭石和褐铁矿共生。许多绿松石具长石假象，在切磨的绿松石上可看到细小的白色物质的斑点。波斯绿松石通常为美丽的天蓝色，质地较致密，密度可达 $2.9 \mathrm{g/cm}^3$，光泽感也较好。目前尼沙普尔区的绿松石开采已处于停顿状态，但在伊朗的其他地方仍有小规模开采。需指出的是，目前在商贸中多把与伊朗产绿松石质量、特征相似的都称为波斯（伊朗）绿松石。

埃及绿松石产于西奈半岛，已有3千多年的开采历史。在西奈半岛的干旱地带，绿松石产于与铜矿床及火山岩密切共生的砂岩中上部破碎带中，属风化淋滤成因。与伊朗绿松石的天蓝色不同，埃及绿松石多数为绿蓝色，但也有些是蓝色的，从抛光面上不难看出这是因为有颜色较蓝的小圆斑分布其中。埃及绿松石的密度为 $2.7\sim2.9\text{g/cm}^3$，颜色较蓝者具较高密度。西奈半岛上的绿松石已基本采空。

美国绿松石产于美国西南部内华达州、亚利桑那州、加利福尼亚州、科罗拉多州和新墨西哥州的霏细斑岩（流纹岩）、蚀变粗面岩和二长花岗斑岩裂隙中。其成因是大气降水淋滤碱性长石及伴生的铜矿石和磷灰石而后沉淀于裂隙中。美国绿松石为天蓝、绿和蓝绿色，其主要特点是颜色较浅，孔隙度较高，呈垩状，密度 $2.6\sim2.7\text{g/cm}^3$。绿松石在北美西南部仍是人们最喜爱的宝石之一，也是美国印第安珠宝首饰中首选的宝石材料。目前在商贸中常把与美国产绿松石特征、质量相似的都称为美国绿松石。

我国的绿松石矿主要分布于湖北、陕西和河南三省的交界地带，以湖北郧阳绿松石矿最为有名。这里绿松石的形成主要与下寒武纪富铜和磷的硅质板岩有关，属次生淋滤矿床。矿体主要呈透镜状、浸染状或囊状分布。绿松石形态多呈结核状和脉状。颜色有蓝、淡蓝、蓝绿、苹果绿、淡灰和灰黄色等。郧阳绿松石的开采已有数百年历史，以质量好和产量大著称于世。由于开采时间久，目前块度大的优质材料已不多见。

除湖北、陕西和河南三省的交界地带外，我国的绿松石产地还有安徽凹山、新疆哈密、河南淅川和云南安宁等地。安徽凹山铁矿的绿松石是产于玢岩铁矿体上部含铜、磷蚀变围岩氧化带的铁帽型绿松石，矿体多呈不规则瘤状和袋状，伴生矿物有磷灰石、阳起石和磁铁矿。

任务九
青金石的鉴定

一、青金石的基本性质

青金石玉的主要矿物组成是青金石（lazurite），另外还可含有方解石、黄铁矿、方钠石、透辉石、云母、角闪石等矿物。

1. 化学成分

青金石的化学成分为：$(\text{Na}, \text{Ca})_8(\text{AlSiO}_4)_6(\text{SO}_4, \text{Cl}, \text{S})_2$，但青金石的化学成分还受次要组成矿物的影响，如当青金石中方解石、透辉石等矿物增加时，其化学组成中的 Ca 含量便会提高。

2. 结晶学特征

青金石为等轴晶系矿物，晶形为菱形十二面体，而青金石玉为一种粒状矿物集合体。

3. 光学性质

（1）颜色 蓝色，粗粒材料可呈蓝白斑杂色。

（2）光泽及透明度 玻璃光泽到树脂光泽，不透明到半透明。

（3）条痕 白色到浅蓝色。

（4）折射率 约 1.50。

（5）发光性 短波紫外线下可发绿色或白色荧光，青金石内的方解石在长波紫外线下发褐红色荧光。

4. 力学性质

(1) 解理　无解理，可具粒状、不平坦断口。

(2) 硬度　摩氏硬度 $H_M = 5 \sim 6$。

(3) 密度　$2.5 \sim 2.9 g/cm^3$，一般为 $2.75 g/cm^3$，取决于黄铁矿的含量。

5. 内外部显微特征

放大检查可看到青金石内具黄铁矿斑点、白色方解石团块。

6. 其他

青金石中的方解石与酸强烈反应，起泡。

二、青金石的品种

按矿物成分、色泽、质地和工艺美术特征的差异，可将青金石质玉石分为以下四种。

(1) 青金石　青金石即"普通青金石"。呈浓艳均匀的深蓝色、天蓝色，青金石矿物含量在 99% 以上，无黄铁矿，有"青金不带金"之称，其他杂质矿物很少，因而质地纯净，为"青金石王国"的最佳品种。

(2) 青金　青金质纯色浓，呈浓蓝色、艳蓝色至深蓝色、翠蓝色或藏蓝色，色泽均匀，青金石矿物质量分数在 90% ~ 95% 或以上，细密、无杂质、无白斑，含微量"金星"，即黄铁矿，有"青金必带金"之称，为青金石质玉石中的上品。

(3) 金克浪　金克浪呈深蓝色、天蓝色、浅蓝色，但不太浓艳和均匀，青金石矿物的质量分数比上述两种大为减少，是一种含有大量黄铁矿的青金石块体，通常含有较多的黄铁矿微粒。经过抛光以后，如同金龟子的外壳一样金光闪闪，所以有"金克浪"之称。

(4) 雪花催生石　浅蓝色，含有较多的白色方解石，青金石矿物的质量分数较少，一般不含黄铁矿，为青金石中的质次者。据说这种青金石入药可以帮助孕妇"催生"，因此被称为"催生石"。"催生石"抛光后，在深蓝色的底子上，似有纷飞的点点雪花，故有"雪花催生石"之称，此类青金石质玉石一般质量较差，少数质优者可作玉雕用。

三、青金石的质量评价和加工

1. 评价

青金石的品级是根据颜色，所含方解石、黄铁矿的多少而定的，最珍贵的青金石应为紫蓝色，且颜色均匀，完全没有方解石和黄铁矿包裹体，并有较好光泽。

青金石中的方解石，尤其大块白色方解石包裹体的存在会使青金石价值降低。

2. 加工

青金石通常被制成弧面形的戒面，也可制成雕刻品、钟壳、表盘、烟盒等饰品，有时也作装潢材料。

四、青金石的优化处理及其鉴别

1. 上蜡

某些青金石上蜡可以改善外观，在放大镜下观察可发现有些地方有蜡层剥离的现象。用加热的钢针小心靠近上过蜡的青金石但不能接触其表面，可发现有蜡析出来。

2. 染色

劣质青金石的颜色可用蓝色染剂来改善，仔细观察可发现颜色沿缝隙富集，在样品不引人注意的部位用蘸有丙酮的小棉签小心地擦拭，应能擦下一些染剂而使棉签变蓝。如果发现有蜡，应先清除蜡层，然后再进行以上测试。

3. 黏合

某些劣质青金石被粉碎后用塑料黏结，当用热针触探样品不显眼的部位时，会有塑料的气味发出。放大检查时可以发现样品具明显的碎块状构造。

五、青金石与合成青金石的鉴别

1. 结构

合成青金石结构细而均匀，质地细腻。天然青金石结构粗细不匀，质地细腻程度差。

2. 颜色

合成青金石颜色（蓝色）分布均匀。天然青金石中常含方解石形成的白色条纹或条带。

3. 杂质矿物包体

合成青金石过程中，常掺入角砾状黄铁矿杂质成分，而天然青金石中的黄铁矿呈斑点状，棱角较圆滑，为粒状。

4. 孔隙度

合成青金石中孔隙较多，可用放大镜及宝石显微镜进行观察。将其放入水中数分钟后，取出再称重，其质量明显增加，表明有很多水渗入到孔隙中。

5. 透明度

天然青金石的边部较薄处，呈微透明，而合成青金石的边部则不透明。

6. 硬度

合成青金石的硬度（4.5）比天然青金石的硬度低。

六、青金石与相似玉石及其仿制品的鉴别

1. 方钠石

方钠石在颜色上与青金石较相似，但根据结构可将两者区分开，方钠石为粗晶质结构，青金石多为粒状结构，方钠石的颜色往往呈斑块状，在蓝色的底色上常见白色或深蓝色斑痕，也常见白色或淡粉红色脉纹。

方钠石有时可见解理，且透明度比青金石高；方钠石的密度（$2.15 \sim 2.35 \mathrm{g/cm^3}$）明显低于青金石（$2.7 \sim 2.9 \mathrm{g/cm^3}$），这一特点足以把它们区分开来，方钠石内极少见到黄铁矿包裹体。

2. 蓝铜矿和天蓝石

如果抛光良好，可以根据折射率将青金石与蓝铜矿、天蓝石加以区分，蓝铜矿折射率为 $1.73 \sim 1.84$，天蓝石折射率为 $1.61 \sim 1.64$；另外根据密度也可以将它们区分开来，蓝铜矿和天蓝石的密度分别是 $3.80 \mathrm{g/cm^3}$ 和 $3.09 \mathrm{g/cm^3}$。

3. 蓝线石石英岩

蓝线石石英岩为半透明，玻璃光泽，层状构造，含纤维状蓝线石矿物的蓝色薄层与富石英的蓝灰色夹层相间出现，折射率较高，为 1.53，密度较高为 $3.30 \mathrm{g/cm^3}$。

金属包裹体可能出现，但与青金石中的黄铁矿不同，蓝线石石英岩内的金属矿物包裹体呈灰色。

4. 染色碧玉（瑞士青金石）

染色碧玉内颜色分布不均匀，颜色在条纹和斑块中富集，不存在黄铁矿，断口为贝壳状；在查尔斯滤色镜下通常不显示红褐色；折射率较高（1.53）；密度较低（2.6g/cm³）；条痕测试时，青金石的条痕通常为浅蓝色，而碧玉不留下条痕。

5. 熔结的合成尖晶石

为明亮的蓝色，颜色分布均匀，具粒状结构，可含有细小的金斑以模仿黄铁矿，光泽比青金石强得多，且通常抛光良好。

透过查尔斯滤色镜观察，这种材料呈明亮的红色，它完全不同于青金石的红褐色，据此足以把两种材料区分开。

折射率（1.72）高于青金石，密度（3.52g/cm³）也较高，如果使用分光镜可以观察到红、绿、蓝区有带状的钴谱。

6. "合成"青金石

由吉尔森制造并出售的一种人造"青金石"材料，实际上该材料是一种仿制品，而不是真正的合成材料，且含有较多的含水磷酸锌。这种材料与青金石的鉴别可从以下几方面进行。

（1）透明度 天然青金石是微透明的，光线可透过弧面形宝石的边缘，如果把纤维光源靠近玉石表面，可见有一部分光从玉石的边缘通过并产生蓝色光晕，"合成"青金石不透明，光照下边缘不会出现蓝色光晕。

（2）颜色 大多数天然青金石的颜色不均匀，而"合成"青金石颜色分布较均匀。

（3）包裹体 "合成"青金石也可含有黄铁矿包裹体，它是将天然黄铁矿材料粉碎，筛分后加入到粉末原料中的，一般均匀分布在整块材料中，且颗粒边沿平直，而天然材料中的黄铁矿轮廓为不规则的，黄铁矿以小斑块或条纹状出现。

（4）密度 合成青金石的密度低于天然材料，一般小于2.45g/cm³，且孔限度较高，放于水中一段时间后，质量会有所增加，这一点对镶嵌宝石的鉴别特别有效。

（5）查尔斯滤色镜 "合成"青金石在查尔斯滤色镜下的反应不同于天然材料。

7. 其他材料

染色大理岩：放大检查时，可以发现染色大理岩的颜色集中在裂隙和颗粒边界处，染料可被丙酮擦掉，这种材料硬度较小，用小刀很容易刻出条痕。

8. 玻璃

用于仿青金石的蓝色玻璃不具有青金石玉的粒状结构，并可含有气泡和旋涡纹理。青金石与部分相似品及制品的鉴别特征列于表4-4。青金石中的方解石与酸强烈反应，故不可将它放入电镀槽、超声波清洗器和珠宝清洗液中。

表 4-4　青金石和相似品及仿制品的鉴别特征

名　　称	包　裹　体	n	$\rho/(\text{g/cm}^3)$	滤色镜	孔隙度	透明度	其　　他
青金石	黄色黄铁矿	1.5	2.5～2.9	红褐色	低	微透明	
"合成"青金石	有时含黄色黄铁矿	1.5	<2.45	无明显颜色	高	不透明	黄铁矿包裹体分布均匀、边界平直

名　称	包　裹　体	n	$\rho/(g/cm^3)$	滤色镜	孔隙度	透明度	其　他
方钠石	白色黏土矿物	1.48	<2.35	红褐色	低	微透明	粗晶质、可见初始解理
合成尖晶石	有时有黄色黄铁矿	1.72	3.52	鲜红色	低	微透明	可见钴错
蓝线石石英岩	灰色金属矿物	1.53	2.6	无明显颜色	低	半透明	层状结构
染色碧玉	无	1.53	2.6	无明显颜色	低	微透明	贝壳断口

七、青金石的主要产地

世界上青金石的主要生产国是阿富汗，其次是俄罗斯、智利、美国、巴西、意大利、澳大利亚等，加拿大也发现有几个青金石矿化点。

中国的青金石资源所知极少，但矿化点有所报道，近年来在西昆仑地区伟晶岩与大理岩接触带发现呈紫蓝色、蓝色，具玻璃光泽的青金石。另外西藏那曲地区已有青金石发现，当地将其用作藏药。

任务十
方钠石的鉴定

一、方钠石的基本性质

方钠石（sodalite）虽然很少含有黄铁矿包裹体，但常与白色矿物组成纹理，因此外貌与智利青金石类似，常被误称为"加拿大青金石"。

1. 化学成分

方钠石的化学成分为 $Na_8[AlSiO_4]_6Cl_2$，其中 Na 可被 K 和 Ca 少量替代。

2. 结晶学特征

方钠石属等轴晶系，很少以晶体产出，有时呈菱形十二面体，一般呈致密的结核状或浸染状、条带状集合体。

3. 光学性质

（1）颜色　方钠石多为蓝色，通常带有白色或粉红色的条纹和色斑，也可呈紫色、粉红色、白色。

（2）光泽及透明度　方钠石多呈玻璃光泽至油脂光泽，解理面上可具珍珠光泽。透明度：方钠石呈半透明至似半透明状，集合体多不透明。

（3）光性　均质体。

（4）折射率　折射率为 1.483 ± 0.004。

（5）多色性　无多色性。

（6）发光性　方钠石常有斑杂状的橙色紫外荧光。

加拿大安大略产的方钠石，短波紫外线下具明亮的浅粉色荧光，长波紫外线下见明亮的黄-橙色荧光。白色的方钠石长时间暴露于短波紫外线下可变成"莓红色"，但在日光中又能很快褪色。

（7）吸收光谱   未见特征吸收光谱。

4. 力学性质

（1）解理   方钠石具有中等解理，断口呈参差状至贝壳状。

（2）硬度   摩氏硬度 $H_M = 5 \sim 6$。

（3）密度   方钠石的密度一般为 2.25（+0.15，-0.10）g/cm^3，有时可高达 $2.35g/cm^3$。

5. 其他

方钠石多以集合体形式存在，共生矿物有钙霞石、黑榴石、方解石等，一些方钠石也可含少量黄铁矿，外观与青金石极为相似。方钠石在滤色镜下呈红褐色，受热可熔化成玻璃，遇盐酸可分解。

二、方钠石的品种

（1）羟基方钠石   方钠石组成 $Na_8Al_6Si_6O_{24} \cdot (OH)_2(H_2O)_2$，方钠石中 OH^- 常被 Cl^- 代替；羟基方钠石组成 $Na_8Al_6Si_6O_{24} \cdot (OH)_2$，羟基方钠石和方钠石 XRD 谱图一致说明它们有相同的结构。

（2）X 型沸石、A 型沸石和方钠石   方钠石石都由同样的 β 特征笼构成，β 笼通过双六元环连接形成 X 型沸石，通过双四元环连接形成 A 型沸石，通过共面连接可形成方钠石。

（3）黝方石   黝方石晶体罕见，呈现十二面体，大多为块状或粒状，颜色多样至无、白、灰、浅蓝色等，硬度 5.5～6。通常晶体嵌入火山岩间，本矿显现出难得一见的透明柱状晶体。

三、方钠石与相似玉石的鉴别

1. 青金石

方钠石很少含有黄铁矿包裹体；青金石密度 2.7～2.9g/cm^3，高于方钠石；方钠石玉通常结构较粗，而青金石结构较细。

2. 硅孔雀石

硅孔雀石是隐晶质、非晶质的，不显示解理。硅孔雀石多呈绿色、浅蓝绿色。硬度为 2～4，明显低于方钠石。

四、方钠石的主要产地

方钠石产于霞石正长岩中，是富钠贫硅岩浆的结晶产物，常与长石、石榴石、霞石和钙霞石伴生。

美国缅因州和加拿大安大略产出优质蓝色方钠石，此外俄罗斯的乌拉尔山、意大利的维苏威山、挪威、德国、玻利维亚均有方钠石产出，在西南非洲发现了一种鲜蓝色几乎透明的方钠石。

任务十一
孔雀石的鉴定

一、孔雀石的基本性质

珠宝界使用的孔雀石玉为一种单矿物岩，主要组成矿物为孔雀石（malachite）。

1. 化学组成

孔雀石是含水碳酸铜矿物，分子式为 $Cu_2CO_3(OH)_2$。

2. 结晶学特征

孔雀石为单斜晶系，单晶体多呈细长柱状、针状，集合体通常为具同心环带状结构的块状，也有呈钟乳状、皮壳状、结核状、葡萄状、肾状的。

3. 光学性质

（1）颜色　呈绿色，有浅绿、艳绿、孔雀绿、深绿和墨绿，以孔雀绿为佳。

（2）光泽及透明度　玻璃光泽，丝绢光泽；半透明，微透明至不透明。

（3）折射率　1.66～1.91。

（4）光性　二轴晶，负光性。

（5）多色性　由于透明度差，多数单晶孔雀石见不到多色性。

（6）发光性　紫外线下荧光惰性。

（7）特征光谱　无特征吸收谱。

4. 力学性质

（1）解理　通常不见，集合体具参差状断口。

（2）硬度　摩氏硬度 $H_M = 3.5～4.0$。

（3）密度　3.25～4.20g/cm³，通常为 3.95g/cm³。

（4）其他　孔雀石具可溶性，遇盐酸起泡，易溶解。

二、孔雀石的品种

孔雀石按其形态、物质构成、特殊光学效应及用途分为 5 种。

（1）晶体孔雀石　具有一定晶形（如柱状）的透明至半透明的孔雀石，非常罕见。单晶个体小，刻面宝石质量仅为 0.5ct，最大也超不过 2ct。

（2）块状孔雀石　具块状、葡萄状、同心层状、放射状和带状等多种形态的致密块体，块体大小不等。大者可达上百吨，多用于玉雕和各种首饰玉料。

（3）青孔雀石　又称"杂蓝银孔雀石"。孔雀石和蓝铜矿紧密结合，构成致密块状，使绿色与深蓝色相映成趣，成为名贵的玉雕材料。

（4）孔雀石猫眼　具有平行排列的纤维状构造的孔雀石，垂直纤维琢磨成弧面形宝石，可呈现猫眼效应。

（5）天然艺术孔雀石　指由大自然"雕塑"而成的，形态奇特的孔雀石。可直接用作盆景和观赏，故又名盆景石和观赏石。

三、孔雀石的质量评价

孔雀石的质量评价从颜色、质地、块度三方面进行。

（1）颜色　要求鲜艳，以孔雀绿色为最佳，且花纹要清晰、美观。

（2）质地　要求结构致密，质地细腻，无孔洞，且硬度和密度要偏大。

（3）块度　要求越大越好，不过，孔雀石可用作首饰、玉雕和图章料，大小均可，且价格随着质量的增加而增加，但增加的幅度不大。

依据颜色、块度、质地等条件，孔雀石原石可划分出 A、B 两个等级。

A级：颜色较深，呈翠绿、墨绿及天蓝色，可见条带和同心环带花纹，结构致密，质地细腻，硬度、密度较大。

B级：颜色偏淡，呈翠绿色，常见由粉白和翠绿相间构成的环带和条带花纹，其中粉白色质地较软，呈凹沟，整体的硬度较软，且有变化。

四、主要孔雀石品种的鉴定

1. 原石鉴定

孔雀石原石以其特有的孔雀绿色，同心环带构造，遇盐酸起泡等特征，即可识别之。

2. 成品鉴定

（1）肉眼识别　孔雀石具有特征的孔雀绿色、美丽的花纹（条带），致密的结构和闪烁的光泽等特点，一般不与其他珠宝相混，非常好识别。

（2）仪器检测

① 硬度测试　能被小刀（摩氏硬度 $H_M=5.5$）刻划。

② 密度　静水力学法测得其密度约为 $3.95g/cm^3$。

③ 折射仪　用点测法测得其折射率为 $1.66\sim1.91$ 之间，不过通常不能读到高值。

五、合成孔雀石及其鉴别

合成孔雀石，1982 年首先在前苏联试制成功。它是由众多的致密的小球粒团块组成，产生和生长由结晶条件控制。所生产的样品小至 0.5kg，大至几千克。

合成孔雀石按纹理可分为带、丝状和胞状 3 种类型。

带状合成孔雀石是由针状或板状孔雀石晶体和球粒状孔雀石集合而成的，颜色由淡蓝至深绿甚至黑色。带宽从零点几毫米至 $3\sim4mm$ 不等。带呈直线、微弯曲或复杂的曲线状，其外观与扎伊尔孔雀石相似。

丝状合成孔雀石是由厚 $0.01\sim0.1mm$、长约几十毫米的单晶体构成的，丝状集合体，平行于晶体延伸方向切割琢磨成弧面形宝石，可呈现猫眼现象，然而在垂直晶体延伸方向切割时，截面几乎呈黑色，所以丝状孔雀石做玉石不很理想。

胞状合成孔雀石有放射状和中心带状两种形式。放射状孔雀石是胞体从相对于球粒核心中央作散射状排列，胞状球体的颜色，在中央几乎是黑色，逐渐由核心向边沿散射而变成淡绿色。而中心带状孔雀石，每个带是由粒度约 $0.01\sim3mm$ 的球粒组成的。颜色从浅绿到深绿色。胞状孔雀石是最高级的合成孔雀石，几乎与著名的乌拉尔孔雀石一样。

经证明，合成孔雀石的化学成分、颜色、密度、硬度、光学性质及 X 射线衍射谱线等方面与天然孔雀石相似，仅在热谱图中呈现出较大的差异。所以，差热分析是鉴别天然孔雀石与合成孔雀石唯一有效的方法。然而，这种分析属破坏性鉴定，在鉴定中应慎用。

六、孔雀石的主要产地

孔雀石矿床常赋存于原生铜矿床或含铜丰度较高的中基性岩（玄武岩、英安岩、闪长岩等）上部氧化带中，与蓝铜矿、褐铁矿等共生。历史上优质孔雀石主要来源于前苏联的乌拉尔，而现代优质孔雀石却主要产自非洲（赞比亚）、津巴布韦、纳米比亚和扎伊尔等。此外，还有中国、美国、澳大利亚、法国、智利、英国和罗马尼亚等国。

我国孔雀石主要产于长江中下游的铜矿床中，如湖北东南部的铜绿山、赣西北、安徽、广东、内蒙古、甘肃、西藏和云南等地。

任务十二
碳酸盐类玉石的鉴定

碳酸盐类玉石常见的矿物品种有方解石、白云石、菱锌矿、菱锰矿、菱镁矿等。

一、菱锌矿

1. 菱锌矿的基本性质

菱锌矿（smithsonite）的化学成分为 $ZnCO_3$。三方晶系，具三组菱面体完全解理。多以柱状或纤维状集合体出现，呈皮壳状、肾状等。黄色、黄绿色、淡蓝色的比较常见。玻璃光泽，半透明。一轴晶，负光性。折射率 $1.621\sim1.849$。集合体无多色性。紫外灯下无至强荧光，并可有各种荧光颜色。无特征吸收谱。硬度 $4\sim5$，密度 $4.15\sim4.45g/cm^3$，常见值为 $4.30g/cm^3$，遇盐酸溶解。

2. 菱锌矿的产地简介

菱锌矿产于铅锌矿床氧化带，常与异极矿、白铅矿、褐铁矿等伴生，主要产于我国广西融县泗汀厂，广泛分布，可用作雕刻原料。

二、菱锰矿

菱锰矿含有致色离子 Mn^{2+}，属典型的致色矿物，常呈红色或粉红色。颗粒大者可加工成戒面，但大多数菱锰矿是以集合体形式产出，可作工艺雕刻原料或串珠等首饰。

1. 菱锰矿的基本性质

菱锰矿的化学成分为 $MnCO_3$。三方晶系，具三组菱面体完全解理。常呈多晶集合体。常见粉色、粉红色，常有白色、灰色、褐色或黄色条带，也常见有红色与粉色相间的条带。玻璃光泽，透明至半透明。一轴晶，负光性。折射率 $1.597\sim1.817$（±0.003），双折射率 0.220。集合体无多色性。长波紫外线下无至中等粉色，短波紫外线下无至弱的红色。具 $410nm$ 暗带，$450nm$、$545nm$ 弱吸收带。摩氏硬度 $3\sim5$，密度 $3.45\sim3.70g/cm^3$，常见值为 $3.60g/cm^3$。遇酸溶解。

2. 菱锰矿的品种

菱锰矿颗粒大、透明、颜色鲜艳者可作宝石，而颗粒细小、半透明的集合体只能作为玉雕原料。

3. 菱锰矿与相似玉石的鉴别

与菱锰矿颜色极为相似的一种玉石是蔷薇辉石，后者为辉石族矿物，两者有明显的区别，详见表4-5。

表 4-5　菱锰矿与蔷薇辉石的鉴别特征

名称	化学式	晶系	H_M	$\rho/(g/cm^3)$	n	双折射率	光性	解理	遇酸
菱锰矿	$MnCO_3$	三方	3	3.60	$1.597\sim1.817$	0.220	一轴，负	三组	反应
蔷薇辉石	$MnSiO_3$	单斜	$5.5\sim6.5$	3.50	$1.733\sim1.747$	$0.10\sim0.14$	二轴，正	二组	不反应

4. 菱锰矿与其仿制品的鉴别

菱锰矿的仿制品主要是一种粉红色的玻璃，玻璃仿制品可通过解理、密度、双折射、光性等方面加以区别。

5. 菱锰矿的质量评价

宝石级菱锰矿数量很少，它要求有较高的透明度及鲜艳的颜色，而玉石菱锰矿则要求有较大的块度、裂理少，有一定的颜色。

6. 菱锰矿的产地简介

菱锰矿主要产于阿根廷、澳大利亚、德国、罗马尼亚、西班牙、美国、南非等地。中国辽宁瓦房店、北京密云、江西赣州等地也有产出。

模块 五

有机宝石的鉴定

知识目标

1. 了解珍珠、琥珀、珊瑚、龟甲、贝壳的基本概念；
2. 掌握珍珠、琥珀、珊瑚、龟甲、贝壳的鉴别方法；
3. 懂得珍珠、琥珀、珊瑚、龟甲、贝壳的质量评价。

能力目标

1. 能够正确辨别珍珠、琥珀、珊瑚、龟甲、贝壳的优劣；
2. 能够用正确的操作方法鉴别珍珠、琥珀、珊瑚、龟甲、贝壳。

任务一
珍珠的鉴定

一、珍珠的基本性质

1. 珍珠（pearl）的化学成分

无机成分、有机成分、水和其他成分，见表5-1。

表 5-1　珍珠的化学成分

类别 成分 $w/\%$	天然珍珠	海水养珠	贝壳珍珠	贝壳棱柱层
无机成分	91.49	92.62	92.27	92.57
有机成分	7.07	6.41	3.22	5.32
水	1.78	0.66	0.76	0.69
其他成分	0.32	0.71	3.19	—

由表5-1我们可以看出，珍珠所含的无机成分质量分数占91%以上，主体是碳酸钙，另含有少量的碳酸镁。除此之外还含有 Na、K、Mg、Mn、Sr、Cu、Ph、Fe 等10多种微量元素（表5-2）。微量元素对珍珠的品质及颜色都会带来影响。就像其他宝石一样，微量元素对珍珠的颜色也起着重要的作用。

表 5-2 珍珠半定量光谱分析结果

微量元素 $w/10^{-5}$ 珍珠种类	Mg	Na	Mn	Sr	Al	Fe	Si	Cu
南珠（海水珠）	>5000	>5000	250	20	10	10	10	<5
淡水珠	>5000	>5000	200	10	10	10	10	5

由于不同类型母贝所产珍珠的化学组成上存在着差异，因而导致珍珠营养、药用价值的差别很大，这其中淡水珠的价值低于海水珠。

人们在研究珍珠化学成分的基础上又对珍珠的物相组成进行了深入的研究。在这方面存在着两种观点。一种观点认为珍珠主要由方解石组成，另一种观点认为珍珠主要由文石组成，文石的含量直接影响着珍珠的质量。表 5-3 表示了合浦珍珠中文石含量与珍珠质量关系。

表 5-3 合浦珍珠矿物相及相对质量分数表

矿物相 珍珠种别	文石/%	方解石/%
优质珠	95～85	5～15
一般珠	74	26
棱柱珠	45	55

2. 结晶学特征

珍珠中的碳酸钙主要是以斜方晶系的文石出现的，少数以三方晶系的方解石出现。

3. 珍珠的结构构造

珍珠具同心环状结构，对于这种结构形成的原因有两种理论。其一认为珍珠层的形成顺序是：先形成壳角蛋白膜层，然后形成碳酸钙沉积，当碳酸钙的球状晶体附存在该层薄膜上，并向横向生长，最后形成板状结晶。这种结构就像建筑上砌砖一样，壳角蛋白如水泥，碳酸钙结晶体就好像泥砖。另一种理论认为珍珠结构是复杂多变的，即由最内层的珠核、次内层的不定形有机质层、次外层的方解石棱柱层和最外层的文石珍珠层组成。

不管哪种理论，都表明珍珠的表面形态应是碳酸钙晶体与壳角蛋白堆积在珍珠表面的一种反映，在理想状态下，这种堆积是紧密、完整的，因此珍珠的表面是干净、光滑的，但由于环境和螺蚌的健康程度的影响，使珍珠出现许多沟纹和瘤刺、斑点等瑕疵。

4. 光学性质

（1）颜色 大多数珍珠的颜色由两种不同的部分组成，即珍珠的本体颜色和伴色色彩。珍珠的本体颜色又称之为体色，也称背景色，它取决于珍珠本身所含的各种色素和微量金属元素。伴色是加在其本体颜色之上的，是从珍珠表面反射的光中观察到的，由于珍珠次表面的内部珠层对光的反射干涉等综合作用形成的特有色彩。色彩有玫瑰色、蓝色、绿色和五彩缤纷的多彩色（晕色）。

根据珍珠的本体颜色，可将珍珠颜色（图 5-1）分为浅色组、黑色组和有色组三组。

① 浅色组的珍珠是体色以粉红色、白色或奶油色为主，除粉红色外，多具有玫瑰色或

蓝色或绿色的伴色色彩。

② 黑色组的珍珠的体色以紫色、绿色、蓝绿色、黑蓝色、黑色及灰色为主，并具有青铜色的金属伴色。

③ 有色组珍珠的体色常呈浅到中等的黄、绿、蓝、紫罗兰的色调，或是同一本体色的珍珠表面颜色分布不均匀这种珍珠又称为双色珍珠。

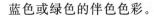

（2）光泽及透明度 特有的珍珠光泽。随珍珠层的薄厚及透明度的不同珍珠光泽将发生变化。按光泽的强弱，珍珠光泽又可细分为强珍珠光泽、中等珍珠光泽及弱珍珠光泽三种类型。

珍珠的透明度：半透明至不透明。

图 5-1　珍珠的各种颜色

（3）光性 非均质集合体。

（4）折射率与双折射率 折射率为 $1.530 \sim 1.686$，双折射率为 0.156。

（5）发光性

① 紫外荧光 黑色珍珠在长波紫外线下呈现弱至中等的红色、橙红色荧光。其他珍珠呈现无至强的浅色、黄色、绿色、粉红色荧光。

② X 射线荧光 除澳大利亚产的银白珠有弱荧光外，其他天然海水珍珠均无荧光。养殖珠有由弱到强的黄色荧光。

（6）吸收光谱 珍珠无特征吸收谱。

5. 力学性质

（1）解理 无解理。

（2）摩氏硬度 $H_M = 2.5 \sim 4$，耐磨性差。

（3）密度 珍珠的密度一般在 $2.60 \sim 2.80 \mathrm{g/cm}^3$，不同种类、不同产地珍珠的密度会略有差异。天然珍珠的密度为 $2.68 \sim 2.78 \mathrm{g/cm}^3$。养殖珍珠的密度在 $2.72 \sim 2.78 \mathrm{g/cm}^3$。东方海水天然珠：$2.66 \sim 2.76 \mathrm{g/cm}^3$；澳大利亚珠可达 $2.78 \mathrm{g/cm}^3$；墨西哥湾的珍珠：$2.61 \sim 2.69 \mathrm{g/cm}^3$；淡水天然珠：$2.66 \sim 2.78 \mathrm{g/cm}^3$，有少量大于 $2.74 \mathrm{g/cm}^3$。质量差的珍珠密度较小。贝壳珍珠密度接近 $2.85 \mathrm{g/cm}^3$。

6. 显微特征

显微镜下观察珍珠可见覆盖珍珠的结晶物或是含有珍珠层的小型板状物，呈各种形态的花纹，有平行线状、平行圈层状、不规则条纹状、旋涡状，总之很像地图上的等高线纹理，也有很光滑无条纹的。这种珍珠在电子显微镜下可清晰地看到台阶状的碳酸钙结晶层，每层都由六方板状的结晶体和胶状物质平行连接而成，其间有许多小的孔隙（图 5-2）。

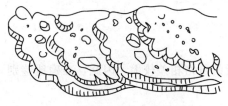

图 5-2　珍珠表面的台阶状构造

7. 其他

（1）溶解性 遇酸起泡。

（2）加热变化 加热燃烧变褐色，表面触摸有砂感。

（3）劳埃衍射 天然珍珠呈现六次对称衍射图像，有核养殖珍珠呈现四次对称衍射图像，仅在特殊方向上呈现六次对称衍射图像，如图 5-3 所示。

（4）X 射线照相 用 X 射线照相，在照片上天然珍珠从中心至外壳均显同心层状结构。

无核养殖珍珠显示空心状结构及外部同心层状结构（图5-4）。有核养殖珍珠则显示中心明亮的核及核外的暗色同心层（图5-5）。

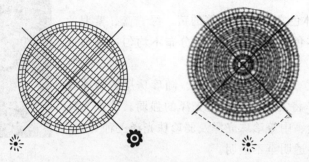

图 5-3　无核珍珠和有核珍珠的 X 射线衍射

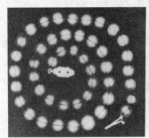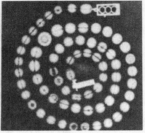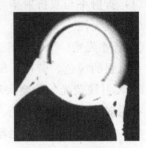

图 5-4　珍珠 X 射线的照相　　　　　　　图 5-5　有核养殖珍珠

❈ 二、珍珠的分类

珍珠的分类，目前尚无统一标准，比较实用的一种分类方案是按成因和水域进行划分的综合分类。该分类方案具体如下。

1. 天然珍珠

天然贝、蚌类体内形成的珍珠，它包括下面两种。

天然海水珠：即海珠，是由海洋贝体内产出的珍珠。

天然淡水珠：由淡水中蚌类体内产出的珍珠。

2. 养殖珍珠

用人工培育的方法，在贝、蚌类体内形成的珍珠，包括海水养殖珍珠和淡水养殖珍珠两种。

3. 人工仿制珍珠

用塑料、玻璃、贝壳等小球做核，外表镀上一层"珍珠精液"而制得。

❈ 三、珍珠的鉴别

1. 天然珍珠与养殖珍珠的鉴别

天然珍珠日渐稀少，大量养殖珍珠涌入市场，两者的价格相差较大，因此，准确地鉴别至关重要。

（1）肉眼鉴定　天然珍珠质地细腻，结构均一，珍珠层厚，多呈凝重的半透明状，光泽强。养殖珍珠的珍珠层薄，透明度较好，光泽不及天然珍珠好。天然珍珠的形状多不规则，直径较小，而养殖珍珠多呈圆形，个头较大，表面常有凹坑，质地松散。

（2）强光源照射法　在强光源照射下，慢慢转动珍珠，在适当位置上会看到养殖珍珠珠核的闪光，一般 360°闪两次，还可见到珠核中明暗相间的平行条纹。

（3）密度法　养殖珍珠的珠核多用淡水蚌壳磨制而成，因此其密度比天然珍珠大。在密度为 2.71g/cm³ 的重液中 80%的天然珍珠漂浮，而 90%的养殖珍珠下沉。

（4）X 射线法　X 射线法可分为 X 射线荧光检测、X 射线照相和 X 射线衍射法三种。

X 射线荧光检测：除澳大利亚产的银光珠有弱的黄色荧光外，其他地区产的珍珠均不发荧光；而有核养殖珍珠大多数呈强的浅绿色荧光和磷光。

X 射线照相：碳酸钙和壳角蛋白在天然珍珠和养殖珍珠中有不同的分布状态且透明度不同，因此在 X 射线下有不同的反映。天然珍珠的壳角蛋白分布于文石同心层间或中心，在 X 射线照片上显示出明暗相间的环状图形或近中心的弧形，当曝光不当或壳角蛋白分布不规律时，则不会明显出现环形层。养殖珍珠的核外包有一层壳角蛋白，它不透过 X 射线，核就被明显地显示出来，所以有核养殖珍珠在底片上呈现明亮的珠核和边缘较暗的、薄的珍珠层，在少数情况下，如果珍珠方向摆放合适，核的水平结构亦可显现出来。无核养殖珍珠珠内部呈现一个空洞。

X 射线衍射：在天然珍珠中文石晶体呈放射状排列，因此无论射线从哪个方向入射，都与文石的结晶轴垂直，在 X 射线劳埃图上产生假六次对称式分布。有核养殖珍珠的劳埃图均呈现模糊的假四次对称型式，仅有一个方向显示假次方对称式分布。

目前 X 射线照相与 X 射线衍射是鉴别天然珍珠、养殖珍珠和仿制珍珠最可靠易行的方法。

（5）内窥镜法　让一束聚敛强光通过一个空心针，针的两端有两个彼此相对的呈 45°角的镜面。靠里的镜面使光向上反射，靠外的镜面在针管的底端。将针插进珍珠孔中，光束进入天然珍珠的同心层，将会沿圆心层走一圈又回到管中，而当针处于珍珠中心时，反射光会撞击到针的底端，通过珠孔，这时就可在另一端观察到反射光。光束碰到养殖珍珠的珠核时，会沿珠核折射出去，从而无法在另一端观察到亮的闪光现象，而是在珍珠外部见到一种如猫眼一样的条痕。

（6）磁场反应法　结晶物质在磁场中将按晶体结构不同处于一定位置，将珍珠放在珍珠罗盘中时，天然珍珠会始终保持稳定不转动。有核养殖珍珠将会转动，只有当珠核的层理平行磁力线时珍珠的转动才停止。但此种方法仅适用于正圆珠，所以很少使用。

2. 天然黑珍珠与染色黑珍珠的鉴别

在海水养殖中，黑珍珠是天然黑蝶贝的产物。由于黑珍珠产量稀少，比较珍贵，人们常把珍珠染成黑色后出售。其方法是将其他色系的珍珠浸泡在硝酸银溶液中，取出后晒干，即染成不透明的灰黑或纯黑色。

（1）肉眼观察　天然黑珍珠并非纯黑色，而是带有轻微彩虹样闪光的深蓝黑色或带有青铜色调的黑色。染色黑珍珠为纯黑色，颜色均一，光泽差。用蘸有 5%硝酸的棉签擦拭珍珠，天然珍珠不掉色，而染色珍珠会留下黑色污迹。与酸反应时天然黑珍珠呈白色气泡，而染色黑珍珠呈黑色气泡。

（2）放大检查　天然黑珍珠表面细腻光滑。染色黑珍珠表面珠层往往受到腐蚀，可见到腐蚀的痕迹、细微褶皱和不自然的斑点或粉末，特别在钻孔附近常可见到药品处理过的痕迹。在钻孔处轻刮珍珠，天然黑珍珠呈白色粉末，染色黑珍珠呈黑色粉末。

（3）紫外荧光　在长波紫外线下照射，天然黑珍珠会有红色、粉红色或浅黄白色荧光，而染色黑珍珠不发荧光或只发灰白荧光。

（4）X射线照相法　在天然黑珍珠X射线照相底片上可见到在珍珠质层、壳角蛋白和珠核之间有明显的连接带，染色黑珍珠因银对X射线有蔽光性，在照片上只呈现白色条纹。

（5）红外线照相法　天然黑珍珠与染色黑珍珠对红外线的反射作用不同，利用红外线照相法拍摄的底片上天然珍珠显示青色像，而染色黑珍珠显示青绿至黄色像。

3. 珍珠与人造仿制品的鉴别

早在17世纪法国就出现了用青鱼鳞提取的"珍珠精液"（鸟嘌呤石溶于硝酸纤维溶液中形成）涂在玻璃球上，而制成珍珠的仿制品投放市场，由于科学的进步，使这一技术更加发展，人造品种仿真性日趋逼真造成了以假乱真的局面。当前市场上主要的仿制品种有塑料仿珍珠、充蜡玻璃仿珍珠、实心玻璃仿珍珠、珠核涂料仿珍珠。

（1）塑料仿珍珠　在乳白色塑料上涂上一层"珍珠精液"。初看很漂亮，细看色泽单调呆板，大小均一。其鉴别特点是手感轻，有温感。钻孔处有凹陷，用针挑拨，镀层成片脱落，即可见新珠核。放大检查表面是均匀分布的粒状结构。紫外荧光下无荧光，偏光镜下显均质性，不溶于盐酸。

（2）玻璃仿珍珠　又分空心玻璃充蜡仿珍珠和实心玻璃仿珍珠。两者同是乳白色玻璃小球浸于"珍珠精液"中而成，只不过空心玻璃球内充满的是蜡质。其共同点是：手摸有温感，用针刻不动且表皮成片脱落，珠核呈玻璃光泽，可找到旋涡纹和气泡，偏光镜下显均质性，不溶于盐酸，无荧光。不同点是空心玻璃充蜡仿珍珠质轻，密度为$1.5g/cm^3$，用针探入钻孔处有软感。实心玻璃仿珍珠密度为$2.85\sim3.18g/cm^3$。

据报道，目前国际珍珠市场上流行着一种手感、光泽跟海水养殖珍珠很相似的仿珍珠，这种仿珍珠是将具有珍珠光泽的特殊的生物质涂料涂在一种小球上，再涂上一层保护膜，这种仿珍珠可以假乱真，主要由西班牙的马约里卡（Majorica）SA公司生产，因此又称之为马约里卡珠。美国GIA宝石研究所对该产品的珠核进行了能量色散X射线荧光分析，证明是一种硅酸盐，放大观察可见珠核内部有气泡和旋涡纹，这些特征都表明珠核的材料仍为玻璃。

马约里卡珠与海水养殖珠的区别主要是：马约里卡珠的光泽很强，光滑面上具明显的彩虹色，用手摸有温感、滑感，用针在钻孔处挑拨，有成片脱落的现象。最有效的测试方法是：折射率指数、放大观察、X射线照相和牙试。马约里卡珠的折射率很低，只有1.48，无双折射现象。显微镜下无珍珠的特征生长回旋纹，只有凹凸不平的边缘。牙齿尖轻擦马约里卡珠时，口有滑感。在X射线底片上，马约里卡珍珠是不透明的。

（3）贝壳仿珍珠　是用厚贝壳上的珍珠层磨成圆球或其他形状，然后涂上一层"珍珠汁"制成，这种仿珍珠与天然珍珠很相似，仿真效果好，它与珍珠的主要区别是放大观察时看不出珍珠表面所特有的生长回旋纹，而只是类似鸡蛋壳表面那样高高低低的单调的糙面。

✤ 四、珍珠的优化处理

珍珠进行优化处理，使颜色更加悦目，这在商业上是很有价值的，珍珠的优化工艺一般包括前处理—漂白—增白（染色）—上光等工艺流程，另外还有珍珠剥皮处理、表面裂隙充填和γ射线辐射等处理方法。

1. 前处理

前处理的好坏直接影响到后序工艺的效果。首先用氨水和苯的混合液对珍珠进行膨化处理，以使结构变得"疏松"，膨化处理后再采用无水乙醇或是纯甘油作脱水剂脱去珍珠内的缝隙水和吸附水。

2. 漂白处理

早在 1924 年，人们就将漂白法广泛用于天然珍珠和养殖珍珠，漂白处理是珍珠优化过程中最重要的一环。目前，国外多采用过氧化氢漂白法和氨气漂白法两种。

(1) 过氧化氢（H_2O_2）漂白法 将珍珠浸泡于含量为 5% 的过氧化氢溶液中，温度控制在 20～30℃，pH 值在 7～8 之间，同时将其暴露在阳光或紫外线下，经过 7～10 天的漂白，珍珠即会变为灰白色或银白色，效果好时可变成纯白色。

(2) 氯气漂白法 氯气的漂白能力比过氧化氢强，但使用这种漂白方法有时会使珍珠变得易碎和易脆，或留下一个白垩色的粉状表面，因此一般不太使用这种漂白的方法。

3. 增白处理

漂白处理不能使珍珠中的色团完全变白，因此利用荧光增白处理是一种很好的方法，它是利用光学中互补色原理来达到增白、增色的。使用这种方法要求水质很高，不含铁、铜等金属离子，一般需要软化处理。目前，日本采用的是第三代增白技术——固体增白。

4. 染色、上光

珍珠的染色可分为化学着色和中心染色两种方法。化学着色是将珍珠浸于某些特殊的化学溶液中上色。如用冷高锰酸钾作染料，可染成棕色。中心染色法是将染料注入事先打好的孔洞中，使珍珠显色。

上光即抛光，是一道很重要的工序，好的上光可增强漂白、增白效果。目前采用的抛光材料有小竹片、小石头及石蜡，也有用木屑、颗粒食盐、硅藻土等。抛光后的珍珠应用洗涤剂洗净晾干。

五、珍珠的质量评价

珍珠质量的优劣评价，应在晴天上午利用朝北窗子所射进的自然光进行观察，其商业性评价从以下五个方面进行。

(1) 光泽 优质珍珠表面应具有均匀的强珍珠光泽并带有彩虹般的晕色。珍珠的光泽取决于珠层的厚度，珠层越厚光泽越好。劣质珍珠的光泽暗淡。

(2) 颜色 珍珠的颜色十分丰富，其中白色最为常见。而粉玫瑰红色和白玫瑰红色，即粉红色和白色带有玫瑰色色彩的颜色最佳。不同地区和民族对颜色有不同的爱好，但无论如何，黑珍珠都是珍珠中的珍品。

(3) 形状 珍珠可有多种形状圆形、梨形、长圆形、葫芦形及异形（见图 5-6），以浑圆无暇的"走盘珠"价值最高。

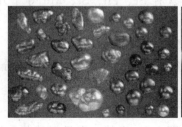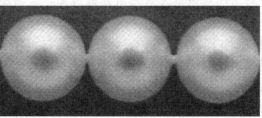

(a) 圆形珍珠

图 5-6

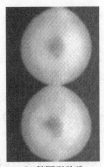 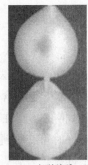 

(b) 稍圆形珍珠　　　　(c) 变形珍珠　　　　(d) 异形珍珠

图 5-6　珍珠的各种形态

（4）大小　同一等级的珍珠，质量越大，价值越高。

（5）瑕疵　珍珠和其他宝石一样，往往存在瑕疵，瑕疵愈少品质愈佳。

任务二
珊瑚的鉴定

一、珊瑚的基本性质

1. 宝石名称

珊瑚（coral 或 caleareous），分为钙质型珊瑚和角质型珊瑚两种。

2. 化学成分

钙质型珊瑚主要由无机成分、有机成分和水分等组成。通过研究得知，红珊瑚的主要矿物成分为方解石，白珊瑚的主要矿物成分为文石。除此之外，钙质珊瑚还含有少量的碳酸镁、硫酸钙和氧化铁。各成分质量分数如下。

碳酸钙（$CaCO_3$）：82%～87%；

碳酸镁（$MgCO_3$）：6%～7%；

氧化铁（Fe_3O_3）：0.04%～1.72%；

硫酸钙（$CaSO_4$）：1.27%；

水（H_2O）：0.55%；

有机质：1.3%～25%。

通过对珊瑚的微量元素光谱分析可知，珊瑚还含有 Sr、Ph、St、Mn 等十几种微量元素。

有机成分：珊瑚还含有一定量的角质蛋白和有机酸、谷氨酸等 14 种氨基酸。

角质型黑珊瑚和金珊瑚几乎全部由有机质组成，很少或不含碳酸钙，其他成分还有 H、I、S、Br 和 Fe。

3. 结晶状态及形态

珊瑚的组成矿物为隐晶质方解石。集合体形态（图 5-7）奇特，多呈树枝状、星状、蜂窝状等。

4. 光学性质

（1）颜色　常见有白色、奶油色、浅粉红至深红色、橙色、金黄色和黑色，偶见蓝色和紫色。

（2）光泽和透明度　蜡状光泽，抛光面呈玻璃光泽，微透明至不透明。

（3）折射率及双折射率　钙质型珊瑚的折射率为1.658～1.486，点测法约为1.65。角质型珊瑚的折射率为1.56。

（4）多色性　无多色性。

（5）发光性　在长、短波紫外线下，钙质珊瑚无荧光或具弱的白色荧光，黑珊瑚无荧光。

（6）吸收光谱　不特征。

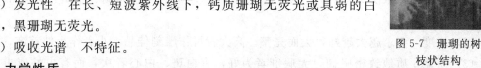

图 5-7　珊瑚的树枝状结构

5. 力学性质

（1）解理　无解理。钙质型珊瑚断口呈参差状至裂片状。角质型珊瑚断口为贝壳状至参差状。

（2）硬度　钙质型珊瑚摩氏硬度为3～4。

（3）密度　钙质型为2.60～2.70g/cm³，通常为2.65g/cm³；角质型为1.30～1.50g/cm³，平均为1.35g/cm³

6. 内外部显微特征

在纵截面上珊瑚虫腔体表现为颜色和透明度稍有平行波状条纹，在横截面上呈同心圆状构造。黑珊瑚显示环绕原生支管轴的同心构造，与树木年轮相似；金黄色珊瑚除同心构造外，还有独特的小丘疹状外观（图5-8）。

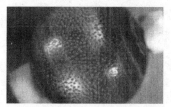

图 5-8　介质珊瑚表面的丘疹状外观

7. 其他

（1）可溶性　易被酸浸蚀。在钙质型珊瑚不显眼的地方滴一小滴稀盐酸，产生大量气泡。角质型珊瑚遇酸不起泡。

（2）热效应　珊瑚在珠宝工匠用的喷灯或吹管的火焰中会变黑。角质型珊瑚加热后散发出蛋白质味。

二、珊瑚的品种

按照成分和颜色可将珊瑚划分为两类五种。

1. 钙质型

主要由碳酸钙组成，含有极少的有机质，包括三个品种。

（1）红珊瑚　又称为贵珊瑚。通常呈浅至暗色调的红至橙红色，有时呈肉红色，主要分布于太平洋海域。

（2）白珊瑚　分布于南中国海、菲律宾海域、澎湖海域、琉球海域和九州西岸等，为白色、灰白、乳白、瓷白色的珊瑚，主要用于盆景工艺。

（3）蓝珊瑚　蓝色、浅蓝色珊瑚，曾在非洲西海岸发现过，现已基本绝迹。

2. 角质型珊瑚

主要成分为有机质，包括两个品种。

（1）黑珊瑚　灰黑至黑色珊瑚，几乎全由角质组成，价值极高。

（2）金珊瑚　金黄色、黄褐色角质型珊瑚。金黄色珊瑚外表有清晰的斑点。

三、珊瑚的质量评价

珊瑚的质量评价从颜色、块度和质地及做工精细程度四方面进行，其中颜色是最重要的因素。

（1）颜色　工艺上对珊瑚颜色的要求是纯正而鲜艳，对于钙质珊瑚来讲，以红色为最佳，红色质量排列顺序为鲜红色、红色、暗红色、玫瑰红色、淡玫瑰红色、橙红色。白珊瑚以纯白色为最佳，依次为瓷白色、灰白色。有机珊瑚中的黑色珊瑚、金黄色珊瑚都是很名贵的。

（2）块度　要求越大越好，大而完整。高大者可作雕刻佳品，小者作小件首饰。

（3）质地　质地致密坚韧，无瑕疵者为好，有白斑、白心者次，而有虫蛀或虫眼、多孔、多裂纹者价值低。

（4）做工精细度　除造型美观外，还要看雕刻工艺的精细程度。

四、珊瑚与相似宝玉石的鉴别

珊瑚原石具有独特的外观形态及特殊结构，很容易将它与其相似宝石区别开来，其成品则较难鉴别。与珊瑚相似的宝石品种有染色骨制品、染色大理岩、贝珍珠。

1. 珊瑚与染色骨制品的鉴别

染色骨制品，通常是用牛骨、驼骨或象骨等动物骨头染色或涂层后仿珊瑚。可依据珊瑚与骨类各自的结构特点进行区分。

横切面，珊瑚具有放射状、同心圆状结构，骨制品则具圆孔状结构；纵切面，珊瑚具连续的波状纹理，而骨制品具断续的平直纹理，另外珊瑚还具白心、白斑等特点。

另外，两者颜色特征不同，珊瑚红色为自然产生，通体一色。染色骨制品表里不一，并且会掉色，颜色可变浅，涂层者表面会有脱落，钻孔处是白的。

断口：珊瑚性脆、断口较平坦；骨制品性韧，断口呈参差不齐的锯齿状。

珊瑚与稀酸反应，而骨制品不与酸反应。

珊瑚叩之声脆悦耳，骨类沉闷浑浊。

2. 珊瑚与染色大理岩的鉴别

染色大理岩不具有珊瑚的构造，而呈粒状结构，颜色分布于颗粒边缘，用蘸有丙酮的棉签擦拭时，棉签会被染色。染色大理岩与稀酸反应，反应后的溶液呈红色，而红珊瑚与稀酸反应，溶液依旧是白色。

3. 珊瑚与贝珍珠的鉴别

贝珍珠的颜色和外观与珊瑚很相似，但贝珍珠的光泽具有一定的方向性，低倍镜下可观察到火焰状图形，贝珍珠具有明显的成层的粉红色和白色图案。此外，贝珍珠的密度为 $2.85g/cm^3$，比珊瑚大。

五、珊瑚的优化处理及其鉴别

1. 漂白

珊瑚制成细胚后，通常要用双氧水漂白去除其浑浊的颜色，尤其是死枝珊瑚，如不经过漂白处理即呈浊黄色。一般深色珊瑚经漂白后可得到浅色珊瑚，如黑色珊瑚可漂白成金黄色，而暗红色珊瑚可漂白成粉红色。

2. 染色珊瑚

将白色珊瑚浸泡在红色或是其他颜色的有机染料中染成相应的颜色。最简单的鉴别方法是用蘸有丙酮的棉签擦拭，若棉签被染色，即可确定为染色珊瑚。另外染色珊瑚的颜色单调而且表里不一，染料集中在小裂隙及粒间，颜色外深内浅，着色不均。染色珊瑚佩戴后，容易褪色或失去光泽。

3. 充填处理

用环氧树脂等物质充填多孔的劣质珊瑚。经充填处理的珊瑚，其密度低于正常珊瑚；在热针试验中，充填珊瑚可有树脂等物质析出。

六、珊瑚与其仿制品的鉴别

珊瑚的仿制品主要有吉尔森珊瑚、红玻璃、红塑料和木材。它们都不具有珊瑚的结构构造，其具体特征见表5-4。

1. 吉尔森珊瑚

吉尔森珊瑚是用方解石粉末加上少量染料在高温、高压下粘制而成的一种材料。这种材料的颜色变化范围很大。

"吉尔森珊瑚"的颜色、光泽和外观特征与天然珊瑚很相像。只是其颜色分布很均匀，在10×放大镜下看不到珊瑚所具有的条带状构造及同心圆状构造，只能发现细微粒状结构。其密度为 $2.45g/cm^3$，比天然珊瑚小。

表5-4 红珊瑚及仿制品的鉴定特征

性质\名称	颜色	透明度	光泽	n	$\rho/(g/cm^3)$	H_M	断口	其他特征
红珊瑚	血红色、红色、粉红色、橙红色	不透明到半透明	油脂光泽	1.48~1.65	2.70±0.05	4.2	平坦	具有平行条纹、同心圈层、颜色不均。有虫穴凹坑，遇酸起泡
吉尔森珊瑚	红色、颜色变化大	不透明	蜡状光泽	1.48~1.65	2.44	3.5~4	平坦	颜色分布均匀，具微细粒结构，遇酸起泡
染色骨制品	红色	不透明	蜡状光泽	1.54	1.70~1.95	2.5±0.2	参差状	颜色表里不一，摩擦部位色浅，片状特性，具骨髓、鬃眼等特征，不与酸反应
染色大理石	红色	不透明	玻璃光泽	1.48~1.65	2.7±0.05	3	不平坦	具粒状结构遇酸起泡，并使溶液染上颜色
红色塑料	红色	透明到不透明	蜡状光泽	1.49~1.67	1.4	<3	平坦	用热针接触有辛辣味，铸模痕迹明显，常有气泡包裹体，不与酸反应

续表

性质 名称	颜色	透明度	光泽	n	$\rho/(\text{g/cm}^3)$	H_M	断口	其他特征
红色玻璃	红色	透明到 不透明	玻璃光泽	1.635	3.69	5.5	贝壳状	常有气泡包裹 体，不与酸反应
染色珊瑚	红色	不透明	蜡状光泽	1.48	2.7±0.05	4.2	平坦	用蘸有丙酮的 棉签擦拭可使棉 签着色，遇盐酸 起泡
贝珍珠	淡红色 粉红色	不透明	蜡状光泽	1.486～1.65	2.85	3.5	参差状	"火焰状"结 构，遇酸起泡

2. 红玻璃

玻璃仿珊瑚具有明显的玻璃光泽，含有气泡、旋涡纹和贝壳状断口，摩氏硬度很大，可达到 5 以上，遇酸不起泡。

3. 红塑料

塑料仿珊瑚上常留下模具的痕迹，表面不平整，硬度低，密度小（$1.05～1.55\text{g/cm}^3$），遇酸不起泡，其内可能存在气泡包裹体。

4. 木材

质地较软，可用指甲刮破，可见人造表面下边的木质结构，可以漂于水面上，不与酸反应。

任务三
琥珀的鉴定

琥珀（amber）是一种千百万年前针叶树木的树脂松香化石，是一种有机物的混合物，含有琥珀酸和琥珀树脂，由萜烯和琥珀酸聚合而成，化学成分变化不定。

一、琥珀的基本性质

1. 琥珀化学成分

$C_{10}H_{16}O$，含少量的硫化氢，主要化学元素含量，$w(C)$：75%～85%；$w(H)$：9%～12%；$w(O)$：2.5%～7%；$w(S)$：0.25%～0.35%；微量元素种类主要有铝、镁、钙、硅、铜。

琥珀的化学组成（质量分数）琥珀酯酸 69.47%～87.3%；琥珀松香酸 10.4%～14.93%；琥珀酯醇 1.2%～8.3%；琥珀酸盐 4.0%～4.6%；琥珀油 1.6%～5.76%。

2. 琥珀的形态

琥珀为非晶质，有各种不同的外形：结核状、瘤状、水滴状等。有的如树木的年轮，有许多层，有的表面具有放射纹理。产在砾层中的琥珀一般呈圆形，并可能有一层薄的不透明的皮膜。如内含硅藻，则呈模糊不透明的棕黑色，还可包含有动物遗体，如小蚊子、蚂蚁等。

3. 光学性质

（1）颜色　黄色到蜜黄色、黄棕色到棕色、浅红棕色、淡红到淡绿褐色。

（2）光泽、透明度　透明到微透明、半透明。未加工的原料为树脂光泽，有滑腻感，抛光后呈树脂光泽至近玻璃光泽。

（3）光性　在正交偏光镜下全消光，局部因结晶而发亮。

（4）折射率　通常1.54，其折射率稍有变化，最低到1.539，最高至1.545。

（5）发光性　长波紫外线下具浅白蓝色及浅黄、浅绿色荧光，短波下荧光不明显。

4. 力学性质

（1）断口　断口呈贝壳状。韧性差，外力撞击容易碎裂。

（2）摩氏硬度　$H_M=2\sim3$，用小刀可轻易刻划。

（3）密度　琥珀是已知宝石中最轻的品种，它的密度为 $1.08g/cm^3$，在饱和的浓盐水中可以悬浮。

5. 内外部特征

内含物较为常见，而且许多用肉眼即可见到（见图5-9和图5-10）。我们把琥珀中的内含物按种类划分，有动物包裹体、植物包裹体、气液包裹体、旋涡纹、杂质、裂纹等。

图5-9　琥珀中的动物及气泡　　　　　　图5-10　仿琥珀中的动物包体

（1）动物包裹体　有甲虫、苍蝇、蚊子、蜘蛛、蜻蜓、马蜂、蚂蚁（图5-9）等多种动物，但动物个体完整者少见，多表现有挣脱迹象，易留下残肢断腿的碎片。

（2）植物包裹体　琥珀中保存有伞形松、种子、果实、树叶、草茎、树皮等植物碎片。

（3）气液包裹体　琥珀中常见圆形或椭圆形气泡，还可有气液两相包裹体。

（4）旋涡纹　多分布于昆虫或外来植物碎片周围。

（5）裂纹　在琥珀中经常可见有裂纹发育，并被黑色与褐色物质充填，黑色物质为碳质，褐色物质由铁染所致，这些裂纹可能由于风化、搬运迁移、石化过程中受压力作用所致。

（6）杂质　在琥珀的裂隙、空洞中经常有杂质充填。可能是在风化过程中充填或是树脂流动过程中包裹的泥土、砂砾、碎屑，这些物质大多受到过铁锰物质的浸染而呈褐色或黑褐色。

6. 其他

（1）导电特性　琥珀是电的绝缘体，用力与绒布摩擦能产生静电，可将细小碎纸片吸起来。

（2）热学性质　琥珀的导热性差，用嘴唇接触有温感，加热至150℃变软，开始分解，250℃熔融，产生白色蒸气，并发出一种松香味。

（3）溶解性　易溶于硫酸和热硝酸中，部分溶解于酒精、汽油、乙醇和松节油中。

二、琥珀的品种

目前琥珀按颜色及特点可划分为以下几个品种。

（1）血珀　透明，色红如血者，为琥珀中上品。

（2）金珀　透明，金黄色、明黄色的琥珀，属名贵品种之一。

（3）琥珀　透明、淡红色、黄红色者。

（4）蜜蜡　半透明，金黄色、棕黄色、蛋黄色，有蜡状感。

（5）金绞蜜　当透明的金珀与半透明的蜜蜡互相缠绞在一起，形成的一种黄色的具缠绞状花纹的琥珀。

（6）香珀　具有香味的琥珀。

（7）虫珀　包含有动物、植物遗体的琥珀，其中以"琥珀藏蜂"、"琥珀藏蚊"、"琥珀藏蝇"等最为珍贵。

（8）石珀　有一定石化程度的琥珀，硬度比其他琥珀大，色黄而坚润的琥珀。

三、琥珀的质量评价

琥珀的评价从颜色、块度、透明度及包裹物四个方面进行。

（1）颜色　以颜色浓正者为佳。绿色和透明的红色价值最高。常见颜色是透明的鲜黄色。

（2）块度　一般要求具有一定块度，且越大越好。

（3）透明度　要求洁净无裂纹，越透明越好，以晶莹剔透者为上品，半透明至不透明者为次品、劣品。

（4）包裹物　琥珀中含有许多动植物包裹物，以含昆虫者最好，虫珀中又依昆虫完整程度、清晰程度、形态大小和数量决定虫珀的价值。

四、琥珀与相似宝石的鉴别

与琥珀最为相似的宝石是硬树脂，另一种是松香。

（1）硬树脂　硬树脂是一种地质年代很新的半化石树脂，与琥珀有类似的成分，但挥发分比琥珀量高。物理性质也与琥珀很相似，与琥珀相比易受化学腐蚀。用一小滴乙醚滴在硬树脂表面，并用手揉搓，硬树脂会软化并发黏，年代较远的硬树脂可能会经受住这种实验。琥珀对这种检测无反应。在紫外灯下，尤其是短波紫外灯下，硬树脂会发很强烈的白光，用热针接触时，硬树脂比琥珀更易熔化，用这种方法检测时，必须用一块琥珀和一块硬树脂作标样，硬树脂脆性更强一些，它的表面比琥珀更易裂开。硬树脂中亦可能包裹天然的或人为置入的小动物。

（2）松香　松香是一种未经地质作用的树脂，呈淡黄色、不透明、树脂光泽，质轻、硬度小，用手可捏成粉末。表面有许多油滴状气泡，导热性差，短波紫外线下呈强的绿黄色荧光。燃烧时呈芳香味。

五、琥珀的优化处理及其鉴别

为了提高琥珀的质量或提高其利用价值，常对琥珀进行优化处理，琥珀的优化处理有以下几种。

（1）热处理　为增加琥珀的透明度，将云雾状琥珀放入植物油中加热，加热后的琥珀变得更加透明。在处理过程中会产生叶状裂纹，通常称为"睡莲叶"或"太阳光芒"，这是由于小气泡因受热膨胀爆裂而成。天然琥珀也会因地热而发生爆裂，但因在自然界条件下受热不均匀，气泡不可能全爆裂，而处理过的琥珀气泡已全部爆裂，故不存在气泡。

（2）再造琥珀　由于一些琥珀块度过小，不能直接用来制作首饰，因此将这些琥珀碎屑在适当的温度、压力下烧结，形成较大块琥珀，称为再造琥珀，亦称压制琥珀、熔化琥珀或模压琥珀。

生产再造琥珀时，为保证再造琥珀颜色纯正和它的透光性，要先将琥珀提纯。其方法是将琥珀破碎成一定粒度，再通过重力浮选法除去杂质，然后在 2.5×10^6 Pa 的压力、$200 \sim 230℃$ 的温度下压制成型。

再造琥珀的物理性质与琥珀相似。它们的主要区别在于以下几点。

① 内部特征：早期生产的再造琥珀常含有走向排列的扁平拉长状气泡及明显的流动构造，并产生有清澈与云雾状相间的条带，琥珀颗粒间可见颜色较深的表面氧化层。新式再造琥珀透明度高，不存在云雾状区域及流动构造，表现为糖浆状的搅动构造。有时含有未熔物。未处理过的琥珀内含气泡多呈圆形，通常含有动、植物碎屑。

② 通过放大观察可见再琥珀具有粒状结构，在抛光面上可见相邻碎屑因硬度不同而表现出凹凸不平的界限。

③ 正交偏光镜下，再造琥珀表现为异常双折射现象，天然琥珀的典型特征是局部发亮。

④ 再造琥珀的密度比天然琥珀稍低一些，一般在 1.06g/cm³ 以下。

⑤ 在短波紫外线下，再造琥珀比天然琥珀的荧光强，再造琥珀表现为明亮的白垩蓝荧光，天然琥珀为浅白、浅蓝或浅黄色荧光，再造琥珀与天然琥珀的鉴定特征见表5-5。

表 5-5　天然琥珀与再造琥珀的鉴定特征

性　　质	天　然　琥　珀	再　造　琥　珀
颜色	黄、橙、棕红均有	多呈橙黄或橙红色
断口	贝壳状、有垂直于贝壳纹的沟纹	贝壳状
结构	表面光滑	粒状结构，表面呈凹凸不平的橘皮效应
$\rho/(\text{g/cm}^3)$	$1.05 \sim 1.09$	$1.03 \sim 1.05$
包裹体特征	动植物残骸、矿物杂质、圆形气泡	洁净透明，可有聚集态的未熔物，气泡呈扁平拉长状定向排列
构造	具有如树木的年轮或放射状纹理	早期产品具流动构造，新式压制琥珀具糖浆状搅动构造
紫外荧光	浅白、浅蓝或浅黄色荧光	明亮的白垩蓝色荧光
偏光镜下	局部发亮	异常双折射现象
可溶性	放在乙醚中无反应	放在乙醚中几分钟后变软
老化特征	因老化而发暗，呈微红或微褐色	因老化而发白

（3）染色处理　琥珀在空气中暴露若干年后会变红。染色可以模仿这种老货，另外还可染成绿色或其他颜色，放大观察颜色只存在于裂隙中。

六、琥珀与其仿制品的鉴别

琥珀的仿制品有塑料类、玻璃和玉髓。

（1）塑料类　包括酚醛树脂、酪朊塑料、安全赛璐珞、赛璐珞、氨基塑料、有机玻璃、聚苯乙烯，这些塑料在颜色、暖感和电学性质上与琥珀十分相似，但折射率和密度都与琥珀有很大区别。

塑料中除聚苯乙烯（密度为 1.05g/cm³）在饱和食盐中漂浮外，其余全部下沉，因它们的密度都大于饱和食盐水密度（盐水的密度约 $1.2g/cm^3$）。

塑料的折射率在 $1.50\sim1.66$ 之间变化，很少有与琥珀接近的折射率值。

塑料具有可切性，用小刀在样品不显眼部位切割时，会成片剥落；而琥珀则产生小缺口，因其具脆性。

用热针试验，塑料会有各种异味，而琥珀可发出松香的味道。

（2）玻璃和玉髓　玻璃、玉髓在颜色上可仿制琥珀，但其性质上却与琥珀有很大的差别，因此很容易区分开。琥珀与各种仿制品的区别见表 5-6。

表 5-6　琥珀其仿制品的鉴定特征

品　　种	n	$\rho/(g/cm^3)$	H_M	可切性	内含物	附　　注
琥珀	1.54	1.08	2.5	缺口	动植物残骸、气泡，具旋涡纹	蓝白色荧光，燃烧具芳香味
酚醛树脂	$1.61\sim1.66$	$1.25\sim1.30$		可切	流动构造	紫外线下具褐色荧光
氨基塑料	$1.55\sim1.62$	1.50		易切	云雾状、流动构造	
聚苯乙烯	1.59	1.05		易切	云雾状、流动构造	易溶于甲苯
赛璐珞	$1.49\sim1.52$	1.35	2	易切	易燃	
安全赛璐珞	$1.49\sim1.51$	1.29	$2\sim2.5$	易切		燃烧发醋酸味
酪朊塑料	1.55	1.32		可切		滴浓硝酸留下黄色污斑，短波紫外线下呈白色
有机玻璃	1.50	1.18	2	可切	气泡、动植物体	燃烧具芳香味
玉髓	1.53	2.60				凉感
玻璃	变化	2.20	5.5		气泡、回旋纹	凉感

任务四
龟甲的鉴定

龟甲，是海龟的壳，狭义概念常指玳瑁龟的壳。

一、龟甲的基本性质

1. 宝石名称
龟甲（tortoise shell）。

2. 化学成分
全部由有机质组成，无矿物质。

3. 光学性质
（1）颜色　底色为黄褐色，其上可有暗褐色、黑色或绿色斑点（图 5-11）。

（2）光泽、透明度　油脂光泽至蜡状光泽，微透明（图 5-12）。

（3）光性　为非晶质、各向同性。

（4）折射率、双折射率　折射率 1.55，双折射无。

（5）发光性　长、短波紫外线下无色，龟甲中的黄色部分可有蓝白色荧光。

图 5-11 龟甲的颜色

图 5-12 龟甲的透明度

4. 力学性质

（1）解理 无解理，断口不平坦且暗淡。

（2）硬度 摩氏硬度 $H_M = 2.5$，韧度很好。

（3）密度 $\rho = 1.29 g/cm^3$。

5. 显微特征

龟甲中的色斑由微小的红色圆形色素小点构成。

6. 其他特征

易受硝酸侵蚀，但不与盐酸发生反应。龟甲受高温颜色会变暗，燃烧时会发出头发烧焦的气味。在沸水中龟甲会变软。

二、龟甲的质量评价

龟甲的透明度、龟板的厚度、龟甲的颜色斑纹决定着龟甲的质量好坏及价格高低。

三、龟甲与其仿制品的鉴别

龟甲的仿制品只有塑料，但龟甲的特殊结构却是塑料所仿制不出来的。另外国外有种拼合的龟甲，即用龟甲薄片黏合在合适的塑料纸上制成。

1. 塑料

塑料是龟甲最常用的仿制品，它们可以从以下几方面区别开。

（1）显微特征 龟甲上的色斑是由许多球状颗粒组成的，这种结构在塑料仿制品中是见不到的。塑料中所见到的颜色呈现为条带状，色带间有明显的界限，塑料具有铸、模的痕迹，有气泡包体。

（2）折射率 龟甲折射率为 1.55，塑料仿制品的折射率范围为 1.50～1.55。

（3）密度 龟甲密度为 $1.2 g/cm^3$，塑料仿制品的密度为 $1.49 g/cm^3$。

（4）热针检查 龟甲会发出头发烧焦的味，而塑料仿制品发出辛辣味。

（5）与酸反应 龟甲会被硝酸侵蚀，塑料仿制品不与酸反应。

2. 拼合龟甲

拼合龟甲的折射率、密度及色斑都与龟甲相似，放大检查可见接合缝处的气泡。

任务五
贝壳的鉴定

贝壳（shell）在有机宝石中并不出众。但是由于科技的发展，贝壳得到新的开发，首饰、贝雕工艺品，贝壳上的附壳珠、人工佛像异形珠、养殖珍珠的珠核、药用化妆品、饲料等大大扩展了贝壳的用途，抬高了它的身价。

一、贝壳基本成分

主要为 $CaCO_3$，次要为 Na_2O、SiO_2、MgO、Al_2O_3、Sr、Mn、Al、Si、K、Fe、P 等十多种元素。贝壳的有机成分和珍珠中的氨基酸相近者有 16 种之多。其中天冬氨酸、谷氨酸、丝氨酸、甘氨酸、丙氨酸、精氨酸的含量高出其余 10 种 1 个数量级。

1. 贝壳的化学成分

科研人员最关注的是微量元素和氨基酸组成特点，这对开发利用贝壳很重要的，市场用量超过装饰用品，因为贝壳和珍珠所含微量元素和氨基酸基本相同，含量相近，而这些微量元素及氨基酸有相当一部分是人体缺乏并需要得到补充的物质，因此贝壳制成的珍珠层粉是代替天然珍珠作药用的最佳原料，也是人们理想的微量元素供应物。我国海域宽，温度适宜贝类生长，所以贝壳资源丰富，对它们的研究，经济意义重大。

2. 贝壳的矿物组分

贝壳的矿物晶体极小，用 X 射线，红外、差热方法的研究，其成分主要为文石，其次为方解石。

（1）X 射线物相分析　贝壳的主要组成矿物面网间距和强度值与文石和方解石吻合。

（2）红外光谱分析　存在与文石吻合吸收峰有：$1785cm^{-1}$、$1470cm^{-1}$、$1051cm^{-1}$、$719cm^{-1}$。

存在与方解石吻合的吸收峰有 $882cm^{-1}$、$719cm^{-1}$；并存在表明有吸附水的 $1663cm^{-1}$ 峰；研究结果还存在碳氢有机物、氨基酸和微量元素。

（3）差热分析实验　50℃出现吸热谷也证明贝壳中含吸附水，易脱水变为角质，标准的文石不含水，无 50℃时吸热谷。贝壳的放热峰在 355℃和 468℃而文石没有，可能因贝壳中含有有机质燃烧所致。

二、贝壳的物理性质

1. 贝壳的颜色

分壳外层、中层和内层，壳外层的壳皮为褐色、黑褐色、黑色、棕色、白色。内层由于珍珠质层对光的反射、干涉而形成丰富多彩的颜色、以蓝色、玫瑰色、绿色形成的色彩纷呈。贝壳中层的颜色不受内、外层的影响，以白、灰白、银白等白色为主。

2. 光泽

贝壳的壳皮层暗淡无光。棱柱层为土状光泽、瓷状光泽，内层为珍珠光泽。

3. 其他物理性质

贝壳多数不透明，少数半透明。密度 $2.70 \sim 2.89 g/cm^3$。实测大珠母贝、马氏贝、企鹅贝和淡水的蚌壳都在这个范围内。贝壳在长波紫外线下发蓝白色荧光。

贝壳不耐酸，溶解于酸时起泡，产生 CO_2 气体。不耐碱，不耐热，溶于丙酮、苯等。

三、贝壳的鉴定

通过对贝壳化学成分、矿物组成和物理化学性质等方面的特征对其进行鉴定。

四、贝壳的饰品性评价

颜色：纯白、洁白、银白为上品。

光泽：珍珠光泽，火焰状珠光越强越好，彩虹色艳。色浓色全为佳。

厚度：厚者便于雕琢，珍珠层太薄，就不易加工。

个体大小与单体形状：个体要大，单体要完整，雕出的成品才完整，美观。

致密光滑：内层表面光滑，光照似镜，佳品能映照物像。有残缺者影响完美，不成佳品。

工艺好：包括严格选料、造型、黏结、抛光、切片都要精工制作。

模块 六

人工宝石及仿宝石的鉴定

任务一
合成钻石及钻石仿制品的鉴别

一、合成钻石

1953 年，人工合成钻石首次在瑞士 ASEA 公司试制获得成功，随后 1954 年美国通用公司合成钻石成功。1961 年，日本人工合成了当时最大的一颗钻石，它质量达 3.5ct，1970 年美国奇异公司首次合成出宝石级钻石，但其颜色呈黄色，1988 年，英国戴比尔斯公司人工合成了质量达 14ct、浅黄色、大颗粒、透明的宝石级金刚石呈八面体歪晶。目前，前苏联人工合成的浅黄色钻石已投入市场，但还未见无色或带蓝色的合成钻石投放市场，这是因为前者容易合成，成本低，后者合成十分困难，成本高。到目前为止，已知人工合成钻石的方法有三种。

(1) 静压法　包括：①静压催化剂法；②静压直接转变法；③晶体催化剂法。

(2) 动力法　包括：①爆炸法；②液中放电法；③直接转变六方钻石法。

(3) 在亚稳定区域内生长钻石的方法　包括：①气相法；②液相外延生长法；③气液固相外延生长法；④常压高温合成法。

二、合成钻石的鉴定

(1) 颜色　大多数合成钻石为黄色，有一种为近似琥珀黄色。

（2）内外部显微特征

① 合成钻石内常可见到细小的铁或镍铁合金催化剂金属包裹体，这些包裹体呈长圆形，平行晶棱或沿内部生长区分界线定向排列，或呈十分细小的微粒状散布于整个晶体中。在反光条件下这些金属包裹体可见金属光泽。

② 由于合成钻石是在金属催化剂中生长的，所以其晶面上常会显示不寻常的树枝状生长花纹。

③ 天然钻石一般形成八面体或立方体等单晶或聚形，而合成钻石则发育由八面体、立方体、菱形十二面体和四角三八面体等单晶组成的聚形晶体，这样在合成钻石中形成多种生长区，不同生长区中所含氮和其他杂质不同，会导致折射率的轻微变化，在显微镜下可观察到生长纹理及不同生长区的颜色差异。

（3）荧光特性　合成钻石在长波紫外线下常呈惰性，而在短波紫外线下因受自身不同生长区的限制，其发光性具有明显的分带现象。

（4）吸收光谱　无色-浅黄色天然钻石具 Cape 线，即在 415nm、452nm、465nm 和 478nm 的吸收线，特别是 415nm 吸收线的存在是指示无色浅黄色钻石为天然钻石的确切证据。合成钻石则缺失 415nm 吸收线。

（5）异常双折射　在正交偏光下观察，天然钻石常具弱到强的异常双折射，干涉色颜色多样，多种干涉色聚集形成镶嵌图案。而合成钻石异常双折射很弱，干涉色变化不明显。

（6）阴极发光　合成钻石的不同生长区因所接受的杂质成分（如 N）的含量不同，而导致在阴极发光下显示不同颜色和不同生长纹等特征。这些生长结构的差别导致天然钻石和合成钻石在阴极发光下具有截然不同的特征。

① 发光性　天然钻石通常显示相对均匀的蓝色-灰蓝色，有些情况下可见小块黄色和蓝白发光区，但这些发光区形态极不规则（不受某个生长区控制），分布也无规律性。合成钻石不同的生长区发出不同颜色的光，且具有规则的几何图形（受生长区控制）。八面体生长区发黄绿色光，分布于晶体四个角顶，对称分布，呈十字交叉状；立方体生长区发黄色光。位于晶体中心（即八面体区十字交叉点）呈正方形；菱形十二面体生长区位于相邻八面体与立方体生长区之间，呈蓝色的长方形。由于合成钻石以八面体和立方体晶面为主，所以在电子束轰击下合成钻石通常显示占绝对优势的黄-黄绿色光（与天然钻石的蓝色调形成鲜明对比）。

② 生长纹　天然钻石的生长纹不发育，如果出现的话，通常表现为长方形或规则的环状（极少数情况下，生长纹非常复杂），合成钻石生长纹发育，但生长纹的特征因生长区而异。八面体生长区通常发育平直的生长纹，并可有褐红色针状包裹体伴生（仅在阴极发光下可见）；立方体生长区没有生长纹，但有时见黑十字包裹体；四角三八面体生长区边部发育平直生长纹。

三、钻石的仿制品及鉴别

钻石的仿制品是很多的，因为钻石的稀少和昂贵，人们很早就在仿制钻石方面绞尽了脑汁，最古老的代用品是玻璃。后来用天然无色锆石，随后人们用简单、容易实现的方法人工制造出各种各样基本性质与天然钻石相似的钻石仿制品，如早期用焰熔法合成的氧化钛晶体，即合成金红石，它有很高的色散，但是它硬度低，还有黄色色散过高而容易识别。针对合成金红石的缺点，人们又用焰熔法合成了钛酸锶，它的特点是色散比合成金红石小，近似钻石的色散，颜色也比较白，但其硬度较小，切磨抛光总也得不到锋利平坦的交角和光面。随着科学的发展，人们又不断生产出更近似钻石的仿制品。如钇铝榴石、钆镓榴石，尤其合成立方氧化锆是钻石最理想的仿制品。它不仅无色透明，而且其折射率、色散、硬度都近似于天然钻石，为此曾在较长一段时间迷惑过许多人，但是只要细心比较，仍可以区别。总的来说，钻石的仿制品主要模仿钻石无色透明、高色散、高折射率的特点，但是它们的热学性质、硬度、密度、包裹体、荧光性质及吸收光谱等方面均有程度不同的差别，利用这些差异，便可以将它们区别开来，主要的鉴定方法如下。

1. 热导仪法

用热导仪，即商业界常用的钻石笔来鉴定钻石及其代用品，这是快速简便又较为准确的方法，尤其对于嵌入首饰中的钻石与代用品的鉴定意义最大。

2. 密度及掂重

从表 6-1 中可以看到绝大部分人造的钻石仿制品的密度都比钻石大出 1～2 倍，因此，用密度测试甚至有时用手掂量就可以将它们区分开来。

表 6-1　钻石及其代用品的物理性质

名　称		H_M	ρ / (g/cm³)	n	双折射率	色　散	商业代号及英文名称
钻石		10	3.47～3.55	2.42	均质性	0.044	Diamond
人造	立方氧化锆（合成）	8.5	5.6～6.0	2.15～2.18	均质性	0.060	CZ (Cubic zirconia)
	钇铝榴石（合成）	8.5	4.5～4.6	1.833	均质性	0.028	YAC
	铅铅玻璃（合成）	5	3.74	1.62～1.68	均质性	0.031	Paste
	金红石（合成）	6	4.25	2.616～2.903	0.287	0.330	Synthetic rutile
	钆镓榴石（合成）	6.5	7.05	2.030	均质性	0.038	GGG
	铌酸锂（合成）	5.5	4.64	2.21～2.30	0.090	0.130	Lithium niotate
	钛酸锶（合成）	5～6	5.13	2.409	均质性	0.200	Strontium titanate
	合成尖晶石	7.5～8	3.58-3.61	1.719	均质性	0.020	Synthetic spinel
天然	水晶	7	2.65	1.544～1.553	0.090	0..013	Quartz
	锆石（无色透明）	7～7.5	3.90～4.71	1.92～1.98	0.06	0.039	zircon
	蓝宝石（无色透明）	9	3.99～4.00	1.760～1..768	0.008	0.018	Sapphire
	托帕石	8	3.53～3.56	1.629～1.637	0.008	0.014	Topaz
	白钨矿（无色透明）	5	5.1～6.1	1.920～1.934	0.014	0.026	Scheelite
	闪锌矿	3.5～4	4.08～4.10	2.37	均质性	0.156	Sphalerite

3. 偏光镜检查

钻石为均质体矿物，而水晶、锆石、无色蓝宝石、托帕石及白钨矿等均为非均质体，用偏光镜很容易将它们区分开来。

4. 色散

钻石的色散为 0.044，而水晶、尖晶石、托帕石、无色蓝宝石等色散均小，人造的仿制品如人造金红石、钛酸锶等比钻石色散大得多，据色散可加以区别。

5. 折射率测定

对于铅玻璃、水晶、托帕石等低折射率的样品，其折射率均在 1.81 以下范围内，完全可以用测折射率法将它们区分开，但大部分人造的钻石仿制品折射率均比较高，不仅测不到折射率，而且容易损坏折射仪，因此一般不用测定折射率的方法进行鉴别。

6. 钻石拼合石

钻石拼合石是由钻石（作为上层）与廉价的水晶或人造无色蓝宝石等（作为下层）黏合而成的。黏合技术非常高，可将其镶嵌在首饰上并将黏合缝隐藏起来，使人不容易发现。在这种宝石台面上放置一个小针尖，就会看到两个反射像，一个来自台面，另一个来自接合面，而天然钻石不会出现这种现象。仔细观察，无论什么方向，天然钻石都因其反光闪烁，不可能被看穿。而钻石拼合石就不同，因为其下部分是折射率低的矿物，拼合石的反光能力差，有时光还可透过。

任务二
合成刚玉宝石的鉴别

一、焰熔法合成刚玉宝石的鉴别

1. 焰熔法合成红宝石与天然红宝石的鉴别

焰熔法红宝石是一种生产工艺较简单、成本较低的合成宝石，也是在我国珠宝市场流行时间较长、范围较广的一种合成宝石。焰熔法合成红宝石的密度、折射率等物性常数与天然红宝石基本相同。与天然红宝石的鉴别可以考虑以下几方面。

（1）原始晶形　焰熔法合成红宝石原始晶形为梨状晶，市场上曾出现过用破碎的梨状晶冒充天然红宝石毛矿在产地或矿区出售的情况。其具体的办法是将梨状晶破碎、滚圆、表面涂以黑色物质、局部露出鲜艳的红色，颇似高档天然红宝石毛料。如果了解天然红宝石的晶体特征，这种梨状晶的碎块是不难区别的。天然红宝石具桶状、柱状、板状晶形，晶面横纹发育，垂直于 c 轴的裂理发育，部分样品表面具坚硬的熔融壳，即使是破碎后的毛矿仍局部保留晶体的几何形态及局部范围内的晶面花纹，另由于裂隙发育，断口处具阶梯状特点。而焰熔法合成红宝石破碎后的碎块有着过于整齐划一的颜色，过于滚圆的外形，无裂理，无台阶状构造，具贝壳状断口，而其黑色的外黏物过于柔软，与坚硬闪亮的熔壳截然不同。

（2）颜色　与天然红宝石相比，焰熔法合成红宝石内杂质元素种类单一，人为添加的 Cr_2O_3 含量充足，所以其颜色过于纯正，过于艳丽，给人以不真实感。我国市面上早期流通的焰熔法红宝石主要有鲜红色、粉红色两个品种，粉红色品种为一种带蓝色色调的浅红色。粉红色样品转动时有一种明显的蓝色闪光，而天然红宝石很少具有这种现象。然而，随着生产工艺的不断改进，焰熔法红宝石的颜色已越来越多，可有深红色、橙红色、紫红色等多种颜色，因此颜色感觉仅能提出某种"警示"，并不能作唯一的鉴别依据。

（3）多色性　天然红宝石，尤其是大颗粒的天然红宝石，其顶刻面的取向一般是垂直 c 轴的。当用二色镜从顶刻面观察天然红宝石时，无法看到二色性或二色性不明显。而焰熔法合成红宝石的梨晶由于应力作用，常常从中间（即 c 轴方向）裂开，为了充分利用原材料，焰熔法合成红宝石的顶刻面是平行或近于平行 c 轴取向的，因此顶刻面的颜色往往是橙黄红色，不十分理想，从顶刻面观察可看到较明显的二色性。在此，二色性观察，不能作为鉴别的决定性依据，然而当二色性观察结果出现异常时，足以引起警觉。

（4）发光性　天然红宝石和焰熔法合成红宝石在紫外线光源照射下均可发红色荧光，然而天然红宝石除了含 Cr 元素外，还可含少量 Fe 元素。由于铁元素对荧光的抑制作用，天然红宝石的荧光效果弱于焰熔法合成红宝石，另外大部分天然红宝石在 X 射线下表现为惰性，而焰熔法合成红宝石可有红色磷光。当用查尔斯滤色镜观察红宝石时，焰熔法红宝石可有更明显的红色。

（5）吸收光谱　天然红宝石和焰熔法合成红宝石的吸收光谱相同，但天然红宝石受所含杂质元素的浓度影响，其吸收线的强度往往较弱，而且是变化的，甚至有的吸收线缺失，而焰熔法合成红宝石在其生长过程中加入了较高含量的 Cr 元素，所以它可具有一个十分清晰且强度较高的 Cr 吸收谱。

（6）生长线　弧形生长线是焰熔法合成红宝石区别于天然红宝石的重要依据。

天然红宝石内常发育有围绕 c 轴的平直生长条带，不同方向的生长带以一定的角度有规律的相交分布。而焰熔法合成红宝石中仅能见弯曲的弧形生长线。弧形生长线往往十分细密，可均匀发育，也可有末端尖灭现象。弧线之间具有微弱的颜色色调差异，当细小的气泡或残留的添加剂质点沿生长线聚集时，生长线的弯曲特征将更清晰。早期的合成产品生长线特点很明显，肉眼就可见到。随着生产工艺的改进或再次加热处理，生长线的弯曲特征将变得模糊起来。生长线的观察首先应用肉眼进行，将样品置于白纸或盛水的白色容器中进行观察。如使用显微镜，则应在放大倍数较低的目镜下进行观察。初学者常会把宝石刻面上的抛光线误当成生长线，抛光线往往是短而平直的，它们仅仅局限在某一刻面中，不同刻面抛光线排列不同，而弧形生长线则是跨越刻面界限，连续地存在于整体宝石的某个方向之中的。

（7）气泡　焰熔法合成红宝石的另一个主要鉴定依据是气泡。气泡往往很小，在低倍镜下仅可见一些小点，高倍镜下方可看到气泡的同心圆构造。由于气泡与红宝石的折射率值相差很大，所以气泡可有较明显的轮廓。气泡一般为球状，少数情况下变形成蝌蚪状异形气泡。生产流程较稳定时，气泡个体小，数量少，仅零星可见。当生产流程不稳定时，气泡量猛增，大量的点状气泡成堆聚集，呈带状、云雾状弥漫于整个样品中。

（8）裂纹　在高速抛光作用下产生的一些典型的雁行状排列的裂纹在焰熔法合成红宝石中较易见到。

（9）再次热处理的焰熔法合成红宝石　对已加工好的焰熔法合成红宝石再次加热、冷却，产生裂隙，并投入到乙酸苯胺等树脂的溶液中，当宝石再度冷却时，可在其内部产生一种假指纹状包裹体，但仔细观察可以发现再次热处理的焰熔法红宝石的表面可有浸蚀现象，其假指纹状包裹体，不是由气液两相包裹体组成，而是由一些树脂等有机物组成，并有可能存在气泡和弯曲的生长线。但值得注意的是，经过再次热处理的红宝石，由于扩散作用，其生长线的轮廓会变粗、变模糊，观察将更加困难。

2. 焰熔法合成蓝宝石与天然蓝宝石的鉴别

焰熔法合成蓝宝石可有多种颜色。当化学组成为纯 Al_2O_3 时，合成样品为无色，当掺入少量铁和钛时样品呈蓝色，当掺入少量钴和镍时样品呈绿色，单纯的镍可使样品呈黄色；当

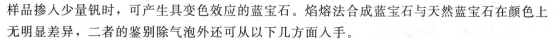

样品掺入少量钒时，可产生具变色效应的蓝宝石。焰熔法合成蓝宝石与天然蓝宝石在颜色上无明显差异，二者的鉴别除气泡外还可从以下几方面入手。

（1）生长纹　与焰熔法合成红宝石相比，焰熔法合成蓝宝石具有较宽的生长线，尤其是一些合成变色蓝宝石的生长线的弯曲更加明显，但其黄色品种的生长线却很难发现，另外，由于合成技术的不断发展，焰熔法合成蓝宝石梨晶直径变得较大，其生长线的曲率相对变小，在局部范围内生长线看上去变得相对平直，给鉴定工作者带来较大的困难。

（2）发光性　天然蓝宝石在紫外线下常表现为惰性，而焰熔法合成蓝宝石的发光性较活跃，不同颜色的样品具有不同的荧光特点，无色合成样品在短波紫外线下可有淡蓝色荧光，绿色合成样品在长波紫外灯下可具橙色荧光，蓝色合成样品在短波紫外线下可有淡蓝-白色或淡绿色荧光。

（3）吸收光谱　天然蓝宝石中的蓝色、绿色、黄色品种的可见光光谱中可全部或部分显示 3 条铁吸收线，其中 450nm 最强，而焰熔法合成蓝宝石则有可能缺失这些吸收线或吸收线很弱而且模糊。此法合成的变色蓝宝石则具有清晰的 470nm 处的强而狭的钒吸收线。

（4）普拉托法　焰熔法合成刚玉宝石中，特别是蓝宝石中的一些颜色品种往往缺失弧形生长线，用普通的鉴定方法无法确定其成因，普拉托测试法能够提供这方面的有力证据。具体操作方法是将宝石浸泡在二碘甲烷中，在正交偏光下，沿宝石晶体光轴方向进行观察，在 20～30 倍的放大倍数下，焰熔法合成蓝宝石可以显示出呈 60°角相交的两个方向的直线。上述观察结果曾被认为是焰熔法合成刚玉宝石所独有的，但在坦桑尼亚产出的某些天然红宝石也曾报道过有这种现象，因此应注意当所观察的宝石不存在上述现象时，并不能证明该宝石是天然的。

3. 焰熔法合成星光宝石与天然星光刚玉宝石的区别

焰熔法合成星光宝石，可有红色品种和蓝色品种，在国内市场上曾出现过日本生产的星光红宝石，近几年我国上海、天津等地都生产过星光宝石。

（1）颜色　焰熔法合成星光红宝石，有粉红-红色，半透明；焰熔法合成星光蓝宝石，有乳蓝-蓝色，半透明。

（2）星线　合成星光刚玉宝石的星线仅存于样品的表层，星线完整，清晰，线较细，而天然刚玉宝石中星线产生于样品内部，星线可有缺失、不完整、星线较粗等特点。另外，合成星光宝石内可同时有气泡、弯曲生长线等特点。

二、助熔剂法合成刚玉宝石的鉴别

助熔剂法合成刚玉宝石生产工艺较复杂，成本较高，其性质与天然刚玉宝石更加接近，给鉴定工作带来一定的困难。

助熔剂法合成红宝石的鉴定特征如下。

（1）晶体特征　助熔剂法合成的红宝石，其晶形已不再是梨状晶，它可以生长出具完好几何形态的单晶体。但晶体形态及晶面发育情况与天然红宝石有所不同。助熔剂合成红宝石晶形主要呈板状、粒状，单晶中底轴面及菱面体面十分发育，而缺失天然红宝石的六方柱面、六方锥面。六方锥面即使出现也发育得很小。板状晶体内可发育天然红宝石缺失的穿插双晶。

（2）颜色　助熔剂合成红宝石颜色较丰富，包括各种深浅不一的红色。缺乏经验的人肉眼很难以颜色将其与天然红宝石区分开来。

（3）发光性 紫外荧光检查可能对助熔剂合成红宝石的鉴定有某种指示意义，但不能作为决定性的依据。一般来讲，助熔剂合成红宝石可有较强的荧光，有些品种因有稀土元素的加入可有特殊的荧光。

（4）查尔斯滤色镜观察 查尔斯滤色镜下，助熔剂合成红宝石有可能显示较明显的红色。

（5）吸收光谱 助熔剂法合成红宝石的吸收光谱与天然红宝石吸收光谱大致相同，个别品种在紫外到可见光范围内有特征吸收谱。

（6）微量元素 在X荧光光谱分析中，助熔剂法合成红宝石可显示微量Pb等元素的存在。

（7）生长线 油浸显微镜下助熔剂合成红宝石的生长线构成的丰富图案可成为鉴定的依据。

（8）内部特征 在常规的宝石鉴定中，内部特征检查将是区别天然红宝石与助熔剂法合成红宝石的重要手段，观察和识别可从以下几方面入手。

① 助熔剂包裹体 天然红宝石中固态包裹体品种繁多，如磷灰石、金红石、金云母、锆石等，这些细小的晶体包裹体形态各异、组合形式各异构成了不同的产地特征。而助熔剂合成红宝石中最主要的固态包裹体则是其"助熔剂残余"，这些"助熔剂残余"往往有特定的颜色和形态。

a. 颜色：在透射光下，助熔剂残余，绝大部分是不透明的，显示灰黑色、棕褐色，以至黑色，而在反射光下，助熔剂（残余）可呈现浅黄色、橙红色，并且具有金属光泽。

b. 形态：助熔剂残余所形成的包裹体可有丰富的外表形态，其中有些形态可作为鉴定特征，而有些与天然红宝石的包裹体极易混淆。归纳起来，红宝石中的残余助熔剂主要有树枝状、栅栏状、网状、扭曲的云翳状、熔滴状、彗星状等。

树枝状：早期生长的助熔剂合成红宝石，助熔剂残余常拉伸成粗大的树枝状，树干为空管并大致定向排列，树枝的结节部分可有些深色的团块状物质，是玻璃态的助熔剂，正常情况下它们呈橙黄色、黄色，当PbO、PbF等物质析出后则变成黑色，在反射光下可见金属光泽。

栅栏状：当助熔剂含量较丰富时，这些细长的助熔剂可整齐地排列成栅栏状、梳状，栅栏的一头大致平直，而另一头长短不一。

网状：当以上两种形态的助熔剂包裹体进一步发育时，可呈网状。单独的网眼呈菱形，网线之间的夹角约60°，这些助熔剂沿合成晶体的一定结构方向发育。

扭曲的云翳状：当生长环境不十分稳定时，助熔剂包裹体的数量会增多，集合体形态，呈面纱状、云翳状，而这一形态的包裹体最容易与天然红宝石中的指纹状包裹体相混。

管状：个别样品中助熔剂呈长管状，定向排列，但仔细观察可以发现，这些长管状包裹体与天然红宝石中的细密管状包裹体还是有区别的。天然的管状包裹体，管壁平直，管的两端粗细一致，而助熔剂形成的长管，管壁不直，管的两端粗细不一，一端往往变细，呈封闭的锥状，管壁内可见玻璃状的助熔剂。

熔滴状：熔滴常呈球形、椭球形、哑铃形、蝌蚪形、小棒形或各种不规则形，熔滴聚集体形态与天然红宝石中的指纹状包裹体十分相似，在这种情况下要特别注意观察单个熔滴的结构特征。

彗星状：还可以存在一种极细小的助熔剂包裹体，它由一个个小熔滴组成，并且有两条或多条细白线从小熔滴上延伸出去，有时这些极细小的熔滴可使合成红宝石产生一种云雾状的外观，宝石透明度降低。

助熔剂法合成红宝石中的熔滴未脱玻化前呈均一的玻璃态，但在急速冷却的条件下，由于热胀冷缩作用，熔滴的中心形成一个空洞，空洞边缘是收缩后的固态，并具马赛克状结构，在个别情况下，助熔剂在空洞边缘结晶出一些晶芽，空洞壁将失去其圆滑的外表，成为一条不规则的折线。在极个别的情况下，由于固熔体分离作用，可产生一种类似天然的三相包裹体的形态，这时最外围为玻璃态，中心为收缩空洞，在玻璃态中，还可能存在某种助熔剂的结晶态。

② 色带与色块　在助熔剂红宝石中，可以出现笔直的生长环带及不均匀色块，这些现象在以往均被认为是天然红宝石的证据，随着合成技术的不断发现，这些仅在天然红宝石中见到的现象，已开始在合成红宝石中出现。但有些颜色特点，可作为合成红宝石所特有的，比如在拉姆拉（ramaura）合成红宝石中出现的一种搅动状的颜色不均匀现象和多罗斯（douros）合成红宝石中出现的蓝色三角状生长带，可作为助熔剂法合成红宝石的鉴定特征。

③ 金属片　在部分助熔剂合成红宝石中可见到从铂坩埚中剥落的铂片，它们可具有三角形、六边形或不规则多边形状，在透射光下，它们是不透明的，在反射光下可以有银白色的金属光泽，铂片出现的概率是较低的，但一经发现，可作为合成红宝石的依据。

三、水热法合成红宝石

早在 1950 年，水热法红宝石的合成已由 Baletsky 教授完成，但是由于水热法合成红宝石的制造成本太高，因此一直未作为商品宝石流通，而 1992 年后情况发生了变化，1992 年前苏联的 Tairvs 公司的亚历山大（Alexan）将水热法合成红宝石达到商业化生产。

水热法合成技术是一种更接近天然宝石生长环境的新技术，因此合成红宝石与天然红宝石极为相近，以下几方面有可能为鉴定提供某些依据。

（1）颜色　目前面市的水热法合成红宝石可有浅红到深红的各种颜色，往往透明度很高，内部很纯净。

（2）发光特点　在紫外荧光灯下水热法合成红宝石可以没有荧光，或具弱-强的荧光。荧光的强弱与体色有密切的关系，体色浓者荧光强，而一些浅粉红色品种几乎没有荧光，所以鉴定时需要有相同颜色的天然样品对照才可下结论。

（3）晶体特征　水热法合成红宝石多为板状晶体。

（4）内部特点

① 种晶片　水热法合成红宝石典型的内部特征是含有种晶片，当种晶片没有在磨制过程中切除时，是很易观察的。种晶片与其两侧的红宝石有着明显的界线，种晶片的两侧可有一些发育不规则的晶芽或雾状气泡，种晶可以是先期生长红宝石的片晶，也可以是天然红宝石的片晶，因此种晶有可能含有与两侧红宝石不同的包裹体或者包裹体在种晶部位截断的现象。

② 生长纹　水热法红宝石普遍具有明显的生长纹，生长纹往往颜色深浅不一，生长纹的形态可呈锯齿状、波纹状，沿光轴方向观察可以发现两个方向的生长纹，交织成网状。

③ 金属包裹体   水热法合成红宝石中有可能发现金属包裹体，它们呈分散状或局部聚集分布。据资料表明，这些金属片为一些合金，可具三角形、四边形等多边形的形状，在透射光下不透明，反射光下可具金属光泽。

④ 钉状包裹体   由于生长过程中有水的参与，水热法合成红宝石内常有一种特征的"钉状"流体包裹体。较大的钉状包裹体中心存在着深色的液态充填物。有时钉状包裹体变十分细小，表现为一根根细针密集而定向排列。

四、莱奇里特（Lechleither）合成红宝石

奥地利 Lechleither 利用合成祖母绿技术在 20 世纪 80 年代中期合成了 Lechleither 合成红宝石，这是一种将天然无色刚玉或焰熔法合成红宝石磨制好的刻面宝石再次淬火产生大量裂隙，然后在表层再进行助熔剂法生长得到的新产品。其内部的晶体与表面生长层之间没有可辨认的界线，助熔剂似乎已进入了内部晶体。

Lechleither 红宝石呈紫红色，靠物理性质很难将它与天然宝石区分开来，在放大检查时，可以发现此类方法合成的宝石可以同时具有弯曲的生长线、气泡，以及助熔剂包裹体，在紫外线下见有较强的红色荧光。

任务三
合成祖母绿的鉴别

一、合成祖母绿的特征

1. 内部特征

助熔剂法合成祖母绿的内部包裹体很像天然的祖母绿。助熔剂残余常沿裂隙充填，呈云翳状或花边状，像飘曳的窗纱；助熔剂残余还可沿晶体生长面呈近于平行的带状分布。在高倍放大观察可见这些云翳状、带状图案由细小的助熔剂小滴或孔洞聚紧而成。也可见无色透明、形态完整的硅铍石晶体。常见有色带，色带可呈平直状或交叉成六边形状。查坦姆和俄罗斯助熔剂法合成祖母绿晶体中只有平行双面 c {0001}、六方柱面 m {1010}、d {1120}，而缺失六方双锥 s {1121}、p {1011}，还可见到种晶板残余。

水热法合成祖母绿的内部常有两相包裹体，由硅铍石晶体和孔洞组成钉状包裹体，可出现铂金属片，呈六边形或三角形，在反射光中具银白色外观。有些水热法合成祖母绿制品内保留了种晶片，种晶片周围有云雾状的两相包裹体分布。水热法合成祖母绿内部的生长纹和色带，大多平行于种晶板，与 c 轴的交角在 22°～40°之间，而且具不规则的亚颗粒边界，近垂直于色带，形成角状图案，这是天然祖母绿中所没有的。不同厂家水热法合成祖母绿的生长纹与 c 轴的交角稍有不同。

2. 密度及折射率

合成祖母绿的密度比天然祖母绿较低些，为 2.65g/cm^3，所以在 2.65g/cm^3 的重液中大部分合成祖母绿缓慢下沉或悬浮，而天然的祖母绿则是快速下沉。折射率也稍有不同，合成祖母绿稍低些，常为 $1.563（n_0$ 方向）～$1.560（n_e$ 方向），双折射率最低的仅为 0.003。

3. 镜下现象

查尔斯滤色镜下的合成祖母绿一般呈强红色，但吉尔森 N 型助熔剂法合成祖母绿在滤色镜下无反应。

4. 发光性

在紫外线下呈红色荧光，而且在短波下查坦姆合成祖母绿的透过率比任何天然祖母绿都强得多。天然祖母绿在小于 295nm 时就不能透过，而合成祖母绿在低于 230nm 时仍能完全透过。最可靠的方法是做曝光试验，将样品浸于水中，在暗室内用短波紫外线照射，拍摄慢镜头照片，天然祖母绿和合成祖母绿曝光程度明显不同。

5. 吸收光谱

合成祖母绿的吸收光谱与天然祖母绿的吸收光谱相同，也有明显的 Cr 吸收谱。但有些助熔剂法合成祖母绿中另添加了铁（如吉尔森 N 型合成祖母绿），在紫区具 427nm 处吸收带，而天然祖母绿中无此吸收带，427nm 吸收带的出现可作为鉴别合成祖母绿的证据。

6. 红外光谱测试

红外光谱是天然祖母绿和合成祖母绿之间一种快速无损的鉴定方法，不同来源的祖母绿，对红外线的吸收不同，而且同一粒祖母绿的两个不同方向，吸收强度不同。天然祖母绿和水热法合成祖母绿都含水，而助熔剂法合成祖母绿无水，根据红外光谱中有无水的吸收，就不难将助熔剂法合成祖母绿区分出来。水热法合成祖母绿和天然祖母绿均含水，但所含水的类型有所不同。所含水的类型根据其与 $Si_6O_{12\sim18}$ 离子团的结合方式分为 I 型水和 II 型水。研究表明，天然祖母绿同时含有 I 型水和 II 型水，低碱天然祖母绿和高碱祖母绿的含水情况有所不同。水热法合成的祖母绿也可含 I 型和 n 型水，但水分子的伸缩振动和合频振动的峰位和强弱不同。水热法合成祖母绿在中红外 $4357cm^{-1}$、$4052cm^{-1}$、$3490cm^{-1}$、$2995cm^{-1}$、$2830cm^{-1}$、$2745cm^{-1}$ 处有吸收，可与天然祖母绿区别开，详见表 6-2。

表 6-2　天然祖母绿和助熔剂法、水热法合成祖母绿的区别

性质＼种类	助熔剂法合成祖母绿	水热法合成祖母绿	天然祖母绿
$\rho/(g/cm^3)$	2.65～2.67	2.67～2.69	2.69～2.74
n_e	1.560～1.563	1.566～1.567	1.565～1.586
n_0	1.563～1.566	1.571～1.578	1.570～1.593
对折射率	0.003～0.005	0.005～0.006	0.005～0.009
内部特征	硅铍石、铂片、弯曲的脉状裂隙、两相包裹体	硅铍石、细小的两相包裹体	云母、透闪石、阳起石、黄铁矿、方解石、三相包裹体
水	无	含 I 型和 II 型水	含 I 型和 II 型水
钾	可变	无	可变
红外光谱	无水吸收峰		

注：据 Kurt Nassan，1979 年。

二、合成祖母绿主要品种介绍

合成祖母绿有众多的商号，如：查坦姆（chatham）、吉尔森（gilson）、林德（linde）等，在贸易中常以各自的商号为品名出现，详见表 6-3。不同商号的合成祖母绿，其特点稍

有不同。

1. 助熔剂法合成祖母绿

（1）查坦姆合成祖母绿　查坦姆合成祖母绿密度在 $2.65g/cm^3$，折射率在 $1.563\sim1.560$，双折射率为 0.007，其内部可有羽状、面纱状包裹体及硅铍石晶体，在紫外线下具鲜红色荧光，在滤色镜下也呈鲜艳的红色，其化学成分中可有 Li、Mo、V 等元素出现，可证实其助熔剂是钒钼酸锂。在红外光谱中，无水的振动吸收。

（2）吉尔森合成祖母绿　吉尔森合成祖母绿的密度和折射率范围与查坦姆的相近，羽状包裹体也很相似。不同的是紫外线下不呈红色而呈橙色。最近的产品中可以显红色荧光。吉尔森法合成祖母绿质量可大至 18ct。吉尔森用助熔剂法还试制出一种含有 Cr 和 Ni 的合成祖母绿，颜色呈黄绿色。折射率为 $1.563\sim1.559$，密度为 $2.65g/cm^3$，Cr、Ni 为主要致色元素，还有少量的 V、Fe 和 Cu，由 Cr^{3+}、Ni^{2+}、Ni^{3+} 产生的吸收光谱，这与俄罗斯含 Cr 和 Ni 的水热法合成祖母绿不同。

（3）莱尼克斯（Lennix）合成祖母绿　莱尼克斯合成祖母绿是用钼酸锂和硼盐为助熔剂，折射率较低，为 $1.556\sim1.562$ 和 $1.558\sim1.566$，双折射率为 0.003，深绿色的品种折射率稍高些。密度为 $2.65\sim2.66g/cm^3$。紫外荧光：在长波下呈亮红色，短波下呈模糊的橙红色。莱尼克斯法合成祖母绿比其他合成祖母绿都富含 FeO 和 MgO，在阴极射线下发紫色至蓝紫色的光，这一点可作为莱尼克斯合成祖母绿的特征。其内部有不透明管状包裹体近于平行 c 轴；还有沿平行底面密集生长带分布的放射状包裹体；硅铍石和绿柱石 SL 细柱状晶体；助熔剂充填的次生裂隙；沿底面边，有时平行 c 轴分布的两相包裹体。有时具三相包裹体，很像哥伦比亚天然祖母绿。

表 6-3　不同类型合成祖母绿特征

	品种	n	双折射率	$\rho/(g/cm^3)$	紫外荧光	包裹体	其他特征	生长纹
熔剂法	查坦姆 Chatham（美）	$1.560\sim1.1564$	0.003	$2.65\sim2.66$	强红色	云翳状包裹体	红外光谱中无 H_2O 的吸收	C（0001） m（1010） u（1120）
	吉尔森 I 型 Gilson I 型（法）	$1.559\sim1.569$	0.005	2.65 ± 0.01	橙红色	羽状包裹体、长方形硅铍石晶体	红外光谱中无 H_2O 的吸收	
	吉尔森 II 型 Gilson II 型（法）	$1.562\sim1.567$	$0.003\sim0.005$	2.65 ± 0.01	红色	同上	同上产品极少见	
	吉尔森 N 型 Gilson N 型（法）	$1.571\sim1.579$	$0.006\sim0.008$	$2.68\sim2.69$	无	纱状、束状固态熔剂包裹体，铂及硅铍石	同上，427nm 处有特征吸收产品极少见	
	莱尼克斯 Lechleitner（澳）	$1.555\sim1.566$	0.004	$2.65\sim2.66$	红色	破碎熔融包裹体，二相或三相羽状包裹体（窗纱状）	具浅-暗绿色条带	

续表

品种		n	双折射率	$\rho/(g/cm^3)$	紫外荧光	包裹体	其他特征	生长纹
水热法	菜切雷特纳 Lechleitner	1.570~1.605 1.559~1.566	0.005~0.010 0.003~0.004	2.65~2.73	红色	籽晶，交叉裂隙	浸油中可见分层，正交偏光波状消光	生长线与 c 轴交角30°
	林德 Linde（美）	1.566~1.578	0.005~0.007	2.67~2.69	强红色	气体及羽状二相气液包裹体，平行钉状或针状包裹体，硅铍石	红外光谱中有 H_2O 的吸收，含 I 型水	36°~38°
	精炼池法 Refined pool（澳）	1.570~1.575	0.005	2.694	弱-无	云翳状、窗纱状包裹物	红外光谱中有 H_2O 的吸收，含 Cl	22°~23°
	中国（桂林）	1.569~1.573	0.004	2.70±0.02	弱	窗纱状、气液包裹体及残余熔体	含 I、II 型水	
	拜伦 Biron（澳）	1.569~1.573	0.004	2.65±0.1	强红	指纹状、纱幔状、钉状、二相气液包裹体含合金碎片、硅铍石晶体白色彗星状、串珠状微粒	含 I、II 型水、Cl	32°~40°
	俄罗斯（旧）（新）	1.572~1.578 1.579~1.584	0.005~0.007	2.66~2.73	弱红	无数细小的棕色微粒，呈云雾状	含 I、II型水	30°~32° 43°~47°

（4）俄罗斯 Novosibirsk 助熔剂法合成祖母绿　这些合成祖母绿长可达 100mm，直径可达 60mm，密度和折射率比一般助熔剂合成祖母绿的低，但内部有类似次生愈合裂隙和原生空洞充填的助熔剂包裹体。

2. 水热法合成祖母绿

（1）俄罗斯水热法合成祖母绿　在无贵金属加入的钢质炉中生长，用无色绿柱石作种晶，该种合成祖母绿富 Cr、Fe、Ni 和 Cu，折射率范围为（1.580~1.586）~（1.573~1.579），双折射率为 0.006~0.007，密度为 2.68~2.70g/cm³，具阶梯状生长纹和色带，具角状图案。

1993 年出现一个新型的俄罗斯水热法合成祖母绿，其种晶平行于｛1121｝面，生长纹与光轴的交角为 45°，无明显的生长纹和角状图案。内部含有无数细小的红棕色微粒，密集呈云雾状，无定向，不规则分布。折射率为 1.572~1.578（n_e），1.579~1.584（n_0），双折射率为 0.006~0.007，密度为 2.67~2.73g/cm³。长短波紫外线光下均无荧光，查尔斯滤色镜下呈弱红，具 652nm（弱）、632nm（强）、606nm（中等）吸收线，603~584nm 模糊吸收带，660nm 以上全吸收。

（2）林德法合成祖母绿　以天然绿柱石为种晶板，折射率为 1.572～1.567，双折射率为 0.005，密度为 2.67g/cm³。林德法合成祖母绿中，羽状包裹体比其他的合成祖母绿更为常见，还可有单一由硅铍石或一组硅铍石晶体组成的尾巴状包裹体，最明显的特征是在强白光下呈强幻色，在查尔斯滤色镜、正交滤色镜、紫外线下呈强的红色荧光。

（3）拜伦法合成祖母绿（biron）　拜伦法合成祖母绿中含 Cr、V、Cl 元素。内部特征可见硅铍石晶体、大的两相包体、两相钉状包裹体、彗星状白点、针状子行结构、助熔剂羽状包裹体和暗色金属包裹体等。密度为 2.68～2.70g/cm³，折射率为 1.570～1.571 和 1.577～1.578，双折射率为 0.007～0.008。

（4）莱切雷特纳水热法合成祖母绿　所有该法的合成祖母绿都出现有平行于台面的层状或次层状现象，层与次层之间分布有色带。层和层之间易分裂，所以一般戒面部的刻面不抛光。

三、祖母绿与其仿宝石的鉴别

仿造宝石中与祖母绿相似的有绿色人造玻璃、人造钇铝榴石、合成尖晶石等（表 6-4）。

1. 与人造玻璃的区别

表 6-4　天然祖母绿与相似宝石及仿造宝石鉴别特征表

宝石名称	H_M	$\rho/(g/cm^3)$	偏光性	n	双折射率	滤色反应	其他特征
祖母绿	7.5	2.72	非均质体	1.577～1.583	0.005～0.009	红或绿	裂缝多，含三相包裹体等
铬透辉石	5.5～6	3.29	非均质体	1.675～1.701	0.026	绿	重影，505.0nm 吸收线普遍
铬钒钙铝榴石	7～7.5	3.61	均质体	1.740	0	红、粉红	光泽强，反火好，含黑色固态包裹体
翠榴石	6.5～7	3.84	均质体	1.888	0	绿	强色散，含马尾丝状石棉包裹体
绿色电气石	7～7.5	3.06	非均油脂光泽质体	1.624～1.644	0.020	绿	具双影，二色性明显
磷灰石	5	3.18	非均质体	1.6634～1.638	0.004	绿	油脂光泽，假二轴晶干涉图
萤石	4	3.18	均质体	1.434	0	绿	解理，强淡蓝色荧光
翡翠	6.5～7	3.33	集合体	1.66		绿	纤维交织结构，翠性
绿柱石玻璃	7	2.49	均质体	1.520	0	绿	内部洁净，偶含气泡
钇铝榴石	8.5	4.55	均质体	1.833	0	红	内部洁净，偶含气泡
绿玻璃	5	2.30～4.50	均质体	1.470～1.700	0	红	内部洁净、偶含气泡、铸模标志

绿色人造玻璃与祖母绿最为相似，无论从颜色、外观上，均可达到乱真的程度。人造玻璃中的气泡或其他一些残余物质，可以营造出一种类似裂隙或指纹状包裹体的外观。但人造玻璃缺少祖母绿那种绿绒绒的感觉，对祖母绿比较熟悉的人，在对样品的第一眼观察上就会对绿玻璃产生怀疑。但一些黄绿色或蓝绿色的祖母绿，色泽较浅时，绿绒绒的感觉欠佳，不容易与人造玻璃区别，鉴定时应特别谨慎。

首先，人造玻璃为均质体，祖母绿为非均质体。用偏光镜、二色镜或折射仪可直接区别。但看偏光镜时应注意人造玻璃常具异常消光，不总显示全暗，而是有一条暗影在左右移动。人造玻璃的折射率范围较宽（1.47～1.70）。所以单凭一个折射率的读数在 1.57 左右，不能做出是祖母绿或为人造玻璃的结论，必须看清是否为单折射率或是双折射率。

此外，荧光可作为一项辅助的测试项目。人造玻璃一般都具荧光，而且，一般短波的荧光比长波的强，还常带有一种白垩状荧光，而祖母绿的荧光一般为无至弱橙或绿色的荧光。总体荧光较弱。但荧光反应不能作为定性的依据，只能辅助判断。

2. 与人造钇铝榴石的区别

人造钇铝榴石与祖母绿也很相似。因人造钇铝榴石也为均质体，其区别也与人造玻璃的步骤相似。只是人造钇铝榴石的折射率较大，一般大于 1.81，一般折射仪测不出，而祖母绿（1.575～1.583）能直接测出。人造钇铝榴石的内部一般洁净，偶有气泡。吸收光谱与祖母绿的不同，在肉眼感觉上人造钇铝榴石无祖母绿绿绒绒的柔和感。

3. 与合成尖晶石的区别

合成尖晶石与祖母绿的区别与上述人造玻璃及钇铝榴石的相近。合成尖晶石为均质体，折射率为 1.725 左右，而且偏光镜下常显示斑纹状消光，内部可有气泡、弧形生长纹等。

4. 与拼合宝石的区别

祖母绿拼合宝石的形式很多，可有二层或三层拼合。最常见的有：祖母绿加绿柱石、祖母绿或绿柱石加绿色人造玻璃、红色石榴石加绿色人造玻璃、无色水晶加一层绿色材料加无色水晶等。顶部一般采用祖母绿或绿柱石，下衬有各种不同的绿色材料如人造玻璃、合成祖母绿、色浅的绿柱石等，中间可采用无色或绿色的胶粘接。一种称为 Soude 祖母绿的宝石，实际上为上下无色的材料加中间一层绿色材料拼合。早期 Soude 祖母绿上下无色材料为无色水晶或无色绿柱石，中间为绿色明胶。

要想发现拼合石，必须细心全面地观察，常可在台面方向发现疑点，如近腰部位置有近于平行台面的裂隙，裂隙上有不均匀分布的类似气泡的包裹体或流动的痕迹；而且裂隙分布于整个腰面。从亭部侧面观察，可找到接合缝。检查拼合石最为有效的方法是将样品浸于液体中放大观察，常用液体有水、二碘甲烷等溶液。在液体中，拼合石中不同层的颜色及接合缝可清楚地显露出来。配合折射率、密度及吸收光谱等常规宝石学检测，可准确地鉴定出祖母绿的拼合石。

任务四
合成水晶的鉴别

一、合成水晶种类

大约在 1905 年世界上第一颗水热法合成水晶诞生，20 世纪 70 年代前苏联合成了黄晶和紫晶，至今全世界每年约有 20t 彩色水晶被用于珠宝业，主要品种是合成紫晶、合成黄晶，另有少量绿色、蓝色及黄、绿两色的双色水晶。

合成水晶是在种晶的基底上生长起来的一种晶体。种晶的取向主要有两种：一种垂直于 z 轴，另一种平行于 y 轴。不同颜色的合成水晶其种晶的取向不同，掺杂离子也不太相同。

❖ 二、合成水晶的鉴别

1. 颜色

合成水晶是在相对稳定的条件下经人工生产的产品，因此其批量样品表现出过多的统一。合成水晶中可见种晶板，种晶板有无色、彩色两种。种晶板与后期生长水晶之间有清楚的界限和颜色差异。受高压釜内过饱和溶液或釜内温度波动的影响，一些杂质或自发形成的微晶粒落在种晶板的晶面上或有缺陷的部位，形成微小双晶，即花絮状双晶。在显微观察中这些杂质或絮状双晶表面为灰白色雾状。种晶板的附近还常出现应力裂纹，这些裂纹十分细小，裂隙面呈弯折状，与种晶板呈一定夹角排列，在已加工好的宝石顶部，常可见到这种雁行排列的裂纹。

2. 包裹体特征

天然水晶可有品种繁多的固态包裹体，而合成水晶中主要出现的是锥辉石或石英的微晶核。这些固态包裹体都表现为一种面包渣状。这些"面包渣"也可能来源于那些未溶解的原料，当水晶生长条件较稳定时，"面包渣"就十分稀少，当水晶生长条件不稳定时，特别是在合成水晶生长阶段发生中断时，在平行于种晶板的一些平面内"面包渣"大量出现，犹如"桌面灰尘"，一层甚至两、三层贯穿于整个晶体中。初学者常把这些"面包渣"或"桌面灰尘"当成天然水晶的证据，把它们与天然水晶中出现的细小的"絮状"、"渣状"，以及愈合裂隙内的气液指纹状包裹体混同起来。如果仔细观察这两种不同成因的包裹体还是有区别的，首先天然水晶中的指纹状包裹体常沿裂隙充填，分布于晶体的某一局部，不同方向的裂隙产生不同方向排列的指纹状包裹体。而桌面灰尘状包裹体，则贯穿于整个晶体，几层桌面灰尘状包裹体大致定向排列。其次，在高倍显微镜下天然水晶的"面包渣"多为细小的气液两相包裹体，而合成水晶的"面包渣"则为均一细小雏晶。

3. 色带

合成彩色水晶（主要是紫晶、黄晶）中亦可出现色带，但仅出现一组色带，色带平行于种晶板。在合成紫晶中，种晶板平行于正菱面体 r 面或负菱面体 z 面，晶体生长的主要方向平行于种晶板，因此合成紫晶仅有平行于菱面体方向的色带，以及与色带平行的密集的生长纹。

在合成黄晶中，种晶板平行于晶体的底面 c，亦即垂直于晶体的光轴，因此在合成黄晶中可看到垂直于晶体光轴的平行色带和密集的晶体生长纹。在具体鉴定中可利用正交偏光与干涉球，首先找到光轴方向，再确认色带的方向。

4. 双晶

天然水晶中常出现巴西律聚片双晶，双晶可以贯穿整个晶体，也可能仅表现在晶体的局部。在天然水晶中非双晶区域可显示牛眼干涉图，而在双晶区域可显示"螺旋桨"状干涉图，而在合成水晶中，一般见牛眼干涉图，而看不到"螺旋桨"干涉图。

5. 红外吸收谱

对于那些非常纯净、生长痕迹十分不明显的水晶饰品，在常规仪器的鉴定中会带来很大困难，然而红外光谱仪的介入，在这方面提供了解决的问题的途径。

经红外光谱测定可知：水晶晶体中含有 OH^- 或 H_2O，在红外光谱中，H_2O 表现出在 $3200 \sim 3600cm^{-1}$ 区间的伸缩振动谱带，在 $1500 \sim 1700cm^{-1}$ 区间的弯曲振动谱带，以及在

$5200cm^{-1}$的伸缩振动与弯曲振动的合频谱带。

天然无色水晶以 $3595cm^{-1}$ 和 $3484cm^{-1}$ 为特征吸收，而合成水晶则缺失 $3595cm^{-1}$ 和 $3484cm^{-1}$，并以 $3585cm^{-1}$ 或 $5200cm^{-1}$ 吸收明显为特征。

天然紫晶与合成紫晶应仅含 OH^- 及 Fe 含量较高，两者具有相近似的红外光谱，但是合成紫晶具有明显的 $3545cm^{-1}$ 谱带，而天然紫晶中这一谱带的强度则明显减弱。

天然黄晶与合成黄晶红外光谱大致相同，而热处理黄晶以相对较弱的 $5200cm^{-1}$ 谱带与天然黄晶和合成黄晶相区别。

天然烟晶与合成烟晶：与天然烟晶相比，合成烟晶的红外光谱缺失 $3595cm^{-1}$、$3484cm^{-1}$ 吸收。

三、水晶与其仿宝石的鉴别

水晶的仿宝石主要是玻璃。在我国市场上出现用玻璃仿水晶的产品主要有玻璃球、玻璃项链、茶色玻璃镜片等。

1. 水晶球与玻璃球的鉴别

20 世纪 80 年代中期，由于东南亚的水晶球热，在我国引发了一场水晶球销售热，这期间出现了各种类型的玻璃球仿水晶球。这些玻璃球按照成分又可分为普通玻璃球、高铅玻璃球和高硅玻璃球。

普通玻璃球：SiO_2 含量在 73% 左右，另含有 30% 左右的 Na_2O、CaO，折射率小于 1.5，密度仅在 $2.5g/cm^3$ 左右，外观具有灰色、灰绿色色调。

高铅玻璃球：是一种添加了 PbO 的玻璃球，其 PbO 含量可高达 37% 左右。这种玻璃球具有明亮的玻璃光泽，可具有较高的折射率值。

高硅玻璃球：是用"熔炼水晶"熔融后制成的球。熔炼水晶是我国工业水晶中的一个级别，这个级别的水晶含有较多的杂质、裂隙，不能用作压电水晶。将熔炼水晶回炉熔融后可形成一种高硅玻璃，其 SiO_2 含量可达 99% 以上，折射率在 1.50～1.52 之间，密度在 2.2～$2.4g/cm^3$，内部纯净，具有高透明度。

上述用于仿水晶球的玻璃可有很大的直径，从十几厘米到二十分米；内部可有少量气泡，最简单的检查办法是将这些玻璃球置于有字或有线条的纸上，转动球体观察下边的字或线条。由于玻璃是均质体，所以在玻璃球的转动过程中，只观察到字和线的单影。而水晶是非均质体，当转动水晶球观察时，可以看到字和线的双影。受天然水晶晶体直径的影响，天然水晶球一般直径较小，可有 2cm、5cm，直径达到 10cm 的纯净水晶球已是天然水晶球中的上品，而达到 20cm 直径的水晶球则是十分稀少的了。

天然水晶球一般无色，可有淡淡的烟色，可有金红石等包裹体。

2. 茶色玻璃镜片

茶色玻璃镜片，表现出颜色的均匀性及均质体性，但也应注意在个别茶色玻璃镜片的检查中发现它的光性异常，在正交偏光中表现出异常消光，这可能是镜片在成型过程中由于应力作用所致。另外，放大检查时玻璃镜片中可有微小的气泡存在。

3. 玻璃制成的仿水晶项链

用于仿水晶项链的玻璃可有无色、彩色、黑色。无色玻璃珠上有时会有一层彩色涂层，因而可显示五颜六色的晕彩。这一类制品都逃不脱玻璃的共性，只需仔细检查，就可鉴别。

任务五
合成尖晶石的鉴别

合成尖晶石是在几十年前用焰熔法合成蓝宝石的过程中偶然得到的产品，其中用 Co_2O_3 作致色剂、MgO 作熔剂。合成尖晶石一般是用来作为其他宝石的仿制品，但随着天然红色尖晶石、蓝色尖晶石价格的不断升高，合成尖晶石用来冒充天然尖晶石。最近俄罗斯生产的助熔剂法合成尖晶石面市，具红色和钴蓝色。

一、合成尖晶石的特征

1. 焰熔法合成尖晶石

焰熔法合成尖晶石的颜色有红、粉、黄绿、绿、浅至深蓝色、无色。绿至红色的尖晶石可有变色效应，合成尖晶石中过多的氧化铝使其晶格多发生扭曲，而产生异常的消光现象。合成尖晶石主要特征为具有高折射率、异常双折射率、内部弧形生长纹和偏光镜下栅格状的不均匀异常消光现象。

（1）折射率　合成尖晶石的折射率比天然尖晶石的略高。一般为 1.728 ± 0.003，合成红色尖晶石为 $1.722\sim1.725$，仿青金石为 1.725，合成变色尖晶石为 1.73。

（2）密度　一般为 $3.63\sim3.67g/cm^3$，比天然尖晶石密度（$3.60g/cm^3$）略高。合成红色尖晶石为 $3.60\sim3.66g/cm^3$，仿青金石为 $3.52g/cm^3$。

（3）光性特征　偏光镜下合成尖晶石虽呈均质体的全消光，但不均匀，常有呈栅格状或斑纹状异常消光，这是天然品所没有的。

（4）紫外荧光　所有合成尖晶石在长、短波紫外线下均有荧光，而且在短波下常呈白垩状荧光，而天然尖晶石中没有这种现象。一般不同颜色合成尖晶石在紫外线下特别是短波紫外线下呈现不同荧光，如浅粉色尖晶石呈绿白色，红色尖晶石呈红色，浅蓝色尖晶石呈橙红色（长波下呈红色），浅蓝绿色尖晶石呈强黄色，黄绿色尖晶石呈绿白色，无色尖晶石呈蓝白色。

（5）吸收光谱　红色的合成尖晶石与天然尖晶石的吸收光谱相同，只是在 686nm 见一细荧光线。所以合成红色尖晶石一般在可见光下透过程度高。其他品种合成尖晶石的吸收光谱特征如下：

① 钴蓝色　在红区和蓝区全透过，在 544nm、575nm、595nm 和 622nm 有宽吸收带，而缺失天然蓝色尖晶石中的 458nm 吸收线。

② 绿色（带黄色荧光）　422nm 为强吸收线，445nm 为模糊带。

③ 绿蓝色　有 422nm 强吸收线，443nm 模糊带，及复杂的 544nm、575nm、595nm、622nm 极弱的钴吸收。

④ 变色合成尖晶石　400～480nm 宽吸收带，480～520nm 透过带，580nm 为中心的宽吸收带及 685nm 窄线。

⑤ 仿青金石者　有 452nm、480nm 模糊吸收线，以 530nm 为中心的宽吸收带，585nm 和 650nm 吸收线。

（6）内部特征

① 气泡　可呈串珠状，或异形气泡，也常见平行排列的长软管状包裹体。

② 弧形生长纹　与维纳叶尔法生产合成红宝石紧密排列的弧形生长纹不同，红色合成尖晶石中的弧形生长纹呈宽的弯曲色带。蓝色合成尖晶石也曾见到，其他颜色很少见。

③ 氧化铝固体包裹体　可能有氧化铝的不溶残余物。

④ 色斑　在正交偏光下观察可见染色剂斑点。

⑤ 仿月光石的合成尖晶石在底部有一种镜面反射效果，是由过多的氧化铝未溶解，形成无数细针状包裹体造成的。有时甚至可以产生星光效应。

2. 助熔剂法合成尖晶石

助熔剂法合成尖晶石常呈红色和蓝色，其次有浅褐黄、粉、绿等色，有些颜色为天然尖晶石所没有的。

助熔剂法合成尖晶石在化学成分上与天然尖晶石相近，$MgO：Al_2O_3$ 比例接近 1：1，折射率、密度等一些物理性质常数也与天然尖晶石相近。

助熔剂法合成尖晶石与天然尖晶石的区别见表 6-5，它们主要表现在内部包裹体特征、吸收光谱、荧光特征的差异。

表 6-5　助熔剂法合成尖晶石与天然尖晶石的区别

特征 ＼ 种类	助熔剂法合成尖晶石	天然尖晶石
成分	红色尖晶石：Cr、Fe，微量元素 Ni、V、Zn、Ga、Pb，$w_{Zn}<0.21\%$ 蓝色尖晶石：CO、Fe，微量元素 V、Cr、Mn、Pb、Ni、Zn、Ga	无 Pb，Cr、Fe 含量随产地而变化，$w_{Zn}>0.95\%$ 蓝色尖晶石：Fe、Zn、Ga，微量元素 Ni、V、Cr、Mn、Cu
紫外荧光	红色尖晶石：长波强，紫红色至浅橙红色；短波中-强，浅橙红色 蓝色尖晶石（Fe 致色）：长波弱至中，红至紫红，白垩状；短波强于长波	红色尖晶石：长波弱至强，红色至橙色；短波无至弱，红色至橙红色 蓝色尖晶石（Fe 致色）：无 蓝色尖晶石（Co 致色）：长波弱至中，红色；短波无
内部特征	棕橙色至黑色助熔剂残余，单独或呈指纹状分布，铂金片	八面体负晶单独或呈指纹状分布，含磷灰石或白云石等固体包裹体
吸收光谱	红色尖晶石：与天然缅甸红色尖晶石相近 蓝色尖晶石（Co 致色）：500～650nm 强吸收，无低于 500nm 的铁吸收带	蓝色尖晶石：500～600nm 之间具吸收带，低于 500nm 有弱的铁吸收带，低于 400nm 具铁吸收

二、尖晶石与其仿宝石的鉴别

尖晶石的仿宝石主要有人造玻璃、人造钇铝榴石等。

1. 尖晶石与人造玻璃的鉴别

人造玻璃：可以有各种颜色，而且为均质体。与尖晶石很易混淆。但人造玻璃的折射率偏低，折射率达 1.70 的人造玻璃已很软，一般无法作宝石。目前市场上出现的稀土玻璃，折射率可达 1.79，密度为 $3.47g/cm^3$。稀土玻璃在滤色镜下呈红色，紫外线下无荧光。吸收光谱中出现稀土元素吸收带，弱吸收线，一般谱线较多。人造玻璃内部洁净，偶见气泡，表面棱线磨损、台面刻划较严重。

2. 尖晶石与人造钇铝榴石的鉴别

与尖晶石相比，人造钇铝榴石的折射率高得多，达 1.79，密度达 $3.48g/cm^3$，而且滤色镜下呈红色。

任务六
仿宝石玻璃的鉴定

　　玻璃是一种较便宜的人造宝石，用于仿制天然珠宝玉石如玉髓、石英、绿柱石（祖母绿和海蓝宝石）、翡翠、软玉、绿松石以及托帕石等效果较好，但用仿制刚玉、钻石等天然宝石时效果较差。

　　玻璃可以被认为是一种非常硬的液体，在通常条件下具有固体的性质。美国材料测试学会对玻璃作了如下定义：玻璃是一种冷却到僵硬状态没有结晶的熔融的无机产物。当无机物质加热以后，通常在一个固定的温度（熔点）开始熔化（液化），在冷却过程中，熔体在同样的温度开始结晶。然而，某些熔体在冷却过程中变得非常黏滞以至于结晶作用不能发生，导致形成亚稳态的玻璃。在这种状态下，过冷熔体的无序态被冻结。有时，这种无序态可以通过脱玻化作用而释放。

　　实际上，宝石学上所指用于仿宝石的玻璃是由氧化硅（石英的成分）和少量碱金属元素如钙、钠、钾或铅、硼、铊、铝、钡的氧化物组成。依据所做宝石的性质，可改变组成成分的比例。玻璃的成分变化较大，从几乎由氧化硅组成的硅玻璃（silicaglass）到含有低于40％的氧化硅，超过50％氧化铅组成的Strass玻璃。随着氧化铝含量的增加，玻璃的折射率、密度和色散增加。

🔷 一、玻璃的种类

　　作为宝石仿制品的玻璃主要有两种类型：冕牌玻璃和燧石玻璃。

　　冕牌玻璃（crownglass）最常用成分是硅、苏打和石灰，主要用于制作瓶子、扁玻璃和光学玻璃。冕牌玻璃也用于制作时装首饰上的模拟宝石仿制品。燧石玻璃（flintglass）除了含有硅和苏打以外，以氧化铅代替了冕牌玻璃中的石灰，也叫做铅玻璃（leadglass）。燧石玻璃也叫做Strass玻璃（strass glass）或Simply strass，是因为奥地利的Joseph Strass首先发现了这种玻璃。由燧石玻璃制作的仿宝石往往很逼真，因为铝的存在使折射率和色散都提高了。

　　其他类型的玻璃品种包括硅玻璃和硅酸硼玻璃，硅玻璃几乎是由纯的石英熔融而成的，硅酸硼玻璃主要用于实验室和厨房用具上，这些特别的玻璃很少用于仿宝石。

🔷 二、玻璃的颜色和透明度

　　为了获得各种颜色的玻璃，通常用一种金属氧化物为致色剂混合其他成分而制成。常用的致色元素及得到的玻璃颜色为锰（紫色）、硒（红色）、铁（黄色和绿色）、铜（红色、绿色和蓝色）、金（红色）、铬（绿色）及钴（黄绿色）。玻璃的最终颜色还取决于下列因素，如玻璃的类型、制造时的氧化还原条件以及制造后的淬火等。无色玻璃的制造要添加所谓"玻璃匠肥皂"消色剂来去除或降低玻璃中由铁杂质产生的绿色调。

　　某些无色玻璃仿宝石通过在亭部涂上合适的颜色，从而在台面上显示出彩色。某些玻璃仿制品发出的晕彩，包括很便宜的欧泊仿制品，是用类似于相机镜头上的真空覆膜技术处理的。许多最便宜的玻璃仿制品，在亭部加上了类似于镜子的"衬箔"而加强闪光。玻璃的透明度在制造过程中可以加以控制。如果要获得高透明度的话，则需要高纯的成分。而半透明和不透明的玻璃制品中则加入了氧化锡。

三、玻璃仿宝石的性质

通常作为仿宝石的玻璃制品鉴定特征的物理性质和光学性质如下。

1. 外观特征

如果玻璃仿制品是压模制造的，通常显示出圆滑的刻面棱线（某些硬度较低的天然宝石材料，也可能具有圆滑的刻面棱线）和凹陷的刻面。凹陷的刻面是由于玻璃冷却收缩造成的。压模玻璃的另一个性质是表面常有麻点和凹坑，叫做"橘子皮"效应。然而，某些玻璃仿制品经过精细加工，鉴定起来更加困难，有时只有冠部被磨制抛光，而亭部是磨制出的。

2. 光泽和断口

大多数玻璃破碎后具贝壳状断口并在断口表面显示出玻璃光泽，有时某些铅含量较高的玻璃具有亚金刚光泽。这种性质有助于鉴别玻璃仿制品和通常具有暗淡蜡状光泽的不透明天然宝石。另外，除了玉髓和高品质绿松石外，大多数集合体宝石不具有贝壳状断口。含有铜晶体包裹体的金星石玻璃仿制品可能由于包裹体的作用而形成锯齿状断口（如猫眼的玻璃仿制品一样）。

3. 显微特征

典型的玻璃仿制品含有气泡，气泡大多呈球形，但也可呈椭圆形、拉长形，甚至管状。在切割的宝石表面，可能会见到气泡留下的半球形凹穴。玻璃仿制品可能会形成流动线构造或不规则的色带。这是黏稠液体在冷却后保留下来的特性之一。

4. 硬度

玻璃的硬度（H_M）是 $5 \sim 6$，低于绝大多数它们所模仿的天然宝石。一把钢锉即能划动最硬的玻璃，而用刀片或针尖能划动较软的铅玻璃。

5. 折射率

一般玻璃折射率范围是 $1.47 \sim 1.70$，最高可达 1.95。但是由于折射率高于 1.70 的玻璃一般较软，因此很少用于仿宝石。

6. 光性特征

玻璃是非晶态的物质，因而呈均质体（单折射）。由于应力作用，某些玻璃可能显示出异常双折射，常表现为在正交偏光镜下旋转时呈现蛇皮状交叉或非交叉消光带。然而，这种反应不应同真正的双折射相混淆。某些半透明至亚半透明的玻璃仿制品可能显示集合体状消光反应。

7. 密度

这种性质随化学成分变化较大，可从 2.30g/cm^2 变化至 4.50g/cm^3。表 6-6 列出了常见玻璃类型的一些成分及物理特征。

表 6-6 常见玻璃类型的成分及物理特性

类　　型	主要成分（质量分数）/%	n	$\rho / (\text{g/cm}^3)$
熔炼玻璃	SiO_2　100	1.46	2.2
普通玻璃	SiO_2 73，B_2O_3　12，CaO　12	1.5	2.5
硬玻璃	SiO_2　72，B_2O_3 12，Na_2O　10，Al_2O_3 5	1.5	2.4
铅玻璃	SiO_2 54，PbO 37，K_2O　6	1.6	3.2
重铅玻璃	SiO_2　34，　PbO　34，　K_2O　3	1.7	4.5
超重铅玻璃	SiO_2　18，PbO 82	1.96	6.3

8. 热传导性

玻璃放在手上时，通常感觉温热；而天然或合成的晶质材料由于具有更好的热传导性，通常感觉很凉。

四、常见玻璃仿宝石及其鉴定

1. 透明宝石的玻璃仿制品

尽管玻璃可以用于模仿任何种类的透明宝石，但实际上最常用于模仿的是绿柱石（祖母绿和海蓝宝石）、石英（水晶、黄晶、紫晶）和托帕石。在鉴定绿柱石和托帕石的仿制品时要十分小心，因为玻璃仿制品的折射率以及密度值均在这两种宝石的范围之内。同时要注意的是，某些祖母绿的玻璃仿制品内部可能含有成群的气泡，形成了类似于气液两相"指纹状"包裹体（有趣的是，这种包裹体有些类似合成祖母绿中的次生助熔剂包裹体）。然而，玻璃毕竟是均质体，而绿柱石和托帕石是非均质体，可以据此鉴别。

2. 非透明宝石的玻璃仿制品

玻璃常用于模仿许多半透明至不透明宝石，尤其是市场常见的玉髓的各个品种，包括鸡血石、条纹玉髓、桂玉髓（肉红）和黑玉髓等。浮雕玻璃仿制品也常用于模仿条带玉髓浮雕，即以一种颜色的玻璃为底衬，以另一种颜色（通常是白色）的玻璃做出浮雕图案。模仿效果很差的欧泊、珍珠、月光石等半透明玻璃仿制品是通过添加氧化物、磷酸盐等成分到含石灰玻璃中。结果玻璃中形成的不溶钙化合物，根据含量使玻璃呈半透明或不透明。其他非透明玻璃仿制品包括仿绿松石和青金石；有机宝石如象牙，珊瑚，贝壳；也用于模仿软玉和翡翠。软玉和翡翠的一种玻璃仿制品，在市场上标明变玉和 Zimori 石出售，这种玻璃仿制品发生了部分脱玻化。脱玻化玻璃最早是在日本东京的 Zimori 实验室制作出来的。"变石"可以制作出各种颜色，并具有不同程度的脱玻化。这种玻璃仿制品在显微镜下观察能见到一种类似于绿叶的特殊结构。当内部纤维状包裹体呈平行排列时，可能形成猫眼效应。

3. 具特殊光学效应宝石的玻璃仿制品

（1）"变彩"玻璃　人们制作出许多种玻璃仿制品用于模仿欧泊，某些最经济的方法是将金属箔片加入到熔融玻璃之中。其他方法包括用珍珠贝的碎屑掺入到玻璃当中。

一种相当漂亮的欧泊玻璃仿制品是由 John Slocum 发明的，在市场上标明 Slocum Stone 出售。这种玻璃仿制品有各种体色，包括白色、绿色、黑色、近无色、橙色。橙色是用于模仿墨西哥的"火"欧泊。在反射光下观察，颜色斑块近似于金属箔片，而在透射光下观察却像彩色赛璐珞（玻璃纸）。这种材料的折射率为 $1.50 \sim 1.52$，密度通常为 $2.41 \sim 2.50 \text{g/cm}^3$。同其他玻璃一样，这种玻璃仿制品也含有气泡和流动构造。

（2）具砂金效应的玻璃仿制品　金星石是一种含有大量粉状金属铜晶体的无色玻璃。褐色的金属铜晶体使材料整体显示出橙褐色并产生出闪烁的砂金效应。这种玻璃仿制品相似于天然的具砂金效应的日光石（奥长石）和拉长石。其他一些具砂金效应玻璃仿制品在生产时采用了彩色玻璃而不是无色玻璃。如采用蓝色玻璃可以模仿含黄铜矿的青金石。

"金星石"在制作过程中是将氧化亚铜加入到玻璃中，在淬火过程中还原成金属铜。铜的粉屑呈小的三角形和六边形晶体，在显微镜下即可鉴定。

（3）具猫眼效应的玻璃仿制品　有许多种方法可以生产有猫眼效应的玻璃仿制品。其中产品之一叫做"火眼"（fireeye），其内部含有长的、平行排列的气泡是通过充气过程产生的，这种充气过程类似于碳酸饮料的充气过程。

其他更好的方法包括采用加热方法将成束的细玻璃棒熔在一起形成许多平行排列的空心管。这些空心管就像石英中的矿物包裹体一样产生猫眼效应。如果需要的话，玻璃可制成各种颜色。猫眼效应的玻璃仿制品是将不同的纤维材料熔结在一起形成马赛克结构而获得。这些马赛克主要由在光学上应用的无色玻璃组成。由这种方法制成的彩色玻璃仿制品可以模仿各种天然具猫眼效应的宝石，包括猫眼。这些玻璃纤维以四边形或六边形排列方式堆积，每平方厘米大约有 150000 根纤维排列，一个小的蛋圆形宝石内部纤维长度加起来超过 1609m。

（4）具星光效应的玻璃仿制品　用玻璃可以制成星光红宝石和星光蓝宝石的仿制品，但效果很差。在蛋圆形切工半透明玻璃的底部刻划几套细线，或者用雕刻的金属箔黏合到宝石底部以产生星光效应。一种非常漂亮的星光宝石仿制品是采用压模技术将玻璃制成蛋圆形，同时在表面制成 6 条凸起的线形成星光状，然后用一种深蓝色釉料涂于宝石的表面，结果形成的星线看上去好像在宝石的表面及表面之下，就像天然星光宝石一样。当然，当转动这种宝石时，星线不会移动，但这种星光效应即使在很弱的光线条件下也很明显，而通常天然或合成星光宝石不会这样。

（5）具变色效应玻璃仿制品　有两种人造玻璃仿制品在不同的光源照射下显示出明显不同的体色。其中之一是添加了稀土元素的玻璃，商业名称是 Alexandrium（变色玻璃），在白炽灯下呈现粉红色而在荧光灯下呈紫色。另外一种玻璃仿制品，商业上叫 Tourma-like（类电气石），在白炽灯下呈浅粉红色，而在荧光灯下呈不饱和的黄绿色。这两种玻璃的其他宝石学性质同其他玻璃基本相同。

（6）珍珠的玻璃仿制品　有一些很漂亮的珍珠仿制品是由玻璃制成的。300 年以前人们就制成了较复杂的珍珠仿制品，采用空心玻璃珠在其内表面衬上由鱼鳞制成的彩虹物质，然后在内部以蜡填充。

现在的仿制品，最好的是用白色半透明玻璃制成，在其表面涂上几层嘌呤石制成。

一般而言，玻璃仿珍珠牙齿咬会有滑感，而天然珍珠和养殖珍珠则有砂感。放大观察可见玻璃仿制品的平滑表面，在涂层上可见缺口，尤其是在钻孔附近。在涂层内可见到气泡，仿珍珠的断口显示出玻璃光泽。

4. 其他特殊玻璃仿制品

采用祖母绿的化学成分配方 $Be_3Al_2Si_6O_{18}+Cr$，将这些材料熔融并冷却后可得到祖母绿的玻璃仿制品。它有各种名称，如绿柱石玻璃和"科学祖母绿"等。这种玻璃比结晶的祖母绿软且光泽较弱。

任务七
仿宝石塑料的鉴别

一、塑料的种类

塑料是一种人造材料，是由聚合物长链状分子组成的。塑料在我们的现代社会中无所不在，同样也用于作为宝石的仿制品。塑料可以通过加热或铸模而制成我们所需要的产品。最早用于宝石仿制品的塑料品种是赛璐珞（celluloid），一种纤维素塑料。而现在，赛璐珞被大量的合成树脂塑料所代替，其中包括苯酚甲醛树脂（phenol formaldehtoe resin），例如酚醛电木（bakelite）、甲基丙烯酸甲酯树脂（methylmethacrylateresins）、聚苯乙烯树脂（ploystyrenereslns）和聚氯乙烯树脂（olyvinylchlorideresins）等。

　　一种特别透明且光亮的塑料是聚甲基丙烯酸甲酯。这种材料是由丙酮（acetone）、氰化氢（hydrogen cyanide）和甲醇（methanol）为原料制成的。其丙烯酸甲酯具有 C＝C 双键，在催化剂（catalyst）的作用下，双键打开，长链状的聚合物分子形成。表 6-7 列出了硬质塑料的几种主要类型。

表 6-7　硬质塑料的主要类型

类　型	典型品种
纤维素（cellulose）	赛璐珞（celluloid），硝酸灵（nieron），Pyralin
酚醛树脂（phenol formaldehyde）	酚醛电木（bakelite），Durez，Catalin
聚苯乙烯（ploygtyrene）	Distrene，Lustrex，Victron
聚氯乙烯（ployvinvlchloride）	Geon，PVC，Vinylite
聚甲基丙烯酸甲酯（polymethylmethacrylate）	Plexiglass，Lucite，Perspex

　　塑料作为宝石的仿制品，主要用于模仿不透明的宝石材料如绿松石、翡翠、软玉、象牙、珊瑚，半透明的宝石品种如龟甲、珍珠、贝壳，透明的宝石如琉璃以及更常见的红宝石、祖母绿、紫晶、钻石等。

二、塑料仿宝石的性质

1. 外观特征

同玻璃相比，塑料更常采用铸模工艺制造仿制品，因此塑料仿制品常显示出铸模仿制品所特有的性质，如铸模痕迹、凹陷刻面、"橘子皮"效应以及圆滑的刻面棱线等。

2. 光泽和断口

由于塑料的硬度及折射率值通常较低，大多数塑料显示出油脂光泽至亚玻璃光泽，保存较长时间的塑料则显示出暗淡至蜡状光泽。塑料仿制品的断口通常呈贝壳状至不平坦状且显示亚玻璃至暗淡的断口光泽。

3. 显微特征

同玻璃相似，塑料制品常常显示流动线构造以及各种形状的气泡。当气泡达到宝石的表面时，会形成半球形空穴。

塑料所模仿的天然有机宝石材料，如珊瑚、象牙、龟甲等具有的独特结构可以帮助鉴定，因为这些宝石的塑料仿制品缺少这些结构特征。

4. 硬度

塑料的摩氏硬度在 1～3，由于相当软而易于刻划、磨损，形成麻点。

5. 折射率

塑料通常用于模仿折射率值在 1.460～1.700 的宝石材料。大多数情况折射率在这个范围的低值区域。

6. 光性特征

透明的塑料仿制品在正交偏光镜下常显示强烈的异常双折射效应，表现为蛇皮状条带。

在正交偏光镜下也常见应力产生的干涉色。在偏光镜下半透明至不透明塑料仿制品常显出集合体特征。

7. 密度

大多数模仿宝石的塑料密度在 $1.05 \sim 1.55 g/cm^3$ 之间。然而，在塑料当中，密度低于饱和盐水的密度（$1.13 g/cm^3$）的不多。这点非常重要，因为塑料常常用于模仿琥珀，琥珀在饱和盐水中将漂浮，而琥珀的塑料仿制品在饱和盐水中将下沉。某些填充剂会导致塑料密度增大（超过 $1.55 g/cm^3$）。

8. 热传导性

同玻璃相似，塑料仿制品接触时感觉温热。

9. 热针反应

当用热针接触塑料仿制品时，塑料仿制品会熔化或烧焦，通常大多数还伴有辛辣难闻的气味，如：醋味、樟脑味、甲醛味、鱼腥味、石炭酸味和水果味等。这些独特的气味有助于鉴别塑料所模仿的有机宝石，如琥珀、龟甲、煤精、黑珊瑚等。

三、常见塑料仿宝石及其鉴定

塑料硬度低，透明度差，其钻石、红宝石、祖母绿的仿制品只能用于作价廉的时装首饰。

半透明至不透明宝石的塑料仿制品，所仿翡翠、软玉、绿松石、青金石和玉髓的品种，铸模痕迹以及气泡在表面留下的半球形空穴明显，可作为塑料仿制品的鉴定特征。可以模仿像塑料一样很软的有机宝石材料，如琥珀、龟甲、黑珊瑚、煤精、象牙、贝壳和珍珠。琥珀的仿制品十分逼真，甚至也可能含有似天然形成的包裹体如小昆虫及其他有机物质。在鉴定区分琥珀和塑料仿制品时，重要的一点是要记住，琥珀是由液体凝结而成，因此同塑料一样常含有气泡。密度用于鉴定琉璃的塑料仿制品很有效。

塑料仿制的龟甲主要用作眼镜框和梳子的材料，塑料仿制的珍珠用作时装首饰。在过去许多年来，用塑料仿制球形海水养殖珍珠和奇形怪状的淡水养殖珍珠变得越来越流行。玻璃和塑料相结合可制出非常完美的珍珠仿制品。使用的基底材料是半透明白色玻璃珠（最开始使用的是中空填充蜡的玻璃珠），现在也常用半透明的塑料珠或贝壳磨制的珠代替，在这些珠上涂上叫做珍珠精（essenced'Orient）或鱼鳞精（fish-scale essence）的物质。这种物质化学成分为 $C_5H_5ON_5$，是从某些鱼（如鲌鱼）的鱼鳞中提取的。将这种物质掺入塑性的硝酸纤维漆料中。在涂层干了以后，再涂 4～9 层便能获得珍珠状光泽。这种类型的珍珠最早于 1656 年出现，曾经被叫做"巴黎珍珠"、"罗马珍珠"或"蜡珍珠"（wax pearls）。

现在也使用其他材料如云母、碳酸铜晶体等加入涂料中，有时在这种涂层上再加上鸟嘌呤涂层。

鉴别塑料仿制品也像鉴定玻璃仿制品一样，用牙齿咬塑料制作的珍珠仿制品也有滑感，放大检查表面很光滑，有时在深层表面可见缺口，尤其是在钻孔附近，也可能在表面发现由于塑料从模具中流出所造成的略微隆起线。塑料制成的贝壳浮雕仿制品常由亚半透明的橙色塑料为底和由白色塑料为图案制作而成。

塑料也用于模仿具特殊光学效应的宝石。例如用透明的无色塑料加入金属铜，以此来仿制相当便宜的金星石玻璃仿制品。用塑料作为天然宝石仿制品中最漂亮的莫过于用塑料仿制的欧泊，它显示出一种很真实的变彩。这种材料是在日本制造的，采用了一种改进的类似 Pierre Gilson（皮埃尔·吉尔森）合成欧泊的方法。然而，这种方法不是以硅球为材料，而是以紧密排列堆积的聚苯乙烯球组为材料。在这些球体之间还可以加入另外一种折射率略有差别的塑料进行固结。由于这种材料显示出真正的变彩，因此用肉眼观察难以同天然欧泊和合成欧泊区分开。然而，在显微镜下仔细研究，会发现极其特征的"蜜蜂窝"（uonev comb）或"蜥蜴皮"（lizard skin）状结构，类似于合成欧泊。如果没有镶嵌的话，通过测量这种塑料的相对密度（1.18 左右），可同天然欧泊和合成欧泊区分开。这种塑料表面覆有丙烯酸薄膜，其折射率值为 1.48 或 1.49，高于天然欧泊和合成欧泊的折射率。使用显微硬度仪进行硬度测试，可测出塑料仿制品通常较低的硬度值。

任务八
人造钆镓榴石的鉴别

一、名称

人造钆镓榴石是一种人造宝石，英文名称为 gadolinium gallium garnet，简称为 GGG。1975 年首次由提拉法生产获得。主要用于激光领域，曾被用作钻石的仿制品，但自从合成立方氧化锆生产出来后，就很少用于此目的了。在短波紫外线下有中至强的粉橙色荧光。放大检查可见气泡和铂（铱）片晶。

二、化学成分

$Gd_3Ga_5O_{12}$。

三、晶系及常见晶形

等轴晶系，常呈梨晶或块状。

四、光学性质

（1）颜色　通常为无色至浅褐色或黄色。

（2）光泽及透明度　玻璃光泽至亚金刚光泽。

（3）光性　均质性。

（4）折射率和双折射率　折射率为 1.970（+0.060），双折射率为 0。

（5）多色性　无多色性。

（6）发光性　短波紫外线下：中-强粉橙色荧光。

（7）吸收光谱　无典型吸收光谱。

五、力学性质

（1）解理　无解理。

（2）硬度　摩氏硬度，$H_M = 6 \sim 7$。

（3）密度　$\rho = 7.05$（+0.04，-0.01）g/cm^3。

六、内部显微特征

可有气泡、三角形板状金属包裹体、气液包裹体。

七、特殊光学效应

色散强（0.045）。

任务九
人造钇铝榴石的鉴别

一、名称

人造钇铝榴石是一种人造宝石，英文名称为 yttrium aluminium garnet，简称为 YAG。首次于 1964 年由助熔剂法获得，目前常用提拉法生产。主要用于激光领域，也用来作钻石及各种有色宝石的仿制品。浅粉色及浅蓝色者的吸收光谱常在红橙区有多条吸收线。其荧光特征是变化的。无色者在紫外线下不显荧光或显橙色荧光，黄绿色者可见强黄色荧光并有磷光，绿色者常显红色荧光。某些含铬的钇铝榴石可显示变色效应，这种绿色钇铝榴石的吸收光谱与祖母绿十分相似，在查尔斯滤色镜下显红色，强光照射下发红色闪光。内部洁净，放大检查偶见气泡。

二、化学成分

$Y_3Al_5O_{12}$。

三、晶系及常见晶形

等轴晶系，常呈块状晶形。

四、光学性质

（1）颜色　常见颜色有无色、绿色（可具变色）、蓝色、粉红色、红色、橙色、黄色、紫红色。

（2）光泽及透明度　玻璃光泽至亚金刚光泽。

（3）光性　均质体。

（4）折射率与双折射率　折射率为 1.833 ± 0.010，双折射率为0。

（5）多色性　无。

（6）发光性　无色钇铝榴石：长波紫外线下无至中等橙色；短波紫外线下无至中等红橙色荧光。粉红色、蓝色钇铝榴石：紫外荧光惰性。黄绿色钇铝榴石：强黄色，可具磷光。绿色钇铝榴石：长波紫外线下强红色；短波紫外线下弱红色。

（7）吸收光谱　浅粉色及浅蓝色：600～700nm 有多条吸收线。

五、力学性质

（1）解理　无解理。

（2）硬度　$H_M = 8$。

（3）密度　$\rho = 4.50 \sim 4.60 \text{g/cm}^3$。

六、内部显微特征

洁净，偶见气泡。

七、特殊光学效应

变色效应。

模块 七

宝玉石的优化处理

知识目标

1. 了解宝玉石优化处理的基本概念；
2. 掌握宝玉石优化处理的原理与方法。

能力目标

1. 能够正确解释宝玉石优化处理的概念；
2. 能够正确掌握宝玉石优化处理的操作方法及注意事项。

任务一
认识宝玉石的优化处理

优化处理定义为"除切磨和抛光以外，用于改善珠宝玉石的外观（颜色、净度或特殊现象）、耐久性或可用性的所有方法"。优化处理可进一步划分为优化和处理（treating）两类。优化是指"传统的、被人们广泛接受的使珠宝玉石潜在的美显示出来的优化处理方法"，如加热处理、漂白、浸无色油以及玉髓玛瑙的染色等。现代宝石的绝大多数几乎都经过了这些优化处理而为人们所接受，在市场上可以不予声明当作天然宝石出售。处理是指"非传统的，尚不被人们接受的优化处理方法"，如染色处理、辐照处理、表面扩散处理等。属于处理的宝石在市场出售时，必须声明其经过人工处理的真实性。

由于天然优质宝石产出稀少，世界范围内对优质宝石的需求日益增加，造成市场供求紧张、价格上涨。解决这一供求矛盾的比较有效的途径就是对那些质量有缺陷的宝石进行人工优化处理，即采用加热、辐照、染色和充填处理等办法来改善宝石的颜色、净度或特殊光学现象，以及将疏松的宝石变得更加致密，以改善宝石的耐久性或可用性等措施，使那些质次的珠宝玉石显示出美丽特性而提高档次。

据记载最早的优化处理是公元前 2000 年在印度出现的加热红玛瑙和肉红玉髓，以及公元前 1300 年在埃及坟墓中的染色肉红玉髓。到了 15 世纪下半叶，以手工为主的珠宝制品业也有了新的发展。由于化学及染料业的发展，使宝石的染色、填充达到了新的水平。由于冶金技术的提高，宝石热处理工作得到了新的发展。19 世纪末至 20 世纪初，自然科学有了新的重大突破，X 射线、铀放射性、γ射线相继发现，给以后的宝石优化处理提供了新的手段。

纵观历史，宝石优化处理方法及技术由易至难，由最初的以染色为主发展到今天的高技术下的热处理、辐照处理，使多种宝石焕发出灿烂的光辉。

宝石的优化处理一方面使行将废弃的宝石变成宝物，另一方面也产生了欺诈行为。人们可以将宝石优化处理达到同天然宝石几乎相同的地步。因此对于优化处理宝石的鉴定也随着优化处理技术的出现而产生。

宝石学家要鉴定一块宝石是天然品还是合成品，在确定是天然品后，还要确定这块宝石是否以某些方法进行了改变。某些优化处理宝石的鉴定，使用较简单仪器即可进行，然而大多数的优化处理宝石需借助现代化的专门仪器才能确定是否经过优化处理及何种方法进行的处理。

任务二
认识宝玉石优化处理的原理及方法

◇ 一、热处理

不同宝石根据要求的不同，热处理的温度不同。有些较低的温度加热就能达到要求，如对某些褐色含铬的黄玉，在酒精灯上进行热处理就会产生粉红色黄玉。有些则需要相当高的温度，如对某些含钛、带丝光的蓝宝石进行热处理以产生蓝色，通常的加热温度要达到刚玉的熔点（2050℃）才成。另外需要考虑的是在对某些宝石进行加热时的氧化或还原环境。下面是几种常见宝石的热处理及其结果。

1. 琥珀

通过加热可使琥珀发生不同的变化。最常见的是通过加热产生圆盘状的裂隙叫做"太阳光芒"。也可以通过加热将黄色琥珀转变成较深的、带橙色色调的褐色，而模仿老货材料。含有大量微小气泡具云状外观的琥珀可以浸于油介质中通过加热而变得清晰。"太阳光芒"的存在可以说明琥珀经了热处理，而加热氧化和清晰化处理过程很难鉴定。

2. 海蓝宝石

绿柱石品种之一，在自然界中常见的是蓝绿色。然而，在现在的市场上常见纯蓝色。加热处理海蓝宝石即可去除颜色中的黄色成分而保留下稳定的蓝色。同样，也用于去除摩根石中的黄色成分，而产生更纯的粉红色。这是因为加热可使 Fe^{3+} 变成 Fe^{2+}。当 Fe^{2+} 出现于构造通道中时对体色没有影响，而 Fe^{3+} 在此位置则产生黄色。由于加热温度很低，因而在海蓝宝石和摩根石当中极少发现能证明与热处理有关的损伤。

3. 肉红玉髓

玉髓的半透明红色品种是通过对含铁的黄至浅褐色的玉髓进行加热而得到的。在此过程中，玉髓中的褐铁矿转变成赤铁矿而产生颜色变化。通常没有宝石学证据能证明玉髓是否经过热处理。

4. 刚玉宝石

对于刚玉的热处理是宝石优化处理当中最具有代表性、应用最广泛的实例之一。宝石市场上所见的蓝宝石或红宝石绝大多数经过了热处理过程。通过加热可以产生许多变化，具体如下。

（1）对于含铁刚玉，通过加热产生或加强黄色，从而产生"金黄"蓝宝石　某些研究表明，在这个过程中产生 Fe^{2+} 至 Fe^{3+} 的氧化，并从而产生 $O^{2-} \longrightarrow Fe^{3+}$ 电荷转移。在这个过程中也包括含铁包裹体发色基的内部扩散以及铁的聚集形成赤铁矿粒子。由于采用高温处理，可以探测到与热处理相关的损伤，如围绕矿物包裹体的圆盘状裂隙，断续的、部分熔蚀的金红石针，以及未重新抛光宝石表面的熔结物。某些热处理金黄色蓝宝石缺失斯里兰卡天然黄色蓝宝石常呈现的长波紫外灯下的橙色荧光，以及泰国和澳大利亚天然黄色含铁蓝宝石所呈现的铁吸收线。

（2）产生或加强蓝色 从商业角度看这或许是最重要的热处理过程，因为在现今市场上出现的大多数最好颜色的蓝宝石可能都是热处理的产物。成色机理之一是 Fe^{3+} 至 Fe^{2+} 的还原过程，Fe^{2+} 由于电荷转移机制产生蓝色：$Fe^{2+} + Ti^{4+} \longrightarrow Fe^{3+} + Ti^{3+}$。最近，通过对这种原材料热处理前后吸收光谱性质的研究，理论上认为热处理导致了 $(FeTi)^{6+}$ 双粒子的形成，它明显具有 Ti^{4+} 的还原性质而缺少 Fe^{3+} 的还原性。

另一个机理是从包裹体中取出钛离子进入到固熔体中而作为发色团。这是斯里兰卡产所谓"究打"原石热处理的最初机制，这种"究打"石含有丝光（金红石包裹体）。热处理的目的就是溶解产生丝光的金红石（TiO_2）包裹体，使钛离子进入刚玉的晶体结构之中。这种处理也用于云状含钛的著名的克什米尔蓝宝石矿床中的原石，从产地来讲，克什米尔产蓝宝石最好。有趣的是，热处理的斯里兰卡"究打"蓝宝石在外观上最接近于未处理的克什米尔蓝宝石，这两种宝石在它们所含的铁和钛的含量上可能非常相似。这种处理还具有改善宝石净度的效果，因此改变了宝石的透明度。而透明度的改善是对澳大利亚丝光蓝宝石和缅甸红宝石进行热处理所需要的结果。市场上一度出现的不太透亮的缅甸星光红宝石的缺失，说明很可能这种红宝石现在都用于热处理改善净度，因为透明的刻面宝石一般来讲比星光宝石更有价值。

热处理"究打"蓝宝石可以通过下列方法鉴定：存在环状裂隙、断续的金红丝石、补丁状扩散色带，未抛光宝石烧结的表面、在短波紫外线下发白至绿色荧光，以及手持分光镜下观察缺失铁吸收线（这种性质也见于处理或未处理的克什米尔蓝宝石中）。那些含有含铁包裹体或含钛包裹体（如钛铁矿）的宝石在热处理后，在包裹体的周围会显现环状扩散色带。

（3）减弱或去除蓝色色调 这种处理基本上是第 2 过程的相反过程。用于减弱过于深色的蓝色蓝宝石的颜色。然而，通常的变化效果不如产生或加强蓝色色调的处理过程效果好。同样的处理过程也用于去除紫色红色色调刚玉中不需要的次要色调，而产生纯红色。紫红色的泰国红宝石通常都采用热处理以除不理想的蓝色色调。据报道在这种处理过程中采用的温度不高，因而热处理的痕迹有时不能鉴定出来。

（4）产生星光 正像热处理用溶解富钛包裹体以使钛进入刚玉晶体结构的情况一样，可以通过过度加热并伴随很好的梯度降温而产生相反的过程。缓慢的冷却使得过剩的钛氧化物出溶成金红石晶体。在前述讨论的热处理刚玉中，特征之一是圆盘状裂隙。在选定的温度下进行热处理，即使没有完全损坏样品，也会造成内部损伤。裂隙的扩展，气体和液体包裹体会膨胀损伤主晶。因此，有时材料在被处理之前已被先期处理。

（5）减轻焰熔法合成刚玉中的色带 对焰熔法合成蓝宝石的热处理操作是在选定温度下加热很长时间以消除或减弱焰熔法合成蓝宝石特征的色带。对合成蓝宝石的热处理可产生"指纹状"包裹体而增加欺骗性，但仔细研究会发现弯曲的生长纹和可能存在的气泡。

5. 石英

通过热处理可以改变石英品种的颜色。商业上最重要的是通过消除紫红色调和烟色调而改善深色调紫晶的颜色。在这个热处理过程中，加热完全或部分地成为辐照损伤产生色心的相反过程。通常采用高温加热某些产地的紫晶而获得黄色的石英品种，即黄晶。据悉市场上所出现的几乎所有的黄晶均是紫晶加热处理的结果。某些紫晶在加热后，局部转变为黄晶而其他部分没有改变。由此导致双色石英品种，即紫黄晶在市场上的出现。这种紫晶-黄晶转变的前提是存在 Fe^{3+}，当 Fe^{2+} 存在时，紫晶经过加热将产生绿色。这种绿色石英商业上叫做"绿石英"。热处理有时也用于黄褐色的具猫眼效应的虎睛石，以产生褐红色材料，因为其中的褐铁矿转变成了赤铁矿。有趣的是，石英是否经过热处理往往不能鉴定，由紫晶而成的黄晶往往有褐铁矿包裹体可以证明黄晶经过了热处理。

6. 黄玉

某些褐色至橙色黄玉的颜色起因于铬致色的粉红色调和色心致色的黄至褐色调的复合。对这样的材料进行加热修复了导致黄色调的结构损伤，而保留了稳定的粉红色颜色。这个过程需要相当低的温度，被叫做"粉红化"。据报道，这种热处理的材料显示出比天然未处理过的粉红色黄玉有较强的二色性。加热也成为某些辐照蓝色黄玉的第二个步骤，因为某些辐照源同时产生蓝色和黄至褐色两种色心。加热去除了黄色成分，保留了更稳定的蓝色。

7. 碧玺

常出现非常深的绿色色调，有时甚至接近黑色。通过热处理以使接近黑色的绿碧玺和深蓝色碧玺颜色变浅（绿色变得更绿）。在处理过程中必须小心控制加热温度，因为过热可能会破坏晶体结构而丢失水。这种热处理碧玺比未处理碧玺易碎，有时对深绿碧玺进行热处理会导致表面结构改变，而产生所谓折射仪上的"附属读数"。

8. 锆石

对锆石在 900～1000℃ 范围进行加热以达到商业上所需要的颜色。开始采用还原条件对红褐色锆石进行加热，会产生蓝色、无色或不期望的杂色。再继续在氧化条件下进行加热，可使锆石转变成无色或黄色、橙色或红色。颜色不理想的锆石还可以继续在任何条件下进行加热，直至获得理想的效果。有时某些锆石要经过几个阶段的热处理。几乎所有热处理改色的锆石对光和一般的高温都是稳定的，不过热处理锆石有时经过一段时间后会恢复至热处理前的颜色。因此，这样的热处理锆石应在太阳光下暴露几天或储藏在暗处达一年以上以剔除不稳定的宝石。

9. 坦桑石

坦桑石是黝帘石矿物最重要的宝石品种，具有最强的多色性。开采出的大多数宝石显示出三色：紫至紫红，蓝色和黄至绿色。第三种颜色，即黄至绿色，较为逊色。然而，在相当低的温度下进行加热处理，可去掉这种黄绿色色调，保留紫色和蓝色。尽管市场上的坦桑石均经过热处理，但却不易发现热处理的证据。

二、表面扩散处理

另一种高温优化处理方法叫做表面扩散处理，目前仅应用于刚玉宝石。在这种处理过程中，不仅宝石要进行加热，而且在磨成刻面的宝石表面还要覆以氧化铝和致色素的氧化物。如果要产生蓝色，则覆以铁和（或）钛氧化物；如果要产生粉红色，则用铬氧化物；如要产生黄色，可以使用镍化合物。刚玉被加热至近于熔点的温度，然后保留在某一选择的温度，使致色元素扩散进入宝石内，而产生一个很薄的颜色层。由于高温所造成的表面损伤，宝石需再经轻微抛光。如果抛光过度，颜色层将会部分或全部丢失。

表面扩散处理蓝宝石可以出现前述热处理刚玉所出现的任何内部和外部特征。另外，表面扩散处理蓝宝石还显示特有的性质。最好应用散射光，在浸油下观察表面经扩散处理的蓝宝石沿刻面棱颜色富集、刻面之间颜色深浅不匀以及在表面凹坑或达表面裂隙中颜色富集的情况。

三、辐照处理

这是争论最大的用来改善宝石外观的方法。因为这种处理使宝石的颜色得到了改善，又难以鉴别，而且许多辐照处理改色的宝石的颜色对低温甚至是光线很不稳定。甚至由于具有残余放射性，辐照处理宝石可能对身体有害。

从基本原理讲，辐射即是粒子或电磁波的能量发射。辐射的类型之一，即电离辐射，具有足够的能量使宝石产生色心或相似的变化。这些辐射形式可能包括α粒子（缺失电子的高速氦原子）、β粒子（高速电子）和γ射线（与X射线相近但具有更高能量的高能光子）或中子（具有同一个氢原子相近质量的中性亚原子粒子）。商业上将三种辐射装置应用于辐照宝石：γ射线辐照（常使用^{60}Co），线性加速器（产生高能电子）和核反应堆（产生高能中子）。线性加速器或核反应堆可能产生残余放射性。以下是一些宝石经辐照处理及其所产生变化的实例，以及对于辐照处理探测的方法。

① 如前所述，绿柱石品种中的海蓝宝石和摩根石的黄色色调通常通过热处理去除，以产生符合于市场需要的颜色；另一方面，无色绿柱石在宝石贸易中没有商业价值。这样的材料即可通过辐照处理产生饱和的黄色，从而变成金色绿柱石。颜色的起因是辐照所致 $Fe^{2+} \rightarrow Fe^{3+}$ 的转变。在日常使用中，这种颜色对光和热比较稳定。通过辐照处理，某些无色至粉红色绿柱石转变成很漂亮的深蓝色而叫做Maxixe型绿柱石。然而，这种颜色很不稳定，因此，这种材料在珠宝业没有应用价值。

② 通过辐照处理，刚玉能转变成很强的黄色至橙色。然而，不像辐照处理的金色绿柱石那样，辐照产生的金色蓝宝石对光和热很不稳定，在强光照射或照射几个小时或用酒精灯烧 $1\sim2$min 就会褪色，这种处理具有商业价值的原因是因为辐照处理产生的颜色范围相似于热处理金色蓝宝石。因此，日常人们要用"褪色试验"来确定金色蓝宝石的稳定性。相似地，粉红色蓝宝石也通过辐照处理产生稀少的橙-粉红色"帕德马"蓝宝石。

③ 现今宝石学家面临的最大挑战是如何确定彩色钻石的颜色是天然成因还是人工辐照处理成因。钻石人工致色绝大多数是通过辐照处理及其后的热处理两个步骤来完成的。

实际上最初对宝石进行辐照处理的即是钻石，通过将钻石埋于镭盐中而使钻石形成绿色。遗憾的是，这种方法会产生长期的残余放射性。在珠宝界，这种镭处理致色钻石一直存在。辐照处理可以通过使用盖革计数器以及使用照相底片在夜间进行几个小时曝光即可探测到，在底片上会留下钻石的影迹。

应用回旋加速器进行辐照处理可以使钻石产生多种颜色、包括绿色、蓝绿色和黑色。之后采用加热淬火可以产生黄色至褐色，以及不太常见的粉红色、红色或紫红色。以上所产生的颜色具有分布集中的特点，因此可用于鉴定这种类型的优化处理。从亭部辐照导致在圆钻型切工宝石围绕底尖颜色分环存在，形成"伞状效应"；从冠部辐照则导致冠部刻面轮廓的颜色富集。

现在，中子辐照和电子辐照是对钻石进行辐照处理最理想的方法。因为所形成的颜色较为均匀，同其他方法相比，鉴定起来更加困难，尤其是对绿色钻石，要鉴定其颜色是天然的，还是人工辐照的更是如此。鉴定基本上是基于宝石的光谱学吸收性质，使用可见光和红外线，有时补充以紫外线和（或）辐照表面致色的记录。对蓝色钻石的鉴定问题不大，因为天然蓝色钻石含硼，具半导体性质，而辐照处理蓝色钻石是电绝缘体。

④ 辐照处理可用于改变石英品种的颜色，几乎所有石英均可通过辐照形成烟色；这种处理已经用于石英矿物种产生烟色晶体和晶体集合体。辐照处理也可用于无色石英材料生产紫晶、黄晶。

⑤ 最具有商业意义的辐照处理宝石是大量的辐照处理黄玉。通过对顾客进行彩色宝石认可度的调查，发现蓝色黄玉多年来已经具有较高的知名度。最初是采用 γ 槽处理，使黄玉产生蓝色的。这种处理也产生了预料不到的黄色和褐色色调，使宝石整体上看呈褐色至褐绿色。因此，在经过辐照处理后，再进一步采用热处理以去除黄色色调。所产生的颜色呈浅色调同时带有"钢灰色"，采用 γ 槽处理的某些黄玉在宝石市场上被叫做钴蓝。当人们发现采用其他辐照处理方法可以用来生产颜色更深、更有市场的蓝色黄玉时，这种方法就被抛弃了。然而，γ 槽方法仍被用作黄玉处理的前期试验方法，因为对 γ 射线短暂曝光即呈现蓝色的无色黄玉对于线性加速器上的高能辐照处理更易产生变化。这种 γ 槽试验的一个优点就是以这种方法前期筛选的黄玉不会带有任何残余放射性，因此不必费时将其分类后用于后来的"线性"加速器处理。

由于线性加速器具有较高能量或较高剂量，因此该方法可以获得较深的颜色。同用 γ 辐照处理宝石一样，使用线性加速器处理黄玉也必须再进行热处理以去除不希望出现的黄色色调。由于此方法也会导致残余放射性，所以处理过的黄玉不能马上投放市场。在宝石市场上叫做"天蓝"的黄玉就是以这样方法处理的。

或许黄玉处理最有争议之处在于用核反应堆。通常用此方法辐照的黄玉可直接变成蓝色而不需要随后的加热步骤。最典型的反应堆辐照致色是中至深的灰蓝色；常常具有"墨水"外观。在宝石贸易中，这种颜色叫做"伦部"蓝。有时采用热处理去除这种墨水外观，产生较浅的、更饱和的颜色。应该注意凡是用核反应堆处理的任何宝石都具有残余放射性。因此辐照后的材料必须储存一定时间直到放射性衰减到一定水平。

有时结合几种处理方法用于产生较深颜色的黄玉而不带有墨水状的"伦部"蓝外观。这种结合处理通常以核反应堆辐照开始，继之采用线性加速器，最后采用加热处理。

尽管根据颜色的强度和深度可以说大多数辐照处理的蓝色黄玉的颜色在自然界还从没发现，并不能据此肯定地说某一蓝色黄玉是经辐照处理。因此到目前为止，还没有任何非破坏性办法能准确证明蓝色黄玉的颜色是否经优化处理。

⑥ 辐照处理也用于产生或加强碧玺的粉红色至红色，这两种颜色是碧玺最常见的颜色。如果没有潜在的蓝或绿色色调的话，辐照处理的碧玺将更偏于紫红色。某些碧玺在经过辐照后产生黄色，如果原材料有潜在的粉红色色调的话，结果将偏于橙色。有时辐照也能产生红和绿双色碧玺。锰和铁杂质在辐照处理中的价态变化用于解释碧玺的颜色变化。通过辐照处理可以使碧玺变成深红色已引起宝石贸易界的广泛重视，因为这种处理碧玺无法鉴定，因此无法同相当稀少且昂贵的天然碧玺相区分。

❋ 四、裂隙充填

裂隙充填是指一系列用于具有表面裂隙或相似的开口的宝石的处理方法。处理的目的是通过降低相对凸起而掩盖破裂的可见性。可以通过用某种折射率值接近宝石的物质填充代替裂隙中的空气进行处理，充填物质的折射率越接近于宝石，则裂隙的凸起越低而降低可见性。某些填充物质无色透明而另一些则带有略微的色调；然而最初的目的是为了改善外观透明度和

（或）净度，而不是改善颜色。彩色裂隙充填物是当作染色处理而不在本节讨论范围之内。

① 祖母绿是采用裂隙充填优化处理历史最长的一个宝石品种。可能是因为祖母绿是一种具有大量包裹物并且价值很高的单晶宝石，它常含有大量的表面裂隙。经典的填充物是浸油，长期用于对祖母绿浸油的物质是加拿大树脂，一种天然物质，其折射率更接近于祖母绿，但价格较昂贵。也使用许多其他品种的油用于充填祖母绿，包括矿物油、食油，甚至机油。这些充填处理的稳定性通常值得怀疑；最明显的是加热，加某些溶剂如酒精，以及使用蒸汽清洗技术和超声波清洗技术都会使油退掉。

最近人造树脂已经用于填充祖母绿以及其他材料的裂隙。其优点之一是人造树脂不易从裂隙中脱落，使优化处理更加持久。

这种表面裂隙充填处理最好在显微镜下用反射光进行观察；暗场照明则用于研究内部裂隙，检查那些非天然的低凸起、充填介质中的气泡以及裂隙的轻微颜色轮廓（当充填物为有色物质）等性质。某些浸油在紫外线下发荧光，在这种情况下有助于鉴定充填处理。当使用加拿大树脂时，可以观察到一种弱绿黄色荧光。

② 钻石是商业上最重要的宝石材料，净度上的微小差别即可对钻石的价值产生重要的影响。因此能够改变钻石净度的任何方法都引起珠宝界的极大关注。当 20 世纪 90 年代人们利用一种或多种高折射率的材料来充填钻石的表面裂隙时，钻石贸易界便引起巨大恐慌。人们发现这种处理方法不仅能有效地掩盖相当大的裂隙，而且能使宝石腰部成群的解理面（须腰）、表面包裹体的交界面、甚至激光钻孔等变得模糊。耐久性测试表明当将这种充填处理的钻石采用常规首饰清洗方法，如在酸中以及特定的温度下煮时，可去除部分充填物质。同时也发现，或许由于充填物带有轻微的黄色调，使得钻石的外观颜色级别降低。使用常规宝石学及大型仪器研究表明，至少有一种用于充填钻石裂隙的物质是具有较高折射率的铅玻璃。玻璃中的重金属成分是首先通过 X 射线透过性研究而发现的，X 射线透过性测试现已成为鉴定这种充填处理的方法之一。

③ 欧泊易脱水，而形成一系列表面裂痕。这些裂隙也可以用油或蜡加以掩盖，通过在显微镜下进行详细研究可以鉴定，就像前述祖母绿的鉴定那样。

④ 碧玺中产生猫眼效应的包裹体通常呈沿晶体 c 轴伸展的较大的生长空心管。当这些空心管露于宝石的表面时，容易粘上灰尘和其他带色物质，使加工宝石的外观很难看。首先用酸清洗空心管中的杂质，然后用蜡或其他物质充填。据报道像人造树脂 Opticon 这种增塑剂已经用于充填碧玺中的管状空隙。

五、洞穴充填

优化处理的另一种充填类型，是在 20 世纪 80 年代出现的洞穴充填。人们首先注意到的是在红宝石上进行的充填，在红宝石表面上尤其在亭部上，常留有许多小坑和大的洞穴。后来在蓝宝石和祖母绿上也发现了这种处理方法。这种处理不仅能改善宝石的外观，而且能增加重量，使得消费者花许多钱用于购买玻璃充填物上。

目前还没有发现用于充填洞穴的玻璃物质具有接近于处理宝石的折射率值，同时充填物一般较软因而抛光不好，因此人们可以在显微镜下采用反射光，像观察石榴子石和玻璃二层拼合石那样，通过发现充填物和宝石本身光泽上的不同而区分两者。

放大观察也可以发现充填物中的气泡，特别是在与宝石的交界面上，应用油浸观察也能发现宝石和充填物之间透明度上的差别。

❖ 六、无色涂层和浸染

有许多种无色物质用于涂层宝石的表面，主要目的是通过掩饰小的刻痕、粒状结构或其他表面不规则状而改善外观，涂层也用于保护潜在的染色处理。这种处理主要用于由一种或多种矿物组成的集合体宝石材料上。像翡翠和软玉这样的集合体都有"下切"的特征，即在抛光过程中一些小晶体从表面脱落；其他宝石材料如青金石也会出现"下切"现象，因为青金石含有硬度不同的矿物，导致宝石的抛光面不甚平坦。其他可以进行涂层处理的宝石包括天河石、大理岩、蛇纹石、皂石、绿松石等。

最常用的无色涂层物质是蜡和石蜡，在显微镜下用针尖刻划出蜡的粉末则可证明涂层的存在，应用热针会使蜡熔化和流动。项珠上的钻孔也是检查是否有涂层的理想位置。

塑料是一种相对来说应用于表面涂层更耐久的材料。在显微镜下用针尖刻划也可鉴定，用针尖可以划下塑料涂层粉末，加热后会产生辛辣气味。使用折射仪也可以探测到相对厚一些的塑料涂层，因为能探测到塑料的折射率值或同时测量到塑料和涂层下宝石材料的两个折射率值。

因为多种原因在宝石上使用无色浸染物。用于像绿松石这样的多孔宝石，以防止皮肤上的油脂使宝石产生颜色变化。某些宝石，由于具有多孔的表面，在日光下表面产生散射效应而形成一种白垩状外观，使用无色浸染可以减弱这种现象。这样的处理也用于次品绿松石的颜色改善上，也可以用于某些多孔的、巴西产的白色欧泊上，如果这种材料不经过处理，则很难产生变彩。

❖ 七、染色处理

染色是一种使用了几千年的优化处理技术，在本章前言部分已讲过这一点。为了讨论这个问题，染色定义为改变体色，包括增加浅色宝石的颜色深度和对基本无色的宝石加色，使用一种彩色物质添加到宝石材料上的各种方法。其他一些相关处理如使用彩色物质表面涂层和浸染，将在另外章节讨论。为了使宝石材料染上色，必须有一种物理过程使染色能深入宝石。对于单晶宝石材料，必须有较大的表面裂隙，这些裂隙可能原来就有，也可以通过"淬火炸裂"的办法获得。尽管在宝石中染色分布得并不均匀，但是通过内部反射，会使染色的单晶宝石表面上看起来相当均匀。

另一方面，对于集合体宝石，染色进入到多孔宝石的晶粒之间的微小裂隙当中。这种染色处理的稳定性在较大程度上取决于所使用的染色方法。一般来讲，使用天然有机染色剂稳定性较差，经过一段时间就会褪色或变色，而使用诸如苯胺等其他人工染色剂或加入金属盐则较为稳定。

① 祖母绿作为绿柱石的绿色品种，是最昂贵的宝石之一。因此，使用各种方法对浅绿色祖母绿加绿色染料改善外观，或者是对无色或浅色调的蓝色、绿色绿柱石加以处理以仿祖母绿一点也不奇怪。对祖母绿染色时，常常是使用有色油，这样不仅加深了颜色，而且使祖母绿的裂隙更不易见，达到了裂隙充填的效果。使用其他绿柱石染色仿祖母绿时，如使用液体溶剂将染色物质浸入绿柱石中，然后通过加热使溶剂蒸发而留下干性染色物质于裂隙中。一般情况下，用这种方法处理的单晶宝石材料在显微镜下使用散射透射光观察就能看见裂隙中的颜色富集。用于处理祖母绿的某些有色油可能有典型的绿黄色紫外荧光反应。

② 也应用红色油改善红宝石的外观。在泰国东南部宝石开采地通常使用这种方法，在

Chanthaburi 城就可买到所谓"红宝石油"。这种彩色油浸入表面裂隙和凹坑中，增加了颜色的深度。

③ 无色石英水晶也是一种可用于染色的单晶宝石。然而，其目的是生产一种便宜的其他宝石材料，如红宝石和祖母绿的仿制品，而不是仿造或改善石英宝石本身的外观。在处理水晶时包括淬火炸裂过程，宝石加热后或者直接投入染色剂中产生裂隙并加色或者在水中淬火，干了以后再染色。在放大镜下，淬火石英显示出一种内部网状裂隙，肉眼看上去有一种模糊的外观。石英的集合体形式，包括石英岩，可以通过染色而模拟其他宝石。最常见的是将半透明材料染成绿色模仿翡翠，通过显微放大观察裂隙中的颜色富集及像观察染色翡翠那样看吸收光谱即可鉴定出来。

④ 玉髓是一种包括多种多晶石英变种的宝石，包括条带状的玛瑙和缠丝玛瑙，颜色均匀的肉红玉髓和绿玉髓。这种材料常用于首饰及有关的工艺品上，经常经过染色处理。由于玉髓具有相当好的耐久性，可以使用对其他宝石破坏性的方法。商业上所使用的这种处理方法之一包括两级沉淀过程，宝石首先在溶液中浸泡相当长的时间进行渗透，然后在第二种溶液中进行浸泡出所需颜色的金属化合物。这种处理可产生强绿色，而容易同天然致色的绿玉髓相混淆。由氧化铬染色的材料可以通过分光镜观察红光区存在 2～3 条铬吸收钱，以及在查尔斯滤色镜下所呈现的红色来鉴定。染色绿玉髓通常具有比由镍致色的天然绿玉髓略低的密度。在自然界从没发现的蓝色玉髓可能是由钴化合物染色的；这种处理可以通过典型的由 3 条吸收带组成的"钴"吸收光谱以及滤色镜下是红色外观来鉴定。相似类型的处理包括使用糖和酸以产生染色黑色玉髓，在首饰贸易中常叫做"黑缠丝玛瑙"。将玉髓浸泡于浓糖水中，然后浸泡于浓硫酸中，酸会使糖发生"硫化"，而沉淀成微小黑色包裹体。尽管对这种处理方法进行鉴定没有实际意义，但是天然的宝石级黑玉髓根本不存在，所以处理是肯定的。由于染色剂均匀地分布于每个晶粒之间，对染色处理的玉髓进行放大检查是没有用的。

⑤ 翡翠是所有集合体宝石材料当中最有价值的宝石；低品质及浅色的翡翠经常染成与高档翡翠颜色相近的颜色，尤其是绿色和紫色。染色绿翡翠最好用分光镜鉴定，位于 640～690nm 的宽吸收带使之区别于天然绿色翡翠在红光区所显示的铬吸收线。紫色染色翡翠是用天然白色翡翠染成的；尽管没有结论性的、非破坏性的鉴定方法，但人们已注意到经过某些明显处理的翡翠在长波紫外线照射下发出强橙色荧光。对于染色翡翠及其他染色集合体宝石材料，放大检查并使用表面反射光可以看到在微小表面裂隙和坑中的颜色富集。

⑥ 青金石是一种基本上由青金石及含量不等的方解石和（或）黄铁矿组成的重要宝石。由于高度饱和、均匀的蓝色青金石是最受欢迎的，许多浅色青金石或含方解石较多的青金石常加以染色使颜色均匀。使用化学方法可鉴定这种处理。过去用传统方法染色的青金石使用蘸酒精的棉花球可以测试出来，而现在染色的青金石用此方法则不灵，但使用蘸有浓盐酸的棉纸可以测试出来。进行染色处理鉴定时，一个值得注意的问题是某些材料在染色后进行表面覆膜处理以固定颜色。因此，应首先鉴定出是否有覆膜处理，然后将覆膜去掉少许，再进行杂色处理的鉴定。

⑦ 对于多孔的欧泊，使用了两种巧妙的颜色处理方法，由于这种欧泊散射了照于表面的光线，因而不显示出变彩。第一种方法是在墨西哥使用的，首先将加工好的欧泊包于纸口袋这样的物质材料中，然后加热使之燃烧，在欧泊表面留下黑灰。在澳大利亚使用的一种相似的方法，将欧泊浸泡在糖水中，然后放于硫酸中使糖"炭化"而变黑。这两种处理方法都

相当经济，可以通过特征的细小"点火"（pinfire）变彩，且有一黑背景而鉴别。对于糖处理的欧泊，在放大反射光条件下观察，还可见到"胡椒粉"状外观。烟处理的欧泊都是高度多孔的，密度很低，用很小的力就可将针尖压入。

染色也用于改变许多其他宝石和工艺品材料的，包括珊瑚（白色染红，更有价值），羟硅硼钙石（染蓝仿绿松石）、大理岩、磁铁矿（染成各种色调的蓝色仿绿松石或青金石）。

✸ 八、有色覆膜和浸染

使用了彩色物质的有色表面覆膜和浸染也用于优化某些宝石材料的外观。有色表面覆膜是在表面增加了一层有色膜，并没有穿透宝石，而浸染则穿透整个材料。

偶尔见无色或浅色绿柱石被绿色表面覆膜处理，使宝石很像祖母绿。有时，所用的物质很像油漆，也有用彩色塑料的。这种表面覆膜处理可以通过放大观察表面上的划痕、坑点和不规则物而进行鉴定，由于覆膜的耐久性很差，时间越长，越易脱落，尤其是在刻面棱上和项链的钻孔处。有色表面处理也常通过用蘸酒精的棉球擦拭鉴定。

使用多种蓝色或紫红色物质来处理黄色钻石，通过增加补色，使钻石看起来更白。这种表面处理常用在宝石的局部，往往在镶嵌宝石的腰部以下。所使用的物质有简单的材料如墨水，也有复杂的高科技材料如用于光学镜头上的搪瓷和金属氧化物。某些处理可以用放大反射光观察而鉴定，而像金属氧化物这样的覆膜，可能具有轻微晕彩外观。

有些情况下，某些钻石涂上有色物质，以模仿高价值的彩色钻石。在20世纪80年代至少有两种类似的处理方法鉴别仿粉红色钻石。人们可以通过观察其表面不规则状及存在微小盘状颜色富集"池"而进行鉴定。

最近有一最新技术用于石英晶体和晶簇的覆膜，即使用了超薄膜纯金。这种优化处理的材料，在市场上被叫做 Aqua Aura，它带有绿蓝体色和明亮的晕彩，以这种方法处理的刻面宝石有些像热处理的蓝色锆石。

虽然无色浸染比有色浸染用得多，但值得注意的是，目前出现了一种黑欧泊，是通过使用涂层浸染处理品质较差、较疏松的白欧泊而成的。这种处理方法是在真空条件下浸染黑塑料或含硅聚合物。处理的材料常较透明，比天然未处理过的黑欧泊密度小。另外，放大检查可见黑色的束状包裹体，很像助熔剂合成宝石中的包裹体。塑料浸染物的存在也可通过红外光谱探测到。

有色蜡或塑料浸染已经用于大理岩、皂石这样的宝石材料中。

✸ 九、漂白

优化处理中的许多方法都是用来产生或加强所优化宝石材料的颜色，而漂白则用于削弱或去除颜色。最常使用的是氯化合物或浓过氧化氢。通常天然珍珠和养殖珍珠被漂白是通过浅化深色的有机壳质层而浅化颜色。相似的，含黑色壳质的珊瑚也可被漂白而使之与稀少的褐色"金"珊瑚相似。深黄褐色具猫眼效应的虎睛石也可通过漂白而显出较浅的"蜂蜜"色。

✸ 十、激光钻孔

某些带有深色晶体包裹体的钻石通过激光钻孔处理而易于销售。在这个处理过程中，使用激光钻一个很窄小的洞直达包裹体，通常越短越好，或者越不可见越好，常在钻石的背面。聚焦的激光束可以烧熔包裹体，或者采用氢氟酸漂白也可去除包裹体。激光钻孔孔洞可以这样观察，它看起来有一个入口点但却好像达到了不止一个包裹体，这是由于内部反射造成的。激光钻孔也欺骗性地用于处理立方氧化锆以仿钻石。激光孔洞一般容易鉴定，表现出细小白色高凸起通道。有时也用高折射率材料充填激光孔洞。

附表 宝玉石的特征

宝玉石名称	颜色	透明度	光泽	晶系及光性	偏光性	多色性	折射率	双折射率	密度/(g/cm³)	摩氏硬度	断口或解理	紫外荧光	其他特征
赤铁矿 Hematite	钢灰色 黑色	不透明	金属光泽	三方晶系 一轴(−)	集合体		2.940~3.220 (−0.07)	0.280	5.20$^{+0.08}_{-0.25}$	5~6	参差状		条痕及断口表面通常为红褐色，无磁性至中等磁性
合成碳硅石 Synthetic Moissanite	浅黄色 灰黄色 灰绿色 无色	透明	金刚光泽	六方晶系 一轴(+)	非均质体	二色性弱	2.648~2.691	0.043	3.22(±0.02)	9.25	参差状		金属球状、极小白点状包体呈线状分布，重影明显，强色散0.104
金刚石 Diamond	无色 浅黄色 彩色色等	透明 不透明	金刚光泽	等轴晶系	均质体		2.417		3.52(±0.01)	10	台阶状裂面、四组解理 中等	无至强	热导率高、腰围可见原始晶面或平面状效应，刻面棱锋利，无透视效应，棱角或圆化，阶梯状多片状裂隙絮状物稍浓或中等色散0.044，矿物包体、云状、点状物，解理、生长纹
人造钛酸锶 Strontium tianate	无色 绿色	透明	玻璃光泽 亚金刚光泽	等轴晶系	均质体		2.409		5.13(±0.02)	5~6	贝壳状		一般无瑕，可含气泡，有抛光痕，磨圆或圆化棱角，强色散0.190
钨铁矿(针铁矿) Goethite	棕褐色 紫褐色 乌黑色	不透明	亚金刚光泽 半金属光泽	斜方晶系 二轴(−)	集合体		2.260~2.398	0.138	4.28	4~6	锯齿状		条痕红褐色，纤维状、块状集合体，纤维状结构
合成立方氧化锆 Cubic zirconia (CZ)	无色及各种颜色	透明	亚金刚光泽	等轴晶系	均质体		2.15(+0.03)		5.80(±0.02)	8~9	贝壳状	无至强	一般无瑕，可含有气泡，高密度色散0.060，强色散可见残余料渣
锡石 Cassiterite	无色 黄褐色 黄色	透明	金刚光泽至亚金刚光泽	四方晶系 一轴(+)	非均质体	二色性弱至中	1.997~2.093 (+0.009) (−0.006)	0.096~0.098	6.95(±0.08)	6~7	贝壳状，两组不完全解理		矿物包体(石英等)，强双折射线，色散强0.071，常见色带
榍石 Sphene	黄色 橙色 褐绿色	透明	金刚光泽	单斜晶系 二轴(+)	非均质体	三色性中至强	1.900~2.034 (±0.02)	0.100~0.135	3.52(±0.02)	5~6.5	贝壳状，参差状，两组中等解理	无	双折射率线清晰，指纹状包体，矿物包体色散强0.051，580nm双吸收线

续表

宝玉石名称	颜色	透明度	光泽	晶系及光性	偏光性	多色性	折射率	双折射率	密度/(g/cm³)	摩氏硬度	断口或解理	紫外荧光	其他特征
人造钆镓榴石 Gadolinium Gallium garnet (GGG)	无色 浅褐色 黄色	透明	玻璃光泽至亚金刚光泽	等轴晶系	均质体		1.970 (+0.06)		7.05$^{+0.04}_{-0.10}$	6~7	贝壳状，参差状	中至强	可有气泡、弧形生长纹（提拉法或导横法）绿色在查氏镜下变红，透射光下有红色闪光，中等色散 0.045
锆石 Zircon	蓝色 黄色 褐色 橙色等	透明	亚金刚光泽至玻璃光泽	四方晶系 一轴（+）	非均质体	二色性弱至强	1.925~1.984 (±0.040) 1.875~1.905 (±0.030) 1.810~1.815 (±0.03)	0.001~0.059	3.90~4.73 (4.60~4.80) 4.10~4.60 3.90~4.10)	6~7	贝壳状	无至强	可见 2~40 条吸收线，特征为 653.5nm，重影明显，面棱常有磨损；中低型锆石中可显示平直的分带现象、絮状包体。高型锆石中等色散 0.038
钙铁榴石 Andradite	黄色 褐黑色	透明 不透明	玻璃光泽至亚金刚光泽	等轴晶系	均质体		1.888 (+0.007) (-0.033)		3.84(±0.03)	7~8	贝壳状		常见放射状"纤维"包裹体（似马尾状），440nm 吸收带 618nm，634nm，685nm，690nm 吸收线，强色散 0.057
人造钇铝榴石 Yttrium aluminium Garnet (YAG)	无色 浅褐色 绿色等	透明	玻璃光泽	等轴晶系	均质体		1.833 (±0.010)		4.50~4.60	8	贝壳状，参差状	无至强	一般无瑕，可见气泡，镜下变红，浅粉红色 600~700nm 条吸收线，中等色散 0.028
锰铝榴石 Spessartite	橙色 橙红色	透明 半透明	玻璃光泽至亚金刚光泽	等轴晶体系	均质体		1.810$^{+0.004}_{-0.020}$		4.15$^{+0.05}_{-0.03}$	7~8	贝壳状	无至弱	不规则羽毛状液状包裹体、常具异常干涉色 410nm、420nm、430nm 吸收带，460nm、480nm、520nm 吸收带，有时可有 504nm、573nm 吸收线，浑圆状晶体包体
铁铝榴石 Almandine	橙色 橙红色 紫红色	透明 半透明	玻璃光泽	等轴晶体	均质体		1.790(±0.030)		4.05$^{+0.25}_{-0.12}$	7~8	贝壳状	无	针状包裹体呈 70°，110°相交，常见四射星光 504nm，520nm，573nm 强吸收线，423nm，460nm，610nm 吸收带，680~690nm 弱吸收线，620~540nm 浑圆状矿物包体
红宝石 Ruby	红色 紫红色 粉红色等	透明 半透明	玻璃光泽至亚金刚光泽	三方晶系 一轴（-）	非均质体	二色性强	1.762~1.770 (+0.009) (-0.005)	0.008~0.010	4.00(±0.05)	9	参差状，贝壳状	长波弱至强，短波无至中	针状、指纹状、色带、双晶纹，694nm，692nm 生长晶体包体，668nm，659nm 吸收线，620~540nm 吸收带，476nm，475nm 强吸收线，468nm

续表

宝玉石名称	颜色	透明度	光泽	晶系及光性	偏光性	多色性	折射率	双折射率	密度/(g/cm³)	摩氏硬度	断口或解理	紫外荧光	其他特征
红宝石 Ruby	红色 紫红色 粉红色等	透明 半透明	玻璃光泽 亚金刚光泽	三方晶系 一轴(-)	非均质体	二色性强	1.762~1.770 (+0.009) (-0.005)	0.008~0.010	4.00(±0.05)	9	参差状、贝壳状	长波 弱至强 短波 无至中	弱吸收线、紫光区全吸收、星光效应；优化处理：热处理周围有应力裂纹；表面有裂隙状、颜色在刻面中干裂纹；颜色有红色渗入，表面光泽弱；染色处理：裂隙集中于干裂隙红色、无填状，表面为橙红色；充填处理中的玻璃无光泽弱；裂隙或残留气泡、光泽、星光效应
合成红宝石 Synthetic ruby	红色 橙红色 紫红色等	透明 半透明	玻璃光泽 亚金刚光泽	三方晶系 一轴(-)	非均质体	二色性强	1.762~1.770 (+0.009) (-0.005)	0.008~0.010	4.00(±0.05)	9	参差状、贝壳状	长波强 短波 中至强	有气泡、弧形生长纹、料渣（焰熔法）；助熔剂包裹体、铂金属片；彗星状包体、纱网状（助熔剂法）；钉状包体、气液包体等（水热法）。694nm、692nm、668nm、659nm 吸收线，620～540nm 吸收带，476nm、475nm、468nm 吸收线，紫光区全吸收、星光效应
蓝宝石 Sapphire	蓝色 蓝绿色 灰色 黄色 无色 变色等	透明 半透明	玻璃光泽 亚金刚光泽	三方晶系 一轴(-)	非均质体	二色性强	1.762~1.770 (+0.009) (-0.005)	0.008~0.010	4.00(±0.05)	9	参差状、贝壳状	无至强	色带、负晶、双晶纹、450nm、460nm、470nm 吸收带或变色效应；热处理：固体包体周围有裂纹、针状包体增多、丝状包体不连续、指纹状包体；扩散处理：颜色集中腰棱处、无铁线
合成蓝宝石 Synthetic sapphire	蓝色 绿色 黄色 橙色	透明 半透明	玻璃光泽	三方晶系 一轴(-)	非均质体	二色性强	1.762~1.770 (+0.009) (-0.005)	0.008~0.010	4.00(+0.10, -0.05)	9	参差状、贝壳状	无至强	弧形生长纹、球状、纱幔状、微滴状助熔剂残余、铂金属片；只有助熔剂法见铁吸收线、星光效应、变色效应
铁镁铝榴石 Rhodolite	紫色 紫红色	透明 半透明	玻璃光泽	等轴晶系	均质体		1.760 (+0.10) (-0.20)		3.84(±0.10)	7~8	贝壳状	无	包体和光谱与铁铝榴石基本相同，异常双折射常见强异常双折射 505nm、525nm、570nm 吸收线

续表

宝玉石名称	颜色	透明度	光泽	晶系及光性	偏光性	多色性	折射率	双折射率	密度/(g/cm³)	摩氏硬度	断口或解理	紫外荧光	其他特征
金绿宝石 Chrysoberyl	褐黄色 褐绿色 黄色 黄褐色	透明 不透明	玻璃光泽 亚金刚光泽	斜方晶系 二轴(+)	非均质体	三色性 弱至中	1.746~1.755 (+0.004) (-0.006)	0.008~0.010	3.73(±0.02)	8~8.5	贝壳状	无至弱	指纹状包体、丝状包体、矿物包体、445nm 强吸收带、猫眼效应(猫眼)、变色效应(变石)、透明者可显双晶纹，阶梯状生长面
合成金绿宝石 Synthetic chrysoberyl	浅黄色 黄绿色 灰绿色 褐色 黄褐色	透明 不透明	玻璃光泽	斜方晶系 二轴(+)	非均质体	三色性 明显	1.746~1.755 (+0.004) (-0.006)	0.008~0.010	3.73(±0.02)	8~9	贝壳状	无至弱	助熔剂包体，铂金属片(助熔剂法)，黄色、黄绿色有 445nm 吸收带
合成变石 Synthetic alexandrite	日光下 蓝绿色 无色(少见)，灯光下 褐红色 紫红色	透明 不透明	玻璃光泽 亚金刚光泽	斜方晶系 二轴(+)	均质体	三色性 明显	1.746~1.755 (+0.004) (-0.006)	0.008~0.010	3.73(±0.02)	8~9		无至弱	纱幔状包体、助熔剂留 铂片、平行生长纹(助熔剂法)；针状包体、弯曲生长纹(提拉法)；气泡、旋涡状结构(区域熔炼法)，变色效应，猫眼效应，678nm 强吸收线，680nm、665nm、655nm、645nm、476nm、473nm、468nm 弱吸收线，紫光区吸收
镁铝榴石 Pyrope	红色 橙红色	透明	玻璃光泽	等轴晶系	均质体	无	1.714~1.742 常见 1.74		$3.78^{+0.09}_{-0.16}$	7~8	贝壳状	无	针状包体、不规则和浑圆状晶体包体，564nm 宽吸收带，505nm 吸收线、含铁有 440nm、445nm 吸收线，优质可有铬吸收线(红区)
钙铝榴石 Grossularite	绿、黄色 橙红色 无色 (少见)	透明	玻璃光泽	等轴晶系	均质体	无	1.740 (+0.02) (-0.01)		$3.61^{+0.12}_{-0.04}$	7~8	贝壳状	黄、浅绿色者：弱橙黄	短柱或浑圆状晶体包体，以及热波效应，可有 407nm、430nm 吸收带(桂榴石)
绿帘石 Epidote	浅绿色 深绿色 棕褐色	透明 半透明	玻璃光泽 油脂光泽	单斜晶系 二轴(-)	非均质体	三色性 明显 绿/褐/黄	1.729~1.768 (+0.012) (-0.035)	0.019~0.045	$3.40^{+0.01}_{-0.15}$	6~7	参差状、贝壳状、一组完全解理	无	气液包体、固体矿物包体，445nm 强吸收带
水钙铝榴石 Hydrogrossular	无色 粉色 绿色 蓝绿色	透明 不透明	玻璃光泽	等轴晶系	均质集合体		1.720 (+0.010) (-0.050)		$3.47^{+0.08}_{-0.32}$	7	贝壳状、裂片状		常见黑色的铬铁矿包体，绿色在查氏镜下呈红至红色，暗绿色 460nm 以下全吸收，其他颜色 463nm 附近吸收(因含山石)

续表

宝玉石名称	颜色	透明度	光泽	晶系及光性	偏光性	多色性	折射率	双折射率	密度/(g/cm³)	摩氏硬度	断口或解理	紫外荧光	其他特征
蔷薇辉石 Rhodonite	粉红色	半透明 不透明	玻璃光泽	三斜晶系 二轴（＋）	非均质集合体		1.733~1.747 （＋0.012） （－0.035）	0.01~0.014	$3.50^{+0.26}_{-0.20}$	5.5~6.5	贝壳状、参差状、两组完全解理、一组不完全、三组交角近90°		粒状结构，可见黑色细脉或者点状氧化锰，可见解理面反光，545nm吸收宽带，503nm吸收线
合成尖晶石 Synthetic spinel	各种颜色	透明 不透明	玻璃光泽	等轴晶系	均质体		$1.728^{+0.017}_{-0.008}$		$3.64^{+0.02}_{-0.12}$	8	贝壳状	弱至强	弧形生长纹、气泡、金属薄片、余助熔剂颜色不同，吸收谱线各异，可具变色效应
尖晶石 Spinel	各种颜色	透明 不透明	玻璃光泽 亚金刚光泽	等轴晶系	均质体		$1.718^{+0.017}_{-0.008}$		$3.60^{+0.10}_{-0.03}$	8	贝壳状	无或弱至强	天然矿物包体、负晶、单个或呈指纹状分布，红色 685nm、684nm 吸收线 656nm 弱吸收带，595~490nm 强吸收带
蓝晶石 Kyanite	灰蓝色 深蓝色 绿、黄、灰褐、无色	透明	玻璃光泽	三斜晶系 二轴（－）	非均质体	无/深蓝/紫蓝 三色性中等	1.716~1.731 （±0.004）	0.012~0.017	$3.68^{+0.01}_{-0.12}$	平行c轴 4~5 垂直c轴 6~7	贝壳状、参差状 一组完全解理 一组中等解理	弱	固体矿物包体、双晶、色带 435nm、445nm 吸收带
符山石 Idocrase	黄绿色 棕黄色等	半透明 不透明	玻璃光泽	四方晶系 一轴（±）	非均质体	二色性弱	1.713~1.718 （＋0.003） （－0.013）	0.001~0.012	$3.40^{+0.10}_{-0.15}$	6~7	参差状、不完全解理		气液包体、矿物包体、双晶 464nm 吸收线、528nm 弱吸收线
黝帘石 （坦桑石） Zoisite (Tanzanite)	蓝色褐色 黄绿色 蓝紫色	透明 不透明	玻璃光泽	斜方晶系 二轴（＋）	非均质体	三色性明显	1.691~1.700 （±0.005）	0.008~0.013	$3.35^{+0.10}_{-0.25}$	8	断口不平坦、一组完全解理		气液包体、矿物包体蓝色者 595nm 吸收带、528nm 吸收弱吸收带；黄色者 455nm 吸收线

续表

宝玉石名称	颜色	透明度	光泽	晶系及光性	偏光性	多色性	折射率	双折射率	密度/(g/cm³)	摩氏硬度	断口或解理	紫外荧光	其他特征
透辉石 Diopside	蓝绿色、黄绿色、褐色、黑色等	透明、不透明	玻璃光泽	单斜晶系 二轴(+)	非均质体	三色性 弱至强	1.675~1.701 (+0.029)(-0.010) 点测1.68	0.024~0.030	$3.29^{+0.11}_{-0.07}$	5~6	参差状、两组完全解理	中	气液包体、丝状物。505nm吸收；铬透辉石635nm、655nm、670nm双吸收线，690nm双吸收线星光效应、猫眼效应。两组近正交完全解理、矿物包体。
锂辉石 Spodumene	无色、粉红色、绿色	透明	玻璃光泽	单斜晶系 二轴(+)	非均质体	三色性 中至强	1.66~1.676 (±0.005)	0.014~0.016	3.18(±0.03)	6~7	参差状、两组完全解理	弱至强绿色；无	含气液包体、三角状生长管，含Cr者呈翠绿色，含Mn者呈粉紫色翠绿色有433nm、438nm吸收线，翠绿色处有Cr线686nm、669nm吸收线646nm处有一宽吸收带，620nm有一宽吸收带，矿物包体、丝状物，两组近正交完全解理
顽火辉石 Enstatite	红褐色、褐绿色、黄绿色	半透明	玻璃光泽	斜方晶系 二轴(+)	非均质体	三色性 弱至强	1.663~1.673 (±0.010)	0.008~0.011	$3.25^{+0.15}_{-0.02}$	5~6	两组完全解理	无	含纤维状包体，暗色矿物包体505nm、550nm吸收线
普通辉石 Augite	灰褐色、紫褐色、绿黑色	透明、不透明	玻璃光泽	单斜晶系 二轴(+)	非均质体	三色性 弱至中	1.670~1.772	0.018~0.033	3.23~3.52	5~6	贝壳状、完全解理两组	无	矿物包体、纤维状包体，气泡包体，两组近正交完全解理
柱晶石 Kornerupine	黄绿色、褐绿色、蓝绿色等	透明	玻璃光泽	斜方晶系 二轴(-)	非均质体	三色性强	1.667~1.680 (±0.003) 点测1.68	0.012~0.017	$3.03^{+0.05}_{-0.03}$	6~7	参差状、两组完全解理	无至强	固体矿物包体、气液包体、针状包体，猫眼效应503nm吸收带
翡翠 Jadeite	白、绿色、橙色、褐色等	透明、不透明	玻璃光泽 油脂光泽	单方晶系 二轴(+)	非均质集合体		1.666~1.680 (±0.008) 点测1.65~1.67	不可测	$3.34^{+0.06}_{-0.09}$	6~7	参差状、粒状、两组完全解理	无至弱蓝绿黄绿蓝白	星点状、针状内含物，粒状结构，解理面闪光，色的边缘有过渡带，光泽明快437nm、630nm、660nm、690nm吸收线
翡翠(处理) Jadeite	绿色、橙色、褐色、浅紫色	透明、不透明	玻璃光泽 油脂光泽	单斜晶系 二轴(+)	非均质集合体		1.666~1.680 (±0.008) 点测1.65		3.00~3.34	6~7	参差状、粒状、两组完全解理	无至强	B货：结构松散，猫皮构造（酸蚀裂纹），颜色呆滞不定；C货：缝隙见染料，呈网状分布，颜色为人工染的沟渠飘逸

续表

宝玉石名称	颜色	透明度	光泽	晶系及光性	偏光性	多色性	折射率	双折射率	密度/(g/cm³)	摩氏硬度	断口或解理	紫外荧光	其他特征
矽线石 Sillimanite	灰白色、灰蓝色、褐灰色等	透明	玻璃光泽、丝绢光泽	斜方晶系 二轴（+）	非均质体	三色性弱至强	1.659~1.680（+0.004）（−0.006）	0.015~0.021	$3.25^{+0.02}_{-0.11}$	6~8	参差状、一组完全解理	蓝色者：弱红色	纤维包体、矿物包体、猫眼效应，410nm、441nm、462nm弱吸收带，一组完全解理
煤精 Jet	黑色、褐黑色等	不透明	树脂光泽、玻璃光泽	非晶质体			1.66（±0.02）		1.32（±0.02）	2~4	贝壳状		热针探测有煤烟味、条纹构造、摩擦带电
孔雀石 Malachite	鲜艳绿色、绿色、蓝绿色等	不透明	丝绢光泽、玻璃光泽	单斜晶体 二轴（−）	非均质集合体		1.655~1.909	0.254	$3.95^{+0.15}_{-0.70}$	3~4	参差状		特征的孔雀绿颜色、同心环状结构，遇盐酸起泡
透视石 Dioptase	蓝绿色、绿色	透明	玻璃光泽	三方晶系 一轴（+）	非均质体	二色性弱	1.655~1.708（±0.012）	0.051~0.053	3.30（±0.05）	5	参差状、三组完全解理		气液包体，550nm宽吸收带
橄榄石 Peridot	黄绿色、绿色	透明	玻璃光泽	斜方晶系 二轴（±）	非均质体	三色性弱	1.654~1.690（±0.020）	0.035~0.038	$3.34^{+0.14}_{-0.07}$	6.5~7	贝壳状		盘状气液两相包体、矿物包体、重影明显、睡莲状，457nm、477nm、497nm强吸收带
红柱石 Andalusite	黄褐色、黄绿色、粉红色等	透明至不透明	玻璃光泽	斜方晶系 二轴（−）	非均质体	三色性强	1.634~1.643（±0.005）	0.007~0.013	3.17（±0.04）	7~7.5	参差状、两组完全解理	无至中等	矿物包体、气液包体、针状纹、黑色碳质包体，双晶纹，可见436nm、445nm吸收线
磷灰石 Apatite	无色、黄绿色、蓝绿色等	透明半透明	玻璃光泽	六方晶系 一轴（−）	非均质体	二色性极弱至强	1.634~1.638（+0.012）（−0.006）	0.002~0.008 多为0.003	3.18（±0.05）	5	参差状	无至强	气液包体、固体矿物包体，580nm双吸收线是关键特征
赛黄晶 Danburite	无色、黄色等	透明	玻璃光泽、油脂光泽	斜方晶系 二轴（−）	非均质体	三色性弱	1.630~1.636（±0.003）	0.006	3.00（±0.03）	7	贝壳状	无至强	气液包体、固相包体、某些可见580nm双吸收线
碧玺 Tourmaline	各种颜色等	透明不透明	玻璃光泽	三方晶系 一轴（−）	非均质体	二色性中至强	1.624~1.644（+0.011）（−0.009）	0.018~0.040	$3.06^{+0.20}_{-0.06}$	7~8	贝壳状	无至弱	不规则管状包体、平行线状包体、液体包体，不同的颜色有不同的吸光谱
托帕石（黄玉）Topaz	无色、淡蓝色、黄色、粉色等	透明	玻璃光泽	斜方晶系 二轴（+）	非均质体	三色性弱至中	1.619~1.627（±0.010）	0.008~0.010	3.53（±0.04）	8	参差状、一组完全解理	无至中	两相包体、三相包体、矿物包体，两种或两种以上不相溶的液体包体，负晶

续表

宝玉石名称	颜色	透明度	光泽	晶系及光性	偏光性	多色性	折射率	双折射率	密度/(g/cm³)	摩氏硬度	断口或解理	紫外荧光	其他特征
异极矿 Hemimorphite	鲜艳的蓝绿色	透明 半透明	玻璃光泽	斜方晶系 二轴(+)	常为非均质集合异极矿		1.614~1.636	集合体 不可测	3.40~3.50	4.5~5	参差状		特征的颜色、纤维状、球、粒状集合体
绿松石 Turquoise	浅蓝色 绿蓝色 绿色	半透明 不透明	蜡状光泽 玻璃光泽	三斜晶系 二轴(+)	非均质集合体		1.610~1.650 点测1.61	不可测	$2.76^{+0.14}_{-0.36}$	5~6	贝壳状 微粒状	无至弱	常具白色脉纹、斑点、黑褐色网脉或暗色矿物杂质、偶见420nm、432nm、460nm中至弱吸收带
合成绿松石 Synthetic Turquoise	浅蓝色 中蓝色	半透明 不透明	蜡状光泽 玻璃光泽	三斜晶系 二轴(+)	非均质集合体		1.610~1.650 点测1.61	不可测	$2.76^{+0.14}_{-0.36}$	5~6	贝壳状	无至弱	浅色基底中见细小蓝色球形微粒、蓝色丝状包体、人工加入的黑色网脉
软玉 Nephrite	浅、深绿色、黄至褐色、白、灰、黑色	半透明 不透明	玻璃光泽 油脂光泽	单斜晶系 二轴(-)	非均质集合体		1.606~1.632 (+0.009) (-0.006) 点测1.61	不可测	$2.95^{+0.15}_{-0.05}$	6~7	参差状	无至中	纤维交织结构、可见"花斑"、500nm可见模糊吸收线、起石含量增多变深、黑色矿物包体
菱锰矿 Rhodochrosite	粉红色 褐色	透明 不透明	玻璃光泽 亚玻璃光泽	三方晶系 一轴(-)	非均质集合体		1.597~1.817 (±0.003)	0.220 集合体 不可测	$3.60^{+0.10}_{-0.15}$	3~5	参差状、粒状、三组完全解理	无至弱	偏状、肾状集合体、条带状、层纹状构造、410nm、450nm、540nm弱吸收带
祖母绿 Emerald	深绿色 蓝绿色	透明 半透明	玻璃光泽	六方晶系 一轴(-)	非均质体	二色性中至强	1.577~1.583 (±0.017)	0.005~0.009	$2.72^{+0.18}_{-0.05}$	7~8	参差状、一组不完全解理	无至弱	三相包体、两相包体、矿物包体、683nm、680nm强吸收线、662nm、646nm弱吸收线、630~580部分吸收带、紫区全吸收
合成祖母绿 Synthetic emerald	深绿色 蓝绿色 黄绿色	透明	玻璃光泽	六方晶系 一轴(-)	非均质体	二色性中等	1.561~1.578 或 1.566~1.578	0.003~0.006	2.65~2.73	7~8	参差状	弱至强	助熔剂残余物、铂金片、硅皮石晶体、钉状包体、无色种晶片、平行线状、管状两相包体

续表

宝玉石名称	颜色	透明度	光泽	晶系及光性	偏光性	多色性	折射率	双折射率	密度/(g/cm³)	摩氏硬度	断口或解理	紫外荧光	其他特征
海蓝宝石 Aquamarine	绿色 蓝绿色 浅蓝色	透明	玻璃光泽	六方晶系 一轴(一)	非均质体	二色性弱至中	1.577~1.583 (±0.017)	0.005~0.009	2.72(-0.05) +0.18	7~8	参差状，一组不完全解理		液相包体、气液两相包体、三相包体、平行管状包体，猫眼效应，537nm、456nm 弱吸收线，427nm强吸收线
绿柱石 Beryl	无绿色 黄色 粉色等	透明 不透明	玻璃光泽	六方晶系 一轴(一)	非均质体	二色性弱至中	1.577~1.583 (±0.017)	0.005~0.009	2.72 +0.18 -0.05	7~8	参差状，一组不完全解理	无至弱	固体矿物包体、气液两相包体、管状包体，猫眼效应，粉红色绿柱石可称为摩根根石
蛇纹石玉 Serpentine	绿色 绿黄色 棕色等	透明 不透明	蜡状光泽 玻璃光泽	单斜晶系 二轴(一)	非均质集合体		1.560~1.570 (+0.004) (-0.07)	不可测	2.57 +0.23 -0.13	2.5~6	参差状	无至弱	黑色矿物包体、白色条纹、纤维状交织结构，纤维状，叶片状
独山玉 Dushan jade	白色 绿色 蓝绿色等	透明 不透明	玻璃光泽		集合体		1.560~1.700	不可测	2.70~3.09 一般为2.90	6~7	参差状，粒状	无至弱	显微粒状结构、细粒结构，蓝、蓝绿色色斑
拉长石 Labradorite	灰黑色 橙色 棕红色 无色等	透明 半透明	玻璃光泽	三斜晶系 二轴(+)	非均质体		1.559~1.568 (±0.005)	0.009	2.70(±0.05)	6~7	参差状，两组完全解理	无至弱	聚片双晶，针状包体、晕彩效应，猫眼效应
方柱石 Scapolite	蓝、粉色 紫、黄色 紫红色等	透明 不透明	玻璃光泽	四方晶系 一轴(一)	非均质体	二色性弱至强	1.550~1.554 (+0.015) (-0.014)	0.004~0.037	2.60~2.74	6~7	参差状，三组完全解理	无至弱	平行管状包体、针状包体，固体包体、气液两相包体，负晶，粉红色663nm、652nm吸收线
查罗石（紫硅碱钙石）Charoite	紫色 紫蓝色等	半透明 不透明	玻璃光泽 蜡状光泽	单斜晶系 二轴(+)	非均质集合体		1.550~1.559 (±.002)	0.009 集合体不可测	2.68 +0.10 -0.14	5~6	参差状，三组完全解理	无至弱	纤维状结构、色斑，含绿灰色石等矿物，紫红，LW无至弱色，SW无或紫红
奥长石 Oligoclase	黄色 棕红色 灰绿色 无色等	透明 半透明	玻璃光泽	三斜晶系 二轴(±)	非均质体		1.537~1.547 (+0.004) (-0.006)	0.007~0.010	2.65(±0.03)	6~7	参差状，两组完全解理	无至弱	聚片双晶，针状包体、板状包体，晕彩效应、猫眼效应，微小的片状包体（赤铁矿），砂金效应

续表

宝玉石名称	颜色	透明度	光泽	晶系及光性	偏光性	多色性	折射率	双折射率	密度/(g/cm³)	摩氏硬度	断口或解理	紫外荧光	其他特征
钠长石 Albite	无色、浅黄色、灰色	透明	玻璃光泽	三斜晶系 二轴（+）	非均质体		1.528~1.542	0.009~0.010	2.61~2.62	6~7	参差状，两组完全解理	无至弱	聚片双晶、针状包体、晕彩效应、猫眼效应
正长石 Orthoclase	无色、橙色、褐色等	透明、半透明	玻璃光泽、珍珠光泽	单斜晶系 二轴（-）	非均质体		1.518~1.526 (+0.010)	0.005~0.008	2.58(±0.03)	6~7	参差状，两组完全解理	无至弱	解理、双晶纹、指纹状、针状包体，无色或黄色晕彩、月光效应
天河石 Amazonite	亮绿色、亮蓝色、浅蓝色	透明、半透明	玻璃光泽	三斜晶系 二轴（-）	非均质体		1.522~1.530 (±0.004)	0.008	2.56(±0.02)	6~7	参差状，两组完全解理	无至弱	网格状色斑、解理，具绿色和白色斑
龟甲（玳瑁）Tortoise shell	黄色和棕色斑纹	半透明	油脂光泽、蜡状光泽	有机质 非晶质	均质体		1.550 (-0.010)	不可测	1.29$^{+0.06}_{-0.03}$	2~3	贝壳状	中	球状颗粒组成斑纹结构、黄色色部分呈蓝白荧光
石英 Quartz	无色、黄色、紫色、褐色、绿色	透明、不透明	玻璃光泽	三方晶系 一轴（+）	非均质体	二色性弱	1.544~1.553	0.009	2.66$^{+0.03}_{-0.02}$	7	贝壳状	无	色带、气液包体、三相包体、针状金红石、电气石、其他固体矿物包体、负晶、星光效应、猫眼效应
木变石 Tigers-eyes	灰蓝色、棕黄色	不透明	丝绢光泽				1.544~1.553	不可测	2.64~2.71	7	参差状	无	纤维状结构、波状纤维结构、纤维清晰、猫眼效应
硅化木 Petrifiedwood	浅黄色、棕褐色、黑色等	不透明	玻璃光泽				1.544~1.553 点测1.53	不可测	2.65~2.91	7	贝壳状		木质、木纹、纤维状集合体
密玉 Mi Jade	浅绿色、灰绿色	半透明	玻璃光泽		集合体		1.544~1.553 点测1.54	不可测	2.64~2.71	7	粒状		粒状集合体、含绢云母、查氏镜下变红、含鳞片粒状变晶结构

续表

宝玉石名称	颜色	透明度	光泽	晶系及发光性	偏光性	多色性	折射率	双折射率	密度/(g/cm³)	摩氏硬度	断口或解理	紫外荧光	其他特征
东陵石 Aventurine quartz	绿色 褐红色等	半透明	玻璃光泽		集合体		1.544~1.553 点测 1.54	不可测	2.64~2.71	7	粒状	弱	粒状集合体，含铬云母，状变晶结构，查氏镜下变红，具砂金效应
京白玉 Beijing whiteJade	白色	不透明	玻璃光泽		集合体		1.544~1.553 点测 1.54	不可测	2.64~2.71	7	粒状	弱	粒状结构，砂金效应
堇青石 Iolite	蓝紫色 紫蓝色 褐色	透明	玻璃光泽	斜方晶系 二轴(一)	非均质体	三色性强	1.542~1.551 (+0.045) (-0.011)	0.008~0.012	2.61(±0.05)	7~8	参差状、一组完全解理	弱至中	颜色分带，气液包体，固体矿物包体，428nm、645nm弱吸收带，偶见星光效应、猫眼效应和砂金效应
琥珀 Amber	浅黄色 深褐色 橙色	透明 不透明	树脂光泽	非晶质体	均质体		1.540 (+0.005) (-0.001)		$1.08^{+0.02}_{-0.08}$	2~3	贝壳状	弱至中	气泡、流动线昆虫或动植物碎片，摩擦可带电，强异常干涉色，偏光镜下为异常双折射，白垩蓝荧光
再造琥珀 Reconstructed amper	橙黄色 橙红色	透明 不透明	树脂光泽	非晶质体	均质体		1.540 (+0.005) (-0.001)		1.03~1.05	2~3	贝壳状	无至强	洁净透明，可有聚集态的未熔物，气泡呈扁平长状定向排列，偏光镜下为异常双折射，白垩蓝荧光
玉髓(玛瑙) Chalcedony	各种颜色	透明 不透明	油脂光泽 玻璃光泽		隐晶质集合体		1.535~1.539	不可测	$2.6^{+0.10}_{-0.05}$	6~7	贝壳状、参差状	通常无、有时弱至强	隐晶质结构，同心层状和规则的条带状(玛瑙)、苔藓状、树枝状包体
象牙 Ivory	奶白色 瓷白色 浅褐黄色	半透明 不透明	油脂光泽 蜡状光泽	有机质			1.535~1.540		1.70~2.00 常为1.85	2.5	锯齿状	中	见两组交叉的纹理线，呈菱形图案，蓝白色荧光，韧性极好
珍珠 Pearl	白色 黄白色 浅褐色 黑色	半透明	珍珠光泽		集合体		1.530~1.685		海水 2.61~2.85 淡水 2.66~2.78	2~5	参差状、阶梯状	无至强	同心放射层状结构(砂丘纹)，质地细腻，珍珠层均一，形状不规则，直径较小

续表

宝玉石名称	颜色	透明度	光泽	晶系及光性	偏光性多色性	折射率	双折射率	密度/(g/cm³)	摩氏硬度	断口或解理	紫外荧光	其他特征
养殖珍珠 Cultured Peral	无色 浅黄色 粉红色等	透明 不透明	珍珠光泽		集合体	1.500~1.685 点测多为 1.53~1.56		海水 2.72~2.78 淡水低于天然	2~4	参差状		同心放射层状结构（沙丘纹），珍珠层薄，光泽不如天然、个头较大、表面常有凹沟、有核或勒腰
仿珍珠 Imitation prearl	白色	透明 不透明	珍珠光泽					1.50~3.18	2~5	贝壳状		核用塑料、空心玻璃、实心玻璃，珍珠母（贝壳），外涂"珍珠精液"而成，无沙丘纹、有温感
青金石 Lapis Lazuli	蓝色 深蓝色	微透明 不透明	玻璃光泽 蜡状光泽	等轴晶系	均质体 晶质集合体	1.50± 含方解石 可达1.67		2.75(±0.25)	5~6	粒状、参差状	弱至中	粒状结构，可见黄铁矿斑点为不规则状，周边可见深黄色环，查氏镜下呈褚红色
合成青金石 Synthetic lapis lazuli	蓝色 深蓝色	不透明	玻璃光泽 蜡状光泽	非晶质体	均质体	1.50 （点）		一般 小于2.45	5~6	参差状	无至弱	颜色分布均匀，黄铁矿呈棱角状，且分布均匀
天然玻璃 Natural glass	灰绿色 黑色 褐黄色 紫红色等	透明 不透明	玻璃光泽			1.490 (+0.020) (−0.010)		陨石玻璃 2.36(±0.04) 火山玻璃 2.40(±0.10)	5~6	贝壳状		圆形或长拉长的气泡，流动构造，似针状气泡，晶体包体
方解石 Calcite（大理石 Marble）	白色 花色 黑色等	透明 不透明	玻璃光泽 油脂光泽	三方晶系 一轴（−）	集合体	1.486~1.658	0.172 不可测	2.70(±0.05)	3	粒状、参差状、三组解理	多变	粒状结构，遇盐酸起泡，常被染成各种颜色
珊瑚（钙质）Coral	浅粉色 深红色 橙色 白色	半透明 不透明	蜡状光泽 玻璃光泽		集合体	1.486~1.658	不可测	2.65 (±0.05)	3~4	参差状	无至弱	颜色和透明度稍有不同的条带，波状构造，横切面：同心圆纹；纵切面：平行波状纹

续表

宝玉石名称	颜色	透明度	光泽	晶系及光性	偏光性	多色性	折射率	双折射率	密度/(g/cm³)	摩氏硬度	断口或解理	紫外荧光	其他特征
仿珊瑚 Imitation coral	红色 粉红色	半透明 不透明	蜡状光泽 玻璃光泽		集合体		1.48~1.67		1.4~3.69	2~6	贝壳状		因不同材料而异，有的颜色分布均匀，有的具微细粒结构，有的具骨质特征，大理岩特征模明显，塑料转染色具有气泡包体，颜色有玻璃，遇酸起泡，不与酸反应
染色珊瑚 Colored coral	红色	不透明	蜡状光泽		集合体		1.48		2.7(±0.05)	4	参差状		颜色集中在缝隙处，用蘸有丙酮的棉签擦拭可使棉签着色，遇盐酸起泡
方钠石 Sodalite	深蓝色 蓝色 灰蓝色	透明 不透明	玻璃光泽 油脂光泽	等轴晶系	均质体		1.483 (±0.004)		2.25+0.15−0.10	5~6	参差状	无至弱	常见白色的脉，粒状集合体，很少含黄铁矿
硅孔雀石 Chrysocolla	绿色 浅蓝绿色	半透明 不透明	蜡状光泽 土状光泽	单斜晶系 二轴（+）	非均质集合体		1.461~1.570 点测1.50	不可测	2.0~2.4	2~4	贝壳状 参差状		胶状集合体，呈钟乳状、皮壳状，具陶瓷状外观，隐晶质集合体
欧泊 Opal	可出现各种体色	半透明 不透明	玻璃光泽 树脂光泽	非晶质体	均质体		1.450 (+0.020) (−0.080)		2.15+0.08−0.90	5~6	贝壳状	弱至中，可有磷光	各种天然包体，变彩色斑呈不规则片状，色斑呈...状，彩片具平行纹
合成欧泊 Synthetic opal	白色 灰色 黑色	透明 不透明	玻璃光泽 树脂光泽	非晶质体	均质体		1.43~1.47		1.97~2.20	4~6	贝壳状	弱至强，无磷光	变彩色斑呈镶嵌状结构，三维形态，边缘呈锯齿状，每个镶嵌状块内可有蛇皮、蜂窝状，阶梯状结构，可见苔藓状多棱的包体
萤石 Fluorite	无色 紫色 绿色	透明 半透明	玻璃光泽 亚玻璃光泽	等轴晶系	均质体		1.434 (±0.01)		3.18+0.07−0.18	4	阶梯状，四组完全解理	强，可有磷光	色带，两相或三相包体，可见解理呈三角形发育

参 考 文 献

[1] 包德清. 实用宝石加工工艺学. 北京：中国地质大学出版社，1995.

[2] 董振信. 天然宝石. 北京：地质出版社，1994.

[3] 邓燕华. 中国宝玉石矿床. 北京：北京工业大学出版社，1991.

[4] 邓燕华，邓珞华. 宝玉石快速鉴定. 北京：中国书籍出版社，1995.

[5] 郭克毅，周正. 矿物珍品. 北京：地质出版社，1996.

[6] 何雪梅，沈才卿，吴国忠. 宝石的人工合成与鉴定. 北京：航空工业出版社，1996.

[7] 李娅莉，薛秦芳. 宝石学基础教程. 北京：地质出版社，1995.

[8] 吕新彪. 天然宝石. 北京：中国地质大学出版社，1995.

[9] 周佩玲. 有机宝石与投资指南. 北京：中国地质大学出版社，1995.

[10] 张琳. 珠宝鉴定实训. 北京：中国地质大学出版社，2007.

[11] 崔文元，吴国忠. 珠宝玉石学 GAC 教程. 北京：地质出版社，2006.

[12] 王蓓. 珠宝玉石首饰基础. 北京：中国地质大学出版社，2005.

[13] 于万里. 宝石学简明教程. 沈阳：东北大学出版社，2006.

[14] 张培莉. 系统宝石学. 北京：地质出版社，2006.